高校土木工程专业规划教材

工程荷载与结构设计方法

（按规范 GB 50009—2012）

季 静 罗旗帜 张学文 主编
娄奕红 唐欣薇 参编

中国建筑工业出版社

图书在版编目（CIP）数据

工程荷载与结构设计方法/季静，罗旗帜，张学文主编. —北京：中国建筑工业出版社，2013.7（2021.12重印）
（高校土木工程专业规划教材）
ISBN 978-7-112-15410-4

Ⅰ.①工… Ⅱ.①季… ②罗… ③张… Ⅲ.①土木工程-工程结构-载荷分析-高等学校-教材②土木工程-工程结构-结构设计-高等学校-教材 Ⅳ.①TU3

中国版本图书馆CIP数据核字（2013）第087308号

本书根据《建筑结构荷载规范》GB 50009—2012编写，适合宽口径土木工程专业使用。内容包括：荷载与作用的概念；工程荷载的分类及代表值；地震作用；建筑结构的荷载；桥梁工程的荷载；水工建筑物的荷载；工程结构设计方法的发展；结构可靠度的基本概念；结构概率可靠度设计方法。

本书可供高等院校土木工程、建筑工程、交通土建工程、城镇建设、矿井、隧道、水利工程、港口工程、海岸与海洋工程专业师生使用。

* * *

责任编辑：郭 栋 辛海丽
责任设计：李志立
责任校对：王雪竹 刘梦然

高校土木工程专业规划教材
工程荷载与结构设计方法
（按规范GB 50009—2012）
季 静 罗旗帜 张学文 主编
娄奕红 唐欣薇 参编
*
中国建筑工业出版社出版、发行（北京西郊百万庄）
各地新华书店、建筑书店经销
北京红光制版公司制版
北京建筑工业印刷厂印刷
*
开本：787×1092毫米 1/16 印张：11¾ 字数：290千字
2013年6月第一版 2021年12月第八次印刷
定价：**27.00**元
ISBN 978-7-112-15410-4
（23426）

前　言

全国高等学校土木工程专业指导委员会，对宽口径土木工程专业课程分为基础平台课程、专业基础平台课程及供选修的若干个领域专业课组。《工程荷载与结构设计方法》属于专业基础平台课程。

建筑工程、交通土建工程、城镇建设、矿井、隧道、水利工程、港口工程、海岸与海洋工程等，它们在荷载和设计方法方面有许多相同或相通的地方。以往以各自的专业，开设有关荷载和设计原则方面的课程，造成“隔行如隔山”，使学生的知识局限在一个很窄的专业范围之内。学生按土木工程宽口径专业培养，荷载和设计方法作为一门专业基础知识，必须适应这一要求。

土木工程荷载类型很多，荷载计算方法及结构设计原则不尽相同，且体现在各自的行业规范中。这在少学时情况下，使学生了解宽口径土木工程荷载及设计原则带来了困难。本书通过叙述它们的共性，通过重点叙述建筑工程、交通土建工程、水利工程的荷载与设计原则，使学生以宽口径土木工程专业的视角了解荷载和设计原则。

本书在内容的详简与取舍进行了以下处理：(1) 有些类型荷载，例如建筑结构中单层工业厂房的吊车荷载，由于涉及的相关知识、专业知识很多，它们又是相应专业课程的核心内容，本书未详细叙述，可参考相关专业课程教材。(2) 对涉及《水力学》、《土力学》等的荷载，考虑到《水力学》、《土力学》与本课程基本平行开设，而《水力学》、《土力学》又有其系统性，为了避免内容重复，涉及《水力学》、《土力学》等的荷载，参考《水力学》、《土力学》等教材，本书未详细叙述。(3) 土木工程荷载的种类很多，但它们对不同结构的重要性不尽相同。而且同一种荷载，对于不同结构，其计算和确定方法也会有差别。土木工程结构设计方法目前也没有完全统一。考虑到篇幅，有些部分对一种结构形式详述，对其他结构简述。

为了便于学生学习中与专业课的联系和应用专业知识，在内容的编排上，一方面对各种土木工程共性的内容，例如第1～3章及第7章～第9章，作为共性的内容讲述。同时对几种主要的结构，例如建筑结构、桥梁结构、水工结构等，根据其特点和相应规范的规定等对其特殊性分章讲述。

本书所引用的一些标准和规范都是目前使用的最新的标准和规范。其中《建筑结构荷载规范》GB 50009—2012、《建筑结构可靠度设计统一标准》GB 50068—2001、《建筑抗震设计规范》GB 50011—2010、《城市桥梁设计规范》CJJ 11—2011 等是近年国家新颁布实施的标准和规范。

本书共分9章，参加本书编写人员是：张学文、季静（第1～4章）、罗旗帜、娄奕红（第5章及第3章部分）、唐欣薇（第6章及第3章部分）、季静（第7～9章）。本书由季静、罗旗帜、张学文主编。

由于编者的水平有限，书中仍难免会有不当甚至错误之处，敬请读者予以批评和指正。

目　　录

第1章 荷载与作用的概念

1.1 荷载与作用的概念

荷载与作用是土木工程中常常涉及的名词术语，二者之间既有联系又有区别。

在国家标准《工程结构设计基本术语和通用符号》GBJ 132—90 中对作用这样定义：施加在结构上的一组集中力或分布力，或引起结构外加变形或约束变形的原因，统称为结构上的作用。

施加在结构上的集中力或分布力称为直接作用。例如各种土木工程结构的自重、土压力、水压力、风压力、积雪重，房屋建筑中的楼面上人群和家具等的重量；路面和桥梁上的车辆重量等，桥梁、水工结构、港口及海洋工程结构中的流水压力、波浪荷载、水中漂浮物对结构的撞击力等，都是以外加力的形式直接施加在结构上，它们与结构本身性能无关，称为直接作用。

引起结构外加变形或约束变形的原因称为间接作用。例如，地基变形、混凝土收缩徐变、温度变化、焊接变形、地震作用等，它们不是以外加力的形式直接施加在结构上，称为间接作用。

结构上的作用虽然分为直接作用和间接作用，但是它们产生的结果是一样的：使结构或构件产生效应（结构或构件产生的内力、应力、位移、应变、裂缝等）。因此，我们也可以这样定义“作用”：使结构或构件产生效应（结构或构件产生的内力、应力、位移、应变、裂缝等）的各种原因，称为结构上的作用。

因为间接作用不是以力的集结形式直接作用于结构上，它们的大小往往与结构本身性能有关。例如，风水平作用于建筑物和水平地震作用于建筑物，其结果都是使建筑物的结构产生内力和侧向位移等效应，但前者是一个与结构无关的外力直接施加在结构上，而后者是建筑物自身由静止到运动的惯性产生，它的大小与结构自身的性质（例如，结构的刚度等）有关。为了不至于发生误解，我国的国家标准《工程结构设计基本术语和通用符号》GBJ 132—90 将以力的形式出现的直接作用称为“荷载”，而间接作用不称为“荷载”，而称为“作用”。也就是说“作用”是个总称，直接作用可以称为“作用”，也可以称为“荷载”，间接作用只能称为“作用”。

“荷载”和“作用”对实际工程设计来说，主要是一个概念问题，一般并不影响作用效应的计算和结构本身。在国际上，目前也有不少国家对“荷载”和“作用”未加严格区分。在我国，一般情况下，“荷载”专指直接作用，“作用”有时指直接作用和间接作用，有时专指“荷载”或专指间接作用。在工程中，为了使用和交流的方便，常常将直接作用和间接作用均称为“荷载”。这样，我们也可以把“作用”看做广义的荷载。为了方便叙述，本书以后各章涉及的作用，除了温度作用、地震作用称作“作用”外，其余作用则称为“荷载”。

1.2 土木工程与土木工程荷载

1.2.1 土木工程

土木工程是一个涵盖面很宽的学科，国务院学位委员会在学科简介中为土木工程所下的定义是：“土木工程是建造各类工程设施的科学技术的统称。它既指工程建设的对象，即建造在地上、地下、水中的各种工程设施，也指所应用的材料、设备，和所进行的勘测、设计、施工、保养、维修等专业技术”。通常把房屋建筑工程、市政道路工程、桥梁工程、隧道工程、海洋港口工程、机场及防空工程、水利水电工程等与人类生活、生产活动有关的工程设施，都称为土木工程。

通常所说的土木工程结构，是指由若干个构件组成的、能承受使用过程中可能出现的各种作用的受力体系。例如，在建筑结构中，通常见到的钢筋混凝土板、梁、柱、基础等称为“构件”，由它们组成的受力体系，使楼面荷载沿板一梁一柱一基础一地基传递，称为结构。在桥梁结构中，由梁、墩台、基础等构件组成的受力体系称为梁桥结构等。结构是土木工程的骨架，也是它们赖以存在的基础。它的主要功能是承受工程在使用期间可能出现的各种荷载并将它们传递给地基。土木工程结构的类型很多，它们的使用功能和使用环境也不相同，因此，土木工程的荷载不仅类型多，而且作用形式复杂。

1.2.2 土木工程设计及与荷载的关系

现代土木工程的建造必须经过论证策划、设计、施工三个主要环节。设计是主要环节之一，包括功能设计和结构设计。功能设计是实现工程建造的目的、用途；结构设计是决定采用怎样形式的骨架将其支撑起来，怎样抵御和传递作用力，各部分尺寸如何，用什么材料制造，等等，工程结构设计是在工程结构的可靠与经济、适用与美观之间，选择一种最佳的合理的平衡，使所建造的结构能满足预定的各项功能要求。工程结构的“功能要求”是指工程结构安全性、适用性和耐久性，统称“可靠性”。当工程结构的可靠性用概率度量时，称为“可靠度”。

要建立上述“最佳的合理的平衡”，例如，要在工程结构的可靠与经济之间建立“最佳的合理的平衡”，就要根据结构、外荷载大小和作用形式，计算外荷载产生的效应（内力、应力、位移、应变、裂缝等），还要根据结构的形式、材料、尺寸等，计算“结构抗力”，即结构可以承受的内力、应力、位移、应变、裂缝等。当“荷载效应”与“结构抗力”的比值越小，结构的可靠度就越大，但这要付出经济方面的代价。“荷载效应”和“结构抗力”之间“最佳的合理的平衡”，就是使工程结构既经济又具有一定的可靠度。为此，我国先后颁布了《工程结构可靠度统一标准》、《建筑结构设计统一标准》、《公路工程结构可靠度设计统一标准》、《港口工程结构可靠度设计统一标准》、《铁路工程结构可靠度设计统一标准》、《水利水电工程结构可靠度设计统一标准》等有关工程结构可靠度的国家标准和行业标准。当工程结构可靠度满足以上标准的要求时，“荷载效应”和“结构抗力”之间就达到了“最佳的合理的平衡”。关于工程结构可靠度的确定方法，将在本书的第8章和第9章详细讲述。

工程结构设计的目的就是要保证结构具有足够的承载能力以抵抗自然界各种作用力，并将结构变形控制在满足正常使用的范围内。因此结构设计的第一步就是确定结构上的荷载。作为工程结构设计者，对于某个特定的工程结构，例如一幢房屋、一座桥梁，首先能够分析它在使用过程中可能出现哪些荷载，它们产生的背景、具备什么特点，哪些在时间和空间上是独立的，甚至可以独立存在的，哪些可能是相互关联的或不能独立存在的等等，然后才能确定和正确计算这些荷载。

荷载效应一般用力学的方法分析和计算，属于力学课程讲述的内容。关于结构抗力计算，我国各种土木工程设计规范、规程中，对各类土木工程结构、构件抗力规定了计算方法和计算公式，是进行结构设计的依据，将在混凝土结构、钢结构、砌体结构、桥梁工程、水工结构等课程中讲述。

没有正确的荷载取值和荷载计算，就不可能准确计算荷载效应，工程结构也不可能符合规定可靠度的要求。这样导致的后果是：由于结构的可靠度不足，影响结构的正常使用，缩短结构的使用寿命，甚至危及结构的安全；或是浪费材料，使工程造价过高。因此，如何合理确定和正确计算结构的荷载，是土木工程结构设计中一个十分重要的问题。

思考题

1. 荷载与作用的概念有什么不同？
2. 举例说明直接作用和间接作用的区别。
3. 荷载与作用对土木工程设计有何意义？

第2章 工程荷载的分类及代表值

2.1 工程荷载的分类

由于土木工程涵盖的专业领域很宽，土木工程荷载的种类很多。如结构自重、土的自重、风荷载、雪荷载、土的侧向压力、水压力及流水压力、冻胀力、冰压力、预加力，房屋建筑结构的楼面活荷载，桥梁与道路工程的车辆荷载，港口与海洋工程、水工建筑结构的波浪荷载、浮力、船只或漂流物撞击力等，以及在某些情况下产生的地震作用、爆炸、温度、变形、等偶然荷载及间接作用。这些荷载是根据其产生的原因划分的。

计算和确定结构荷载是为了计算荷载效应，分析其对结构的影响。在上述各种荷载中，一些荷载产生的原因可能不同，但荷载效应及对结构的影响是相同的；一些荷载虽然可能大小相同，但产生的荷载效应及对结构的影响并不相同。在工程结构设计中，我们不仅重视荷载产生的原因及荷载的大小，更关注荷载效应及其对结构的影响。在工程中，为了便于计算荷载效应和分析荷载效应对结构的影响，常常根据荷载的性质、设计计算和分析的需要，对荷载进行不同方法的分类。我国的国家标准《工程结构可靠度设计统一标准》GB 50153—92 对建筑结构、铁路工程结构、港口工程结构、公路工程结构、水利水电工程结构上的作用统一分类。按随时间的变异、随空间位置的变异及结构的动力反应可把作用分为3大类。

2.1.1 按随时间的变异分类

按随时间的变异，将作用分为以下三个类别：

（1）永久作用——在设计基准期内量值不随时间变化，或其变化与平均值相比可以忽略不计的作用。因此，永久荷载的统计规律与时间参数无关，其随机性只是表现在空间位置的变异上。例如，结构自重、土压力、预加应力、水位不变的水压力、地基变形、混凝土收缩、钢材焊接变形等属于永久作用。

永久作用中的直接作用，就是通常所指的恒荷载。

（2）可变作用——在设计基准期内量值随时间变化，且其变化与平均值相比不可忽略。可变作用的统计规律与时间参数有关。例如，风荷载、雪荷载、温度变化、波浪荷载、冰荷载、水位变化的水压力；路桥结构上的车辆荷载、人群荷载；房屋建筑中的楼面活荷载、积灰荷载、厂房吊车荷载、港口的堆货荷载等，都属于可变作用。

可变作用中的直接作用，就是通常所指的活荷载。

在桥梁工程规范中，按可变荷载对桥涵结构的影响程度，分为基本可变荷载（活荷载）和其他可变荷载。

（3）偶然作用——在设计基准期内不一定会出现，而一旦出现，其量值可能很大且持续时间短。例如，爆炸力、撞击力、龙卷风、罕遇地震、火灾、罕遇洪水等可视为偶然作用。

永久作用由于其大小不变，永久地作用在结构上，因此，它可能使混凝土材料产生徐变。例如钢筋混凝土受弯构件，在长期不变荷载作用下，由于受压混凝土的徐变，使构件变形增大，裂缝加宽。从这方面看，永久作用较可变作用对结构更为不利。因此，对于以永久作用为主的混凝土构件，应考虑这一因素的影响。

可变作用和永久作用不同之处是，可变作用可能布满整个结构或构件，也可能只存在于结构或构件的局部。例如图 2-1 所示的等跨三跨连续梁，若该梁在使用中有均布活荷载作用，则活荷载的出现就有 5 种可能；若三跨连续梁的跨度都不相等，则活荷载的出现就有 7 种可能。在计算某个截面的荷载效应时，应考虑上述活荷载出现的各种可能中，哪一种对该截面产生的荷载效应最大。我们把某一截面产生某一最大荷载效应时相应的活荷载分布，称为该截面的不利活荷载布置。

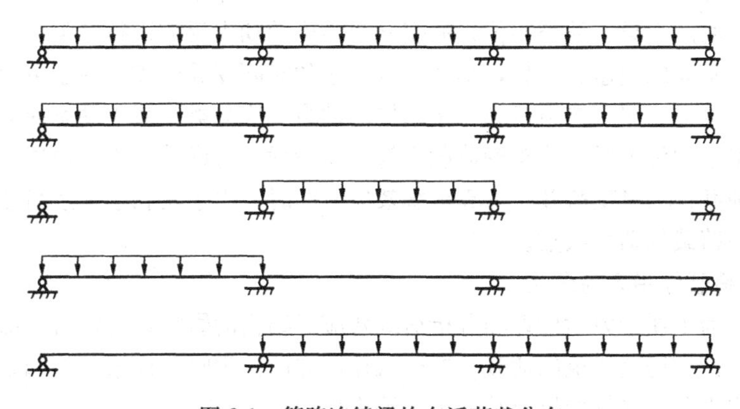

图 2-1　等跨连续梁均布活荷载分布

罕遇地震、爆炸力、撞击力、龙卷风、火灾、罕遇洪水等偶然作用，其量值很大且持续时间短，在结构使用期内，不一定会出现。在工程结构设计中，如果像考虑永久作用和可变作用一样考虑偶然作用，会造成工程造价的大幅度提高，显然是不合理的。考虑到这些偶然作用出现的几率比较小，因此，对偶然作用并不全部考虑，只是根据不同的结构和不同的情况对偶然荷载作适当的考虑。

作用按随时间的变异分类，是作用的最基本分类，它直接关系到作用变量概率模型的选择，也是在工程设计中应用最广泛的作用分类。

2.1.2　按随空间位置的变异分类

荷载按随空间位置的变异分为以下两类：

(1) 固定作用——在结构上具有固定分布的作用。例如，结构自重、楼面均布活荷载、结构上固定的设备自重等。

(2) 自由作用——在结构上一定范围内可以任意分布的作用。其出现的位置及量值都可能是随机的。例如，桥梁结构上的车辆荷载、工业厂房中的吊车荷载等。

由于自由作用是可以移动的，设计时应考虑它对结构引起最不利效应的分布位置及量值。

2.1.3　按结构的动力反应分类

作用按结构的动力反应分为以下两类：

(1) 静态作用（静荷载）——对结构或构件不产生加速度，或者所产生的加速度可以忽略不计的作用。例如，结构的自重、房屋楼面活荷载等。

(2) 动态作用（动荷载）——使结构或构件产生的加速度不可忽略的作用。例如，地震、爆炸力、船舶撞击力、设备的振动、工业厂房中的吊车荷载、以一定的速度通过桥梁的汽车、火车荷载、作用于高耸结构上的风荷载等。

动荷载可以看做是活荷载的突然作用或突然移走，它必然会产生动力效应，动荷载对结构产生的荷载效应（例如内力）要比同样大小的静荷载大，对结构是不利的。在工程中，为了计算方便，一般将动荷载乘以规定的动力系数后，再按静荷载计算。对于如地震等动态作用，则必须按结构动力学的方法进行分析。

划分静态作用和动态作用的原则，不在于作用本身是否具有动力特征，而主要在于它是否使结构产生不可忽略的加速度。例如楼面的人群荷载，其本身可能具有动力特征，但使结构产生的动力效应可以忽略不计，也将其划分为静态作用。

按作用随时间的变异、随空间位置的变异及结构的动力反应进行分类，是3种不同的分类方法，各有不同的用途。例如，车辆荷载，按随时间变异分类，属于可变荷载；按随空间位置的变异分类，属于自由荷载；按结构的动力反应分类，属于动态荷载。如果我们考虑车辆在桥梁上的位置时，将车辆荷载视为自由荷载，考虑其最不利位置；当其位置确定后，将车辆荷载视为可变荷载，计算荷载效应。同时，由于其属于动态荷载，计算荷载效应时，应考虑荷载的动力系数。

2.1.4 按荷载作用方向分类

在工程中，为了便于力学计算和分析荷载效应对结构的影响，常常对一部分土木工程结构上的荷载（例如房屋建筑的荷载）按荷载作用方向分为竖向荷载（例如结构自重、楼面荷载等）和水平荷载（例如风荷载、水平地震作用等）。

在建筑结构中，除了结构特别不对称及竖向荷载特别不对称的情况之外，在竖向荷载（特别是恒载）作用下，结构产生内力，许多构件会产生一定量的竖向位移（例如，楼面的梁、板会产生挠度，墙、柱会有一些缩短等）。在竖向荷载作用下，结构产生的侧向位移很小，可以忽略不计。结构在水平荷载作用下，不论结构是否对称，结构都不仅产生内力，而且产生明显的侧向位移，特别是高层建筑。这样，在进行结构的荷载效应计算时，可以用不同的简化方法分别计算竖向荷载和水平荷载作用下的荷载效应，通常只考虑在水平荷载作用下产生侧向位移。在结构设计的方案阶段，可以将结构上的荷载分为竖向荷载和水平荷载两部分，并对其大小进行估算，根据两者对结构作用的关系，评价结构的抗倾覆能力和结构高宽比的合理性。在高层建筑结构设计中，由于结构的侧向位移是一个主要的控制指标，因此，在结构设计的初步阶段，可以仅考虑结构在水平荷载作用下的侧向位移，以此评价结构的合理性。

另外，若荷载对结构高频率重复作用（例如工业厂房中吊车对吊车梁的作用、某些情况下车辆对桥梁的作用等），则称为重复荷载。重复荷载可能使结构或构件产生疲劳，承载力降低。

2.2 荷载的代表值

2.2.1 荷载代表值的概念

作用在工程结构上的各种荷载，都具有不同性质的变异性，不仅随地而异，而且随时而异，其量值具有明显的随机性，只是恒荷载的变异性较小，活荷载的变异性较大。如果在设计中直接引用反映荷载变异性的各种统计参数，通过复杂的概率运算进行具体设计，将会给设计带来许多困难。因此，在设计时，除了采用能便于设计者使用的设计表达式外，对荷载仍规定具体的量值（例如，混凝土自重 $25kN/m^3$，住宅楼面活荷载 $2kN/m^2$ 等），这些确定的荷载值称为荷载的代表值。

进行工程结构或结构构件设计时，可根据不同的设计目的和要求，对荷载采用不同的代表值，以便更确切地反映它在设计中的特点。我国的国家标准《工程结构可靠度设计统一标准》GB 50153—92 对房屋建筑、铁路、公路、港口、水利水电工程结构等，规定了荷载的三种代表值：标准值、频遇值和准永久值。

永久荷载只有一个代表值 ：标准值；

可变荷载一般有三个代表值：标准值、频遇值和准永久值。

偶然荷载代表值，目前国内还没有比较成熟的确定方法，一般是由各专业部门根据历史记载、现场观测、试验等，并结合工程经验综合分析判断确定。例如地震作用，在《建筑抗震设计规范》GB 50011—2010 中规定了荷载标准值的计算方法；在《公路桥涵设计通用规范》JTG D60—2004 中给出了船只和漂流物的撞击力的确定方法等。

荷载标准值是荷载的基本代表值，是工程结构设计时采用的主要代表值，其他代表值都可在标准值的基础上乘以相应的系数后得出。

由于设计上的需要，有些结构设计规范中，可变荷载除上述代表值外，还规定了其他代表值。

2.2.2 荷载标准值

荷载标准值，是指结构在设计基准期内可能出现的最大荷载值。由于荷载本身的随机性，结构在使用期间的最大荷载也是随机变量，原则上也可用它的统计分布来描述：荷载标准值是具有某种保证率的荷载最大值。结构在使用期间，仍有可能出现量值大于标准值的荷载，只是出现的概率比较小。

若有足够的荷载（直接作用）统计资料，能做出它的最大值的概率分布时，则按统一规定的设计基准期和统一规定的概率分布的分位值百分数来确定作用代表值，原则上取概率分布特征值。该代表值即国际标准中所称的特征值。例如，我国房屋建筑中的办公室和住宅的楼面活荷载，对北京、广州、兰州、成都的 606 间住宅和 358 间办公室进行了实际荷载测定，后来又在全国 25 个城市实测了 133 栋办公楼共 2201 间办公室，对全国 10 个城市的住宅实测了 556 间，取得了大量的统计资料；再如桥梁工程中的人群荷载，在全国六大片区分别选择了沈阳、北京、天津、上海、武汉、广州、西安和昆明等 10 多个城市共 30 座桥梁进行实测调查。每座桥梁选其行人高峰期观测 3d，取得了大量的统计资料。按规定的设计基准期最大荷载的概率分布的分位值百分数，分别确定办公室和住宅的楼面活荷载的标准值及桥梁工程中的人群荷载的标准值。

但是，目前并非对所有荷载都能取得充分的资料，有些尚缺乏系统的统计资料的荷载，只能参考工程实践经验或国际资料，并通过分析判断，协议一个代表值。例如，对住宅、办公室、商店等不同类型建筑，楼面活荷载标准值取值的保证率不同，主要是考虑已有的工程经验。

有些情况下的荷载标准值，可能主要由技术人员根据已有的工程实践经验，结合具体的工程实际，通过分析判断后，协议给出一个公称值，作为代表值。例如，对于不上人的屋面活荷载，从实际作用的荷载来看，除了屋面雪荷载有专门规定之外，其他如施工荷载（包括维修时的施工荷载）大小与当时的施工方法有关，差别很大，很难统一规定，只能在施工阶段由工程技术人员根据结构的实际情况，采取相应措施，而没有必要因此确定较高的施工荷载。但是对它规定过低，甚至不作规定，也不合适。因为在实际工程中，屋盖结构的工程事故相对比较多。对不上人的屋面活荷载主要是从工程经验出发，经各方面协商判断确定的。

永久作用标准值，例如结构的自重，由于变异性不大，有的是通过实际量测和试验等数据按概率统计得出其最大值分布以分位值确定；有的是取自材料、制造、供应、设备部门提供的数据规定；也有的是按长期使用经验通过判断作出的。对有些材料的自重还规定了上、下限值，以供设计时对结构的有利或不利状态分别选用。至于结构构件自重，则按图纸上的名义尺寸值与材料的单位体积自重的乘积确定。

部分常用材料和构件的自重见表 2-1。

部分常用材料和构件的自重 **表 2-1**

名　称	自　重	备　注
砖、砂浆及混凝土（kN/m³）		
普通砖	18	240×115×53（648 块/m³）
普通砖	19	机器制
耐火砖	19～22	230×110×65（609 块/m³）
灰砂砖	18	
炉渣砖	17～18.5	
黏土坯	12～15	
锯末砖	9	
水泥花砖	19.8	200×200×24（1042 块/m³）
瓷面砖	17.8	150×150×8（5556 块/m³）
石灰砂浆、混合砂浆	17	
水泥砂浆	20	
稻草石灰泥	16	
纸筋石灰泥	16	
石灰三合土	17.5	石灰、砂子、卵石
水泥	16	袋装压实
膨胀珍珠岩砂浆	7～15	
素混凝土	22～24	振捣或不振捣
泡沫混凝土	4～6	
沥青混凝土	20	
钢筋混凝土	24～25	
浆砌粗料石	22.0～25.0	
浆砌块石	21.0～23.0	
干砌块石	18.0～21.0	
铸铁	72.5	
钢材	78.5	

续表

名　　称	自　　重	备　　注
锌	70.5	
铅	114	
黄铜、青铜	85	
石灰三合土、石灰土	17.5	
回填土石（不包括土石坝）		
抛块石	17.0～18.0	
抛块石	10.0～11.0	水下
抛碎石	16.0～17.0	
抛碎石	10.0～11.0	水下
细砂、粗砂	14.5～16.5	干
卵石	16.0～18.0	干、松
砂夹卵石	15.0～17.0	干、压实
砂土	16.0～19.0	干、压实
砂土	16.0	
	18.0	湿、压实
花岗岩	24.0～27.5	
玄武岩	25.5～31.5	
辉绿岩	25.0～29.5	
大理岩、石灰岩	26.5～28.0	
砂岩	24.0～27.0	
页岩	23.5～27.0	
墙面、地面及门窗（kN/m²）		
贴瓷砖墙面	0.5	厚25mm，包括水泥砂浆打底
水泥粉刷墙面	0.36	厚20mm，水泥粗砂
水磨石墙面	0.55	厚25mm，包括打底
水刷石墙面	0.5	厚25mm，包括打底
石灰粗砂粉刷	0.34	厚20mm
剁假石墙面	0.5	厚25mm，包括打底
外墙拉毛墙面	0.7	厚25mm，水泥砂浆打底
木框玻璃窗	0.2～0.3	
钢框玻璃窗	0.4～0.45	
木　门	0.1～0.2	
钢铁门	0.4～0.45	
小瓷砖地面	0.55	包括水泥粗砂打底
水泥花砖地面	0.6	砖厚25mm，包括水泥粗砂打底
水磨石地面	0.65	10mm面层，20mm厚水泥砂浆打底

对大部分自然荷载，包括风、雪荷载，习惯上都以其规定的平均重现期（风、雪荷载的重现期为50年，即50年一遇）来定义标准值，也即相当于以其重现期内最大荷载的分布的众值为标准值。

综上所述，荷载的标准值，特别是可变荷载标准值的确定，含有一定的经验性。在工程设计中，虽然在一般情况下，荷载的标准值应按相应规范中规定的标准值取用，但在有些情况下，仍应根据实际情况取用。在我国的工程结构设计规范中，有些规范把其中的一些荷载标准值规定为“强制性条款”，在设计中，必须把这些荷载标准值作为荷载最小值采用；对于未作为“强制性条款”的荷载标准值，则应由业主认可后采用，并在设计文件中注明。

永久荷载标准值用符号 G_k 表示；可变荷载标准值用符号 Q_k 表示。

2.2.3 荷载的频遇值和准永久值

可变荷载的代表值除标准值之外，还有两个代表值——频遇值和准永久值。

可变荷载的标准值是根据荷载在设计基准期内可能达到的概率意义上的最大量值荷载来确定的，它没有反映荷载值随时间变异的特性。例如，荷载值超过某一水平持续的时间，频数。在工程结构设计中，常须根据设计的需要，区分可变荷载的短期作用和长期作用。

当只考虑可变荷载的短期作用时，如果可变荷载都采用标准值就不太合理，因为标准值是在设计基准期内概率意义上的最大值。因此，可变荷载的短期作用时，可变荷载的代表值有两种选择：若极限状态被超越时，将对结构产生永久性的损害，可变荷载选用标准值；若极限状态被超越时，将对结构产生局部的损害、较大变形、短暂振动或不适感等情况，可变荷载应选用频遇值。

可变荷载的准永久值，是考虑荷载长期作用时采用的荷载代表值。在工程结构设计中，常常需要考虑荷载长期作用对结构或构件的影响。例如，我们知道，混凝土在“长期不变荷载”作用下会产生徐变，而混凝土徐变会导致钢筋混凝土受弯构件变形和裂缝宽度增大。因此，在计算钢筋混凝土受弯构件变形或裂缝最大值时，除了要计算由永久荷载、可变荷载使构件产生的变形或裂缝宽度值之外，还应计算在“长期不变荷载”作用下，由于混凝土徐变，使构件增加的变形或裂缝宽度值。“长期不变荷载”除永久荷载外，还包括准永久荷载，此时可变荷载的代表值，要选择准永久值。

（1）荷载的频遇值

荷载的频遇值，是指结构上时而出现的较大可变荷载值。“时而出现”，可以用“总持续期”来理解，也可以用“出现次数”来理解。因此，荷载的频遇值有两种确定方法：可按荷载在设计基准期内具有某个规定的较短的总持续期确定，或按规定的跨阈率（出现次数）确定。若结构超越正常使用极限状态，造成结构局部损坏（例如开裂），荷载的频遇值按跨阈率确定；若结构超越正常使用极限状态，造成结构功能降低（例如出现不舒适的振动），则荷载的频遇值按总持续期确定。

根据国际标准ISO 2394：1998，频遇值是设计基准期内荷载达到和超过该值的总持续时间与设计基准期的比值小于0.1的荷载代表值。由于按严格的统计意义来确定荷载的频遇值还比较困难，我国的结构设计规范规定的各种可变荷载的频遇值，大部分还是根据工程经验并参考国外标准后确定的。

可变荷载频遇值表示形式，是以可变荷载的标准值乘以可变荷载的频遇值系数而得到。各种可变荷载频遇值系数，可以从各类工程结构荷载规范或与荷载有关的结构设计规范中查到。

(2) 荷载的准永久值

可变荷载的准永久值代表结构上经常作用的可变荷载值。“经常作用”是指持续的时间长。例如，住宅楼面活荷载（人群、家具等），在结构使用期间，总会有一部分量值的楼面活荷载持续作用于楼面。一般量值越大的楼面活荷载，持续的时间越短，量值越小，持续的时间越长。这部分活荷载对结构的作用与恒载相似，将这部分持久性活荷载，称之为准永久荷载，其量值称为可变荷载（活载）准永久值。

各种可变荷载准永久值的大小，与持续时间有关，其值可按荷载在设计基准期内具有某个规定的较长的总持续期确定。国际标准 ISO 2394：1998 中建议，准永久值根据在设计基准期内荷载超越该值的总持续时间，与设计基准期的比值为 0.5 确定。我国的国家标准《工程结构可靠度设计统一标准》也规定了按此标准确定的各种可变荷载的准永久值。建筑结构、港口水工结构等的设计基准期为 50 年，桥梁结构的设计基准期为 100 年。“经常作用”，对于建筑结构、港口水工结构等，从理论上可以理解为：在结构设计基准期的 50 年内，作用持续时间达到或超过 25 年；对桥梁结构可以理解为，在结构设计基准期的 100 年内，作用持续时间达到或超过 50 年。《工程结构可靠度设计统一标准》规定，可以根据连续观测数据确定可变荷载准永久值。一般取可变荷载值超越某一数值的总持续时间，与整个观测时间的比值为 0.5 来确定可变荷载的准永久值。

但是，按严格的统计意义来确定荷载的准永久值，目前还比较困难。我国各种工程结构设计规范给出的各种可变荷载的准永久值，大部分还是根据工程经验并参考国外标准确定的。

可变荷载准永久值的表示形式是以可变荷载的标准值乘以可变荷载的准永久值系数而得到。可变荷载的准永久值系数可以在与荷载有关的规范中查到。

2.2.4 荷载的组合值

在建筑结构中，规定了可变荷载的另一种代表值——组合值。也就是说，建筑结构的可变荷载有四个代表值：标准值、准永久值、频遇值和组合值。我国《建筑结构可靠度设计统一标准》GB 50068—2001 是这样定义荷载组合值的：对于可变荷载，使组合后的作用效应在设计基准期内的超越概率与该作用单独出现时的相应概率趋于一致的作用值；或组合后使结构具有统一规定的可靠指标的荷载值。

当作用在结构上的可变荷载有两种或两种以上时，它们同时出现且都达到最大值的概率显然比某一可变荷载单独出现达到最大值的概率要小得多。例如，作用在房屋结构上的风荷载标准值是按 50 年一遇 10min 的平均风速确定的，在风荷载达到标准值的同时，其他多个可变荷载也达到其标准值的概率是很小的。如果在结构上作用有多个可变荷载，计算时均取其标准值。由于多个可变荷载同时出现且达到标准值的概率小于某一可变荷载单独出现且达到标准值的概率，因此，前者的可靠度要高于后者，且可变荷载的种类越多，其可靠度越高。为了使结构在不同荷载作用时具有大致相同的可靠度，当作用在结构上的可变荷载有两种或两种以上时，此时除主导荷载（产生最大效应的荷载）仍可以其标准值为代表值外，其他可变荷载的代表值采用小于标准值的代表值——组合值。可变荷载采用组合值，其实质是要求结构在单一可变荷载作用下的可靠度与两种或两种以上可变荷载作用下的可靠度保持一致。(结构可靠度在以后的章节中详述)

可变荷载组合值等于可变荷载标准值乘以小于1的组合值系数，也可以认为是对可变荷载标准值的折减。建筑结构的各种可变荷载组合值系数，可在我国国家标准《建筑结构荷载规范》GB 50009—2012中查到。

在实际工程设计中，为了计算方便，一般先按各种可变荷载标准值分别计算荷载效应，然后根据规定的组合系数进行荷载效应组合。

在我国的桥梁工程、港口工程、水利水电工程等结构工程中，当有多个可变荷载同时作用，则考虑在不同情况下，可变荷载同时作用的特点，用一个总的组合系数考虑。虽然没有对每种可变荷载规定组合值，但实质与建筑结构中的组合系数是相同的。

思 考 题

1. 荷载或作用是如何分类的？不同的分类方法有何意义？

2. 什么是荷载的代表值？永久荷载、可变荷载各有哪些代表值？这些荷载的代表值分别在什么情况下使用？

第3章 地 震 作 用

在抗震设防地区，要对土木工程结构进行抗震设计。抗震设计的内容之一，就是计算地震作用（即通常所说的地震力），使地震作用效应与恒荷载及其他活荷载效应按规定的规则组合。

3.1 地震成因及震害

地震是危害人类的严重自然灾害之一，在许多国家，地震是主要的自然灾害。地震灾害已经受到全人类的重视，并对其进行深入研究和防范。

如同风、霜、雨、雪是自然现象一样，地震也是一种自然现象。地震按其成因通常可分成3类：构造地震、火山地震和陷落地震。

构造地震的形成与地球构造和运动有关。地球在运动发展过程中，它的地质构造作用使地壳积累了大量的变形能，地壳中的岩层产生了很大的应力，当这些应力超过某处岩层的极限强度时，岩层突然破裂、错动，从而将积累的变形能释放出来，释放的能量以波动的形式向周围扩散，传播到地面形成地面运动，即地震。

除构造地震外，还有由于火山爆发、溶洞塌陷、水库蓄水、核爆炸等原因引起的地震，这些地震与构造地震相比，其影响小、频度低，不作为工程抗震研究的重点。

构造地震释放的能量大，影响范围广，发生频率较高，破坏作用较强。因此，一般工程结构抗震设计时，主要考虑构造地震的影响。

强地震往往造成严重的地震灾害，地震灾害除了直接灾害之外，还可能造成严重的次生灾害。地震直接灾害，包括地表破坏（例如地裂缝、喷水冒砂、山崖崩塌、地面下沉、河岸滑坡等）以及建筑物破坏（例如结构丧失整体性、结构或构件强度破坏、地基失效、房屋倒塌等）。地震次生灾害，包括地震造成的海啸，可能引起的火灾、水灾、空气和环境的污染以及灾后瘟疫等。次生灾害有时比地震直接造成的损失还大，尤其是在大城市和大工业区，这个问题越来越引起人们的关注。

人类之所以把地震灾害视为最可怕的自然灾害之一，除了因为它的破坏性大之外，还因为它的突发性。人们很难预测地震何时到来，因而对地震的到来往往猝不及防，产生恐惧。

3.2 我国地震的特点及抗震对策

地震给人类带来了巨大的灾害，而中国人民受到的地震灾害尤为严重。地震造成的人员伤亡，中国居世界首位。1556年1月23日陕西华县8级地震，死83万人；1920年12月16日宁夏海原8.5级地震，死20余万人；1976年7月28日河北唐山7.8级地震，死

24.2 万人。

世界地震历史上死亡人数最多的一次地震是在中国（即华县地震），而近代大地震中，死亡人数最多的一次地震也在中国（即唐山地震）。

20 世纪以来，世界上破坏严重的 20 次灾难性地震，共死亡 101 万人，其中发生在中国的有 2 次，死亡 44.2 万人。地震次数中国占 10%，而死亡人数占 43.76%。

20 世纪以来，一次地震死亡人数超过 10 万的大地震共有 4 次，共死亡 68 万人，其中 2 次发生在中国，死亡人数占 65%。

20 世纪 70 年代，是近代世界地震灾害较多的 10 年。这 10 年中，全世界死于地震灾害的总人数达 41.29 万人，中国占 63.7%。地震造成伤残的总人数为 38.8 万人，中国占 56%。

地震对我国造成的危害之所以如此之大，主要有以下原因：

（1）我国地震活动分布范围广，地震区的面积占全部国土面积的 60% ，不易捕捉地震发生的具体地点，难以集中防御目标。

（2）我国地震发生频繁、强度大、震源浅，大多数是震源深度为 20～30km，且 2/3 发生在大陆地区，对地面建筑物和工程设施的破坏严重。近几十年来，我国的邢台、通海、海城、唐山、云南、新疆等地都先后发生过强烈地震，特别是 1976 年的唐山大地震，造成几十万人的伤亡和巨大的财产损失。

（3）我国位于地震区的大、中城市多。在我国 450 个主要城市中，位于地震区的占 74.5%，地震可能造成大量的财产损失和人员伤亡。

要减轻地震造成的灾害，消除人们对地震的恐惧心理，就应加强对地震的预测和预防。对建筑结构进行抗震设计，就是预防措施之一。如果人们能够预测某地是否可能发生地震及地震的强烈程度，能够使设计的房屋在这样强烈的地震作用下，不发生破坏或倒塌，则不仅可以减轻地震造成的灾害，而且可以消除人们对地震的恐惧心理，这也是抗震设计的目的。

我国对抗震防震工作十分重视，抗震对策主要集中在控制地震、地震预报、抗震防灾 3 个方面，其中以抗震防灾为重点。多年来，我国有关部门对各地进行了大量的地震监测和理论研究，多次准确预报了地震，减少了人员伤亡和财产损失。同时，在大量调查和科学研究的基础上，颁布了我国的《建筑结构抗震设计规范》、《水工建筑物抗震设计规范》、《铁路工程抗震设计规范》、《公路桥梁抗震设计细则》、《水运工程抗震设计规范》等，规定地震区的建筑结构工程必须进行抗震设计，保证建筑结构具有一定的抗震性能，从而避免或减少由于地震给人民生命财产所造成的损失。

结构抗震设计是抗震防灾的主要内容之一，以科学的态度和高度的负责精神进行结构抗震设计是结构设计者义不容辞的责任。

3.3 有关地震的概念和名词术语

为了便于对地震作用的理解，下面解释有关地震和抗震的名词术语和概念。

（1）震源、震中、震源深度、震中距

地震发生时，在地球内部产生地震波的位置称为震源，即发震点；震源在地表的垂直投影点称为震中；震源至地面的垂直距离称为震源深度；地面某处至震中的距离为震中距。

根据震源深度不同，构造地震分为浅源地震（震源深度小于60km）、中源地震（震源深度60～300km）和深源地震（震源深度大于300km），浅源地震造成的危害最大。一般情况下，震中距越小的地方，受地震影响也越大。

（2）震级

震级是表明地震本身强度的大小和释放出能量的多少的等级。它是表示地震规模的指标，其衡量尺度是地震释放出能量的多少。因此，一次地震只有一个震级。震级越大，造成的危害也越大。

（3）地震烈度

地震烈度是指地震对某一地区的地表及建筑物影响的强弱程度。目前，烈度的等级按照地震时人的感觉、地震所造成的自然环境和建筑物的破坏程度划分。它可以作为判断地震强烈程度的宏观依据。各国划分烈度等级的标准不完全相同，我国地震烈度分为12个等级（表3-1）。

中国地震烈度表 **表3-1**

烈度	人的感觉	一般房屋		其他现象	参考物理指标	
		大多数房屋震害程度	平均震害指数		水平加速度（cm/s^2）	水平速度（cm/s）
1	无感					
2	室内个别静止中的人感觉					
3	室内少数静止中的人感觉	门、窗轻微作响		悬挂物微动		
4	室内多数人感觉。室外少数人感觉。少数人梦中惊醒	门、窗作响		悬挂物明显摆动，器皿作响		
5	室内普遍感觉。室外多数人感觉。多数人梦中惊醒	门窗、屋顶、屋架颤动作响，灰土掉落，抹灰出现微细裂缝		不稳定物翻倒	31（22～44）	3（2～4）
6	惊慌失措，仓皇逃出	损坏：个别砖瓦掉落、墙体微细裂缝	0～0.1	河岸和松软土上出现裂缝。饱和砂层出现喷砂冒水。地面上有的砖烟囱轻度裂缝、掉头	63（45～89）	6（5～9）
7	大多数人仓皇出逃	轻度破坏：局部破坏、开裂，但不妨碍使用	0.11～0.30	河岸出现塌方。饱和砂层常见喷砂冒水。松软土上地裂缝较多。大多数砖烟囱中等破坏	125（90～177）	13（10～18）

续表

烈度	人的感觉	一般房屋		其他现象	参考物理指标	
		大多数房屋震害程度	平均震害指数		水平加速度 (cm/s^2)	水平速度 (cm/s)
8	摇晃颠簸，行走困难	中等破坏：结构受损，需要修理	0.31～0.50	干硬土上亦有裂缝。大多数烟囱严重破坏	250 (178～353)	25 (19～35)
9	坐立不稳，行动的人可能摔跤	墙体龟裂、局部倒塌，复修困难	0.51～0.70	干硬土上有许多地方出现裂缝，基岩上可能出现裂缝。滑坡、坍方常见。砖烟囱出现倒塌	500 (354～707)	50 (36～71)
10	骑自行车的人会摔倒。处不稳状态的人会摔出几尺远。有抛出感	倒塌：大部倒塌，不堪修复	0.71～0.90	山崩和地震断裂出现。基岩上的拱桥破坏。大多数砖烟囱从根部破坏或倒毁	1000 (708～1414)	100 (72～141)
11		毁灭	0.91～1.00	地震断裂延续很长。山崩常见。墓岩上拱桥毁坏		
12				地面剧烈变化、山河改观		

由于各地区距离震中的远近不同，所受的影响和破坏程度必然不一样，因而各地区相应的烈度也就不同。一般来说，离震中愈近，烈度就愈高。因此，一次地震只有一个震级，但可以在不同的地区引起不同的地震烈度。某地进行建筑结构抗震设计时，依据的是当地的地震烈度，而不是震级。

3.4 地震作用的概念

发生地震时，由于地震波的作用，地面产生加速运动，从而带动房屋的基础产生运动，房屋的上部结构因基础运动而被迫发生加速运动。房屋由静止到产生加速运动，必然产生一个与加速度方向相反的惯性力。这个惯性力如同作用在结构上的荷载一样，使结构构件产生内力、位移等效应，这个惯性力称为地震作用（有时称为地震力）。

地震作用和荷载的区别在于荷载是对结构的直接作用，地震作用是由于地面运动引起结构的动态作用，属于间接作用。荷载大小与结构自身特性无关，而地震作用的大小不仅取决于烈度、震中距等情况，还与结构的动力特性（如结构自振周期等）有关。因此，准确来说，地震作用只能称为“作用”而不能称为“荷载”。

地震时房屋在各种地震波的作用下，既左右摇晃，又上下颠簸。使房屋左右摇晃的地震作用称为水平地震作用；使房屋上下颠簸的地震作用称为竖向地震作用。由于使房屋产生上下颠簸的地震波衰减较快，所以在一般情况下竖向地震作用并不明显，只有在抗震设防烈度在8度和9度以上的震中区及其附近地区，竖向地震作用的影响才比较明显。因此，《建筑抗震设计规范》GB 50011—2010规定，对于8度和9度抗震设防地区的大跨度结构、长悬臂结构、烟囱和类似的高耸结构，9度抗震设防地区的高层建筑，应考虑竖向地震作用。

水平方向的地震作用，其作用方向可能平行于房屋的两个主轴方向，也可能与主轴方向成一定角度。但在一般情况下，可只考虑平行于房屋两主轴方向的地震作用。平行于房屋纵轴方向的水平地震作用，通常称为横向水平地震作用；平行于房屋横轴方向的水平地震作用，称为纵向水平地震作用。地震作用是与结构本身的重量、动力特性等因素有关的一种作用，在计算地震作用效应时，把地震作用视为静荷载加在结构上计算。因此，地震作用是一种反映地震影响的等效荷载。

3.5 抗 震 设 防

3.5.1 抗震设防的概念

抗震设防是指对规定的抗震设防地区的建筑进行建筑抗震设计和隔震、消能减震设计。在规定的抗震设防地区，建筑抗震设计是必须进行的。例如，我国《建筑抗震设计规范》规定，抗震设防烈度为6度及以上地区的建筑，必须进行抗震设计。对于抗震设防烈度为6度的一般建筑，可不进行地震作用计算，但必须采取抗震构造措施。当具备条件时，可以对建筑进行隔震、消能减震设计。

土木工程结构抗震设计，是指对土木工程结构进行的抗震概念设计、地震作用及其计算、抗震承载力计算和采取抗震措施以达到抗震的效果。

抗震概念设计，是指根据地震灾害和工程经验等所形成的基本设计原则和设计思想，进行建筑和结构总体布置并确定细部构造的过程。由于地震的不确定性和复杂性，以及假定的结构计算模型与实际情况的差异，因此，“数值计算设计”很难有效地控制结构的抗震性能，所以抗震设计不能完全依赖数值计算。从某种意义上说，结构抗震性能的决定因素是良好的“概念设计”，它比“数值计算设计”（包括地震作用计算）更为重要，它是保证结构具有良好抗震性能的基本设计原则和思路的一种经验性优化选择。概念设计包括地震影响、场地选址、建筑布置、结构体系、构件选型和细部构造的各种原则，以及对非结构构件及建筑材料与施工方面的最低要求等。

抗震承载力计算，包括荷载、地震作用及其效应的计算，构件抗力的计算，以及根据结构可靠度要求在“效应”和“抗力”之间建立平衡。

抗震构造措施是根据抗震概念设计原则，一般不需要计算而对结构和非结构各部分必须采取的各种细部要求。例如，从抗震概念出发，结构整体性好有利于抗震，因此，《建筑抗震设计规范》规定抗震结构的构件之间要有可靠的连接；在水平地震作用下，框架结构的节点易破坏，因此对节点采取加强措施等，这些都属于“抗震构造措施”。不同建筑的抗震构造措施要求也不同。一般地震烈度越高，建筑越重要，抗震构造措施要求也越高。

抗震承载力计算和抗震构造措施，将在建筑结构抗震、高层建筑结构等专业课程中讨论。本章主要讨论地震作用（通常称为地震力）的一般计算方法。

3.5.2 抗震设防目标

抗震设防是对可能发生的地震灾害采取以防为主的措施。即在现有科学技术水平和经济条件下，通过对结构的抗震设计来减轻地震破坏，避免人员伤亡，减少经济损失，同时便于震后对结构进行修复。

由于地震的随机性和多发性，一个工程结构在使用期间有可能遭遇多次不同烈度的地震。从概率的观点来看，遭遇最多的应该是低于该地区基本烈度的小震，但也不排除遭遇高于基本烈度的大震的可能。根据我国目前的经济技术条件，对于多发的小震要求做到结构上不损坏是合理的。但对于发生几率很小的大震，要使结构完全不损坏，这在经济上是不合理的，因此可以允许结构破坏，但在任何情况下，都不应使建筑物倒塌。按照减轻地震破坏，避免人员伤亡，减少经济损失，同时易于结构修复的原则，根据各类土木工程结构的不同特点，在相应的抗震设计规范中，提出了具体的抗震设防目标。例如，按照《建筑抗震设计规范》进行抗震设计的建筑，其抗震设防目标是：当遭受低于本地区抗震设防烈度的多遇地震影响时，主体结构不受损坏或不需修理可继续使用，可满足正常使用的要求；当遭受相当于本地区抗震设防烈度的地震影响时，可能发生损坏，经一般性修理仍可继续使用；当遭受高于本地区抗震设防烈度的罕遇地震影响时，不致倒塌或发生危及生命的严重破坏。概括来说就是：小震不坏、中震可修，大震不倒。对于桥梁工程，则应考虑修复问题，因为它是保证公路、铁路运输的关键。

在《建筑抗震设计规范》中，对于一般建筑，取“众值烈度”（小震烈度）的地震参数计算结构的弹性地震作用标准值和响应的地震效应，采用《建筑结构可靠度设计统一标准》GB 50068—2001 规定的分项系数设计表达式进行结构构件的截面承载力计算，以满足“小震不坏、中震可修”的要求；通过概念设计和抗震构造措施满足“大震不倒”的要求。这就是通常所说的“三水准二阶段”的抗震设计法。

对于铁路桥梁和公路桥梁抗震设计，《铁路工程抗震设计规范》也是采用的“三水准二阶段”设计方法为：铁路工程应按多遇地震、设计地震和罕遇地震 3 个水准进行抗震设计。其抗震设防目标是：当遭受多遇地震时，铁路不损坏或轻微损坏，能够保持其正常使用功能；当遭受设计地震时，铁路可能损坏，经修补短期内能恢复其正常使用功能；当遭受罕遇地震时，铁路可能产生较大破坏，但不出现整体倒塌，经抢修后可限速通车。其设计方法是：桥梁按多遇地震进行桥墩、基础强度、偏心及稳定性验算；按设计地震验算上、下部结构连接构造的强度；按罕遇地震进行最大位移分析，并对钢筋混凝土桥墩进行延性验算。《公路桥梁抗震设计细则》规定的抗震目标为：经抗震设防后，在发生与之相当的基本烈度地震影响时，位于一般地段的高速公路、一级公路工程，经一般整修即可正常使用；位于一般地段的二级公路工程及位于软弱黏性土层或液化土层上的高速公路、一级公路工程，经短期抢修即可恢复使用；三、四级公路工程和位于抗震危险地段、软弱黏性土层或液化土层上的二级公路以及位于抗震危险地段的高速公路、一级公路工程，保证桥梁、隧道及重要的构造物不发生严重破坏。

3.5.3 抗震设防标准

对于建筑结构，建筑使用功能的重要性不同，抗震设防标准也不同。抗震设防标准的不同主要体现在地震作用的计算和抗震构造措施两个方面。《建筑抗震设计规范》按抗震设防烈度分别规定了 6、7、8、9 等烈度的抗震构造措施，同时按照《建筑工程抗震设防分类标准》GB 50223—2008，根据建筑使用功能的重要性将建筑分为甲、乙、丙、丁 4 类。

① 特殊设防类，简称甲类：指使用上有特殊设施，涉及国家公共安全的重大建筑工

程和地震时可能发生严重次生灾害等特别重大灾害后果，需要进行特殊设防的建筑。

② 重点设防类，简称乙类：指地震时使用功能不能中断或需尽快恢复的生命线相关建筑，以及地震时可能导致大量人员伤亡等重大灾害后果，需要提高设防标准的建筑。

③ 标准设防类，简称丙类：指大量的除 1、2、4 款以外按标准要求进行设防的建筑。

④ 适度设防类，简称丁类：指使用上人员稀少且震损不致产生次生灾害，允许在一定条件下适度降低要求的建筑。

对于上述 4 类建筑提出了相应的抗震设防标准。

① 甲类：应按高于本地区抗震设防烈度一度的要求加强其抗震构造措施；同时，应按批准的地震安全性评价的结果且高于本地区抗震设防烈度的要求确定其地震作用。

② 乙类：应按高于本地区抗震设防烈度一度的要求加强其抗震构造措施；。同时，应按本地区抗震设防烈度确定其地震作用。

③ 丙类：应按本地区抗震设防烈度确定其抗震构造措施和地震作用。

④ 丁类：允许比本地区抗震设防烈度的要求适当降低其抗震构造措施，但抗震设防烈度为 6 度时不应降低。一般情况下，仍应按本地区抗震设防烈度确定其地震作用。

例如，建筑物所在地抗震设防烈度为 7 度，若该建筑属于甲类建筑，则地震作用计算应按高于本地区抗震设防烈度的要求，其值按批准的地震安全性评价结果确定，按高 1 度（8 度）采取抗震构造措施；若该建筑属于乙类建筑，则按 7 度计算地震作用，按高 1 度（8 度）采取抗震构造措施；若该建筑属于丙类建筑，则按 7 度计算地震作用，按 7 度采取抗震构造措施；若该建筑属于丁类建筑，则按 7 度计算地震作用，按低 1 度（6 度）采取抗震构造措施。

其他土木工程结构也有相应的抗震设防标准。例如，《铁路工程抗震设计规范》规定：建筑物的设计烈度，除国家有特殊规定外，应采用所在地区的基本烈度；跨越铁路的跨线桥、天桥等建筑物应按不低于该处铁路工程的设计烈度进行抗震设计。《公路桥梁抗震设计细则》规定：构造物一般应按基本烈度采取抗震措施。对于高速公路和一级公路上的抗震重点工程，可比基本烈度提高一度采取抗震措施，但基本烈度为 9 度的地区，提高一度的抗震措施应专门研究；对于四级公路上的一般工程，可不考虑或采用简易抗震措施。立体交叉的跨线工程，其抗震设计不应低于线下工程的要求等。

3.6 与地震作用计算有关的参数及概念

3.6.1 基本烈度和抗震设防烈度

某地的地震基本烈度，是指根据该地区地震发生概率的统计分析，在一般场地条件下，50 年内，超越概率约为 10%的地震烈度值，相当于 474 年一遇的烈度值。抗震设防烈度是按国家规定的批准权限审定，作为一个地区抗震设防依据的地震烈度。

为了保证结构经济、安全可靠，结构设计人员应严格按照规定的抗震设防烈度进行建筑结构抗震设计。我国主要城镇抗震设防烈度见附录一。

另外，我国《建筑抗震设计规范》中“众值烈度”（多遇地震烈度）是指 50 年超越概率约为 63%的地震烈度值，比基本烈度约低 1.5 度，相当于 50 年一遇的烈度值。多遇地震烈度即通常所说的小震烈度。

“罕遇地震烈度”是指50年超越概率2%～3%的地震烈度值，比基本烈度约高1度，相当于1600～2500年一遇的烈度值。罕遇地震烈度即通常所说的大震烈度。

3.6.2 场地、场地土

场地是指工程群体所在地，具有相似的反应谱特征。其范围相当于厂区、居民小区、自然村或不小于1.0km^{2}的平面面积。场地根据场地土的刚性（即坚硬或密实程度）和场地覆盖层厚度划分为Ⅰ、Ⅱ、Ⅲ、Ⅳ类，其中Ⅰ类又分为$Ⅰ_0$，$Ⅰ_1$两个亚类。

震害表明，不同场地上的建筑物的震害差异很大，土质越软、覆盖层越厚，建筑物震害越严重，反之则越轻。将场地划分类型是为了在计算地震作用时，反应场地的影响。

根据场地土的坚硬或密实程度，将场地土分为坚硬场地土、中硬场地土、中软场地土和软弱场地土4种类型。划分场地土类型的目的是为了确定场地类别。当场地土有若干层时，应对地面下15m，且不深于场地覆盖层厚度范围内的各土层类型和厚度综合评定，确定场地类别。

《建筑抗震设计规范》规定：选择建筑场地时，应根据工程需要和地震活动情况、工程地质和地震地质的有关资料，对抗震有利、一般、不利和危险地段作出综合评价。对不利地段，应提出避开要求；当无法避开时应采取有效措施。对危险地段，严禁建造甲、乙类的建筑，不应建造丙类的建筑。

3.6.3 设计地震分组

近年来地震经验表明，在宏观烈度相似的情况下，处在大震级远震中距下的柔性建筑，其震害要比中、小震级近震中距的情况严重得多；理论分析也发现，震中距不同时反应谱频谱特性并不相同。建筑所受到的地震影响，需要采用设计地震动的强度及设计反应谱的特征周期来表征。

震害表明，如果两个震级、震中距不同的地震对某一地区引起的地震烈度相同，但它们对不同动力特性的结构的破坏作用并不相同。大震级远震中距的地震对长自振周期高柔建筑结构破坏严重，短周期的砖平房破坏较轻。小震级近震中距的地震则情况相反。这是因为，地震波在传播时，短周期分量衰减快，而长周期分量衰减慢，并且长周期地震波在软土中又比短周期地震波得到较多的放大，加之共振现象的存在，因此在远离震中区的软土地基上的长自振周期结构，将遭到较严重的破坏。抗震设计时，对同样场地条件、同样烈度的地震，应按震源机制、震级大小和震中距远近区别对待。采用设计地震分组，可更好体现震级和震中距的影响。因此，《建筑抗震设计规范》GB 50011　2010在《中国地震动反应谱特征周期区划图》基础上略作调整，将建筑工程的设计地震分为3组。

为了便于设计使用，《建筑抗震设计规范》在附录A规定了县级及县级以上城镇（按民政部编的2001行政区划简册，包括地级市的市辖区）的中心地区（如城关地区）的抗震设防烈度、设计基本地震加速度和所属的设计地震分组（见附录一）。

3.6.4 场地土的卓越周期

发生地震时，震源处的地震能量一部分转化为热能，一部分则以地震波的形式向四周传播。场地土对由基岩传来的地震波的分量有放大作用，但不同的场地土对地震波的各个分量有不同的放大作用，有的放大得多，有的放大得少。被场地土放大得最多的波的周期，称为场地土的卓越周期。这种被放大得最多的波引起土的振动也最为激烈。卓越周期的数值与场地土的厚度及性质有关。场地土的性质和厚度不同，其卓越周期的长短也不同。坚硬场地土的卓越周期比较软弱场地短。基岩以上土层愈厚，场地土的卓越周期愈长。

卓越周期是场地土的重要动力特性之一。震害调查表明，凡结构的自振周期与场地土的卓越周期相等或接近时，由于类共振现象，振动激烈，使建筑物的震害加重。在进行结构抗震设计时，应尽量使结构的自振周期避开场地土的卓越周期 。

3.6.5 设计特征周期 T_g

设计特征周期，简称特征周期，它是考虑了震级和震中距影响的场地土的卓越周期。在描述一次强震地面运动时，其特征参数有加速度峰值、持续时间和主要周期。主要周期随场地类别、震中距远近而变化，此主要周期称为特征周期。

我国《建筑抗震设计规范》规定，建筑所在地区遭受的地震影响，采用相应于抗震设防烈度的设计基本地震加速度和设计特征周期来表征。特征周期是计算地震作用时的一个主要参数，在计算地震作用使用的地震影响系数曲线中，它反映地震震级、震中距和场地类别等因素的下降段起始点对应的周期值。

设计特征周期应根据其所在地的设计地震分组和场地类别按表 3-2 确定。计算 8、9 度罕遇地震作用时，特征周期应增加 0.05s。

特征周期值 T_g（s） 表 3-2

设计地震分组	场地类别				
	I_0	I_1	Ⅱ	Ⅲ	Ⅳ
第一组	0.20	0.25	0.35	0.45	0.65
第二组	0.25	0.30	0.40	0.55	0.75
第三组	0.30	0.35	0.45	0.65	0.90

在计算地震作用时，可以按附录一《我国主要城镇抗震设防烈度、设计基本地震加速度和设计地震分组》确定建筑所在地的设计地震分组，再按场地类别根据表 3-2 确定设计特征周期 T_g。

3.6.6 阻尼和阻尼比 ζ

建筑物的振动，一般都伴随有阻尼。这种所谓阻尼，是把建筑物在振动中的振动能量以各种不同的形式耗散掉。阻尼是影响地震反应的因素之一，一般阻尼比越小，地震反应谱值越大。在建筑抗震设计中，结构的阻尼参数常采用阻尼比 ζ 表示。阻尼比是指结构的阻尼与临界阻尼的比值。

3.6.7 结构自振周期 T

结构按某一振型完成一次自由振动所需要的时间，称为结构自振周期。它是结构刚度大小的反映。结构刚度越大，自振周期越短，地震作用也越大。

采用反应谱计算水平地震作用时，首先要确定结构的自振周期 T。结构自振周期一般可以采用以下三种方法确定：根据动力学的方法计算确定；通过对已建成的同类建筑实测取值，近似确定；在调查的基础上，通过实测数据经统计后得出经验公式，计算确定。由于结构自振周期的影响因素很复杂，上述 3 种方法确定的结构自振周期都有一定的差异。就目前来说，无论是理论计算、按经验公式或实测求取的结构自振周期，都不能概括各种复杂的情况，究竟应用哪种方法更好，目前尚无定论。规范允许通过多种途径及设计经验来确定结构的自振周期。

对应于第一振型（基本振型）的自振周期，称为结构的基本自振周期。

3.6.8 设计基本地震加速度

烈度主要是从宏观上描述地震对地面及建筑物的影响程度，根据作用在质点上的惯性力等于质量乘以它的绝对加速度，用加速度能量化表征地震作用的影响。《建筑抗震设计规范》引入了“设计基本地震加速度”，并以“设计基本地震加速度”和“设计特征周期”来表征建筑所遭受的地震影响。引入了“设计基本地震加速度”可与新修订的中国地震动参数区划图（中国地震动峰值加速度区划图 A1）相匹配。

“设计基本地震加速度”的定义是：50 年设计基准期超越概率 10%的地震加速度的设计取值。

“设计基本地震加速度”是计算地震作用的参数，而抗震构造措施是按设防烈度规定的，在“设计基本地震加速度”与设防烈度间应规定对应关系，见表 3-3。

抗震设防烈度和设计基本地震加速度取值的对应关系　　表 3-3

抗震设防烈度	6	7	8	9
设计基本地震加速度	0.05g	0.10（0.15）g	0.20（0.30）g	0.40g

注：g 为重力加速度

表 3-3 在 0.10g 和 0.20g 之间有一个 0.15g 的区域，0.20g 和 0.40g 之间有一个 0.30g 的区域，设计基本地震加速度为 0.15g 和 0.30g 地区内的建筑，除《抗震设计规范》另有规定外，应分别按抗震设防烈度 7 度和 8 度的要求进行抗震设计。

3.7 地震反应谱和地震影响系数 α

结构的地震反应，最好的表示方法是反应谱。目前，国内外较普遍地采用反应谱来计算结构的地震反应。所谓地震反应谱，是指对一组不同自振周期的单质点体系，在给定的地震地面运动作用下，产生的最大反应值与各自相应质点的周期绘制的关系曲线。

如果以质量相同、自振周期不同的一组单质点为振子，排列在同一刚性平台上。当平台输入某一给定的地面运动的加速度记录，测定每一质点的加速度反应。那么，每个质点的加速度反应也是一条时间过程曲线。由于各质点的自振周期不同，它们的加速度反应曲线也不一致。但是，在每一质点加速度反应中，可以找出加速度反应最大值。如以自振周期为横坐标，最大加速度反应为纵坐标，便可得到在此特定地面加速度的作用下，各质点最大加速度与各自相应质点周期的关系曲线，即地震加速度反应谱。

地震反应谱除了加速度反应谱之外，还可得出位移、速度反应谱。加速度反应谱所表示的则是绝对反应值。在进行建筑抗震设计时，要首先确定由于地面运动使结构产生的地震作用（地震力），根据作用在质点上的惯性力等于质量乘以它的绝对加速度，建筑抗震设计采用地震加速度反应谱。

影响地震反应谱的因素很多，例如前述的质点体系，如果输入不同的地面运动加速度记录或者阻尼不同等，反应谱也不同。在结构抗震设计中，不可能预知所设计的建筑物将遭到怎样的地面运动，因而也就无法知道其反应谱曲线怎样变化。因此，抗震设计不可能采用某一确定的地震记录的反应谱曲线作为计算地震作用的依据，而应确定一个考虑了地面运动的随机性，反映各种影响因素供抗震设计用的设计反应谱。

分析表明，虽然在每次地震中测得的地面加速度曲线各不相同，从外观上看极不规律，但根据它们绘制的动力系数反应谱曲线，却有共同的特征，这就给用设计反应谱曲线确定地震作用提供了可能性。

根据不同的地面运动记录的统计分析表明，场地的特性、震中距的远近均对反应谱曲线有比较明显的影响。例如，场地愈软，震中距愈远，曲线主峰位置愈向右移，曲线主峰也愈扁平。因此，应按场地类别，不同震中距分别绘出反应谱曲线，然后根据统计分析，从大量的反应谱曲线中，找出每种场地和不同震中距有代表性的平均反应谱曲线，作为设计用的标准反应谱曲线。

我国建筑结构、铁路桥梁结构、公路桥梁结构、水工建筑物所采用的设计反应谱曲线形状不尽相同，但其原理是相同的。下面详细讲述建筑结构反应谱曲线。

在我国《建筑抗震设计规范》中，地震加速度反应谱曲线是以地震影响系数曲线的形式表示的（图 3-1）。

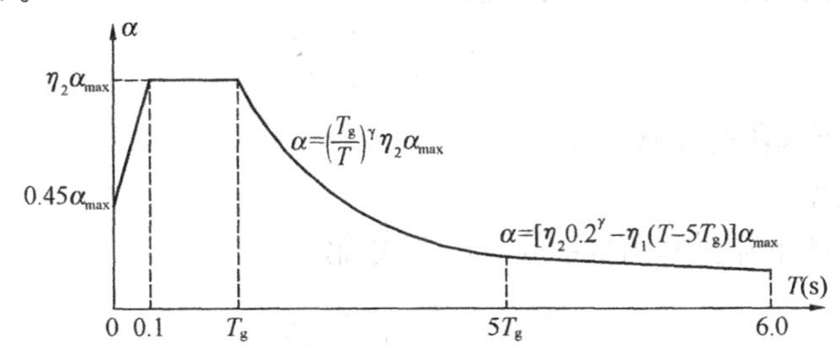

图 3-1　地震影响系数曲线

α—地震影响系数；α_{max}—地震影响系数最大值；γ—衰减指数；T_g—特征周期；η_1—直线下降段的下降斜率调整系数；η_2— 阻尼调整系数；T—结构自振周期

根据图 3-1 计算地震影响系数 α，按公式（3-1）计算单质点水平地震作用标准值：

$$F_{Ek}=\alpha G \tag{3-1}$$

式中　F_{Ek}——水平地震作用标准值；

α——地震影响系数；

G——建筑的重力荷载代表值。

地震影响系数 α 就是单质点弹性体系在地震时的最大反应加速度（以重力加速度 g 为单位）。从公式（3-1）中可以看出，地震影响系数是作用在质点上的地震作用与结构重力荷载代表值之比。

地震影响系数应根据烈度、场地类别、设计地震分组、结构自振周期以及阻尼比确定。

下面说明图 3-1 地震影响系数曲线的特征及一些参数的取值。

（1）水平地震作用影响系数最大值 α_{max} 按表 3-4 采用。

水平地震影响系数最大值 α_{max}　　**表 3-4**

地震影响	6 度	7 度	8 度	9 度
多遇地震	0.04	0.08（0.12）	0.16（0.24）	0.32
罕遇地震	0.28	0.50（0.72）	0.90（1.20）	1.40

注：括号内数值分别用于设计基本地震加速度为 0.15g 和 0.30g 的地区。

(2) 特征周期值 T_g 按表 3-2 采用，计算 8、9 度罕遇地震作用时，特征周期应增加 0.05s。

(3) 建筑结构地震影响系数曲线（图 3-1）的阻尼调整和形状参数应符合以下要求：

除有专门规定外，建筑结构的阻尼比应取 0.05，地震影响系数曲线的阻尼调整系数应按 1.0 采用，形状参数应符合下列规定：

① 直线上升段，周期小于 0.1s 的区段。

② 水平段，自 0.1s 至特征周期区段，应取最大值（α_{max}）。

③ 曲线下降段，自特征周期（T_g）至 5 倍特征周期区段（5 T_g），衰减指数 γ 应取 0.9。

④ 直线下降段，自 5 倍特征周期至 6s 区段，下降斜率调整系数 η_1 应取 0.02。

当建筑结构的阻尼比按有关规定不等于 0.05 时，地震影响系数曲线的阻尼调整系数和形状参数应符合下列规定：

① 曲线下降段的衰减指数应按下式确定：

$$\gamma = 0.9 + \frac{0.05 - \zeta}{0.3 + 6\zeta} \tag{3-2}$$

式中　γ——曲线下降段的衰减指数；

　　　ζ——阻尼比。

② 直线下降段的下降斜率调整系数应按下式确定：

$$\eta_1 = 0.02 + \frac{0.05 - \zeta}{4 + 32\zeta} \tag{3-3}$$

式中　η_1—— 直线下降段的下降斜率调整系数，小于 0 时取 0。

③ 阻尼调整系数应按下式确定：

$$\eta_2 = 1 + \frac{0.05 - \zeta}{0.06 + 1.6\zeta} \tag{3-4}$$

式中　η_2—— 阻尼调整系数，当小于 0.55 时，应取 0.55。

如前所述，阻尼比 ζ 是影响地震反应的因素之一，地震影响系数曲线应考虑阻尼比的影响。由于阻尼比的值很小，它的变化范围在 0.01～0.1 之间，计算时通常取 0.05，此时的地震影响系数曲线称为标准地震影响系数曲线。当阻尼比不是 0.05 时，采用上述公式修正。为方便起见，不同的阻尼比可以按表 3-5 修正地震影响系数。

不同阻尼比地震影响系数修正　　**表 3-5**

ζ	η_2	γ	η_1
0.01	1.53	1.01	0.029
0.02	1.32	0.97	0.026
0.05	1.00	0.90	0.020
0.10	0.77	0.84	0.013
0.20	0.61	0.80	0.006
0.30	0.54	0.78	0.002

地震影响系数曲线中，T 为单质点体系自振周期。自振周期 T 一般按下式计算：

$$T = 2\pi\sqrt{\frac{G\delta}{g}} \tag{3-5}$$

式中 δ——单位水平集中力使质点产生的侧移。

对于可以简化为单质点体系的建筑，例如一般的单层房屋、单跨和等高多跨厂房等，可以按式（3-5）计算自振周期；按建筑所在地区，根据表 3-4 确定 α_{max}；按建筑所在地区，根据表 3-2 确定 T_g，计算地震影响系数 α。按式（3-1）可以计算地震作用标准值 F_{Ek}。

我国的其他土木工程结构，例如，桥梁结构、水工建筑物等，它们与建筑结构的规范体系不同，结构特点不同，反应谱曲线的表示及参数不尽相同。

3.8 建筑结构地震作用

3.8.1 建筑结构地震作用计算的一般规定

（1）抗震设防烈度为 6 度以上地区的建筑，必须进行抗震设计。6 度时的建筑（不规则建筑及建造于Ⅳ类场地土上较高的高层建筑除外），以及生土房屋和木结构房屋等，应符合有关的抗震措施要求，但应允许不进行截面抗震验算。

（2）一般情况下，应至少在建筑结构的两个主轴方向分别计算水平地震作用，8、9 度时的大跨度和长悬臂结构及 9 度时的高层建筑，应计算竖向地震作用。

（3）有斜交抗侧力构件的结构，当相交角度大于 15°时，应分别计算各抗侧力构件方向的水平地震作用。

（4）计算地震作用时，建筑的重力荷载代表值应取结构和构配件自重标准值和各可变荷载组合值之和。各可变荷载的组合值系数，应按表 3-6 采用。

组合值系数表 **表 3-6**

可变荷载种类		组合值系数
雪荷载		0.5
屋面积灰荷载		0.5
屋面活荷载		不计入
按实际情况计算的楼面活荷载		1.0
按等效均布荷载计算的楼面活荷载	藏书库、档案库	0.8
	其他民用建筑	0.5
起重机悬吊物重力	硬钩吊车	0.3
	软钩吊车	不计入

注：硬钩吊车的吊重较大时，组合值系数应按实际情况采用。

3.8.2 多层与高层房屋水平地震作用的计算

1.《建筑抗震设计规范》对多层与高层房屋水平地震作用计算方法的规定

《建筑抗震设计规范》规定，高度不超过 40m、以剪切变形为主且质量和刚度沿高度分布比较均匀的结构，以及近似于单质点体系的结构，可采用底部剪力法等简化方法；除此之外的建筑结构，宜采用振型分解反应谱法；特别不规则的建筑、特别重要的建筑以及《建筑抗震设计规范》规定高度范围的高层建筑，应采用时程分析法进行补充计算。

2. 多层与高层房屋简化为多质点体系

在实际工程中，很多工程结构，如多层或高层工业与民用建筑等，可以简化成多质点体系来计算，这样才能得出比较切合实际的结果。

所谓简化成多质点体系，就是按集中质量法将结构重力荷载和楼面、屋面可变荷载集中于楼面和屋面标高处，并作为质点。设它们的质量为 m_i，并假设这些质点由无重量的弹性直杆支承于地面上。如图 3-2 所示的 4 层框架结构房屋，可以简化为 4 个质点的弹性体系。

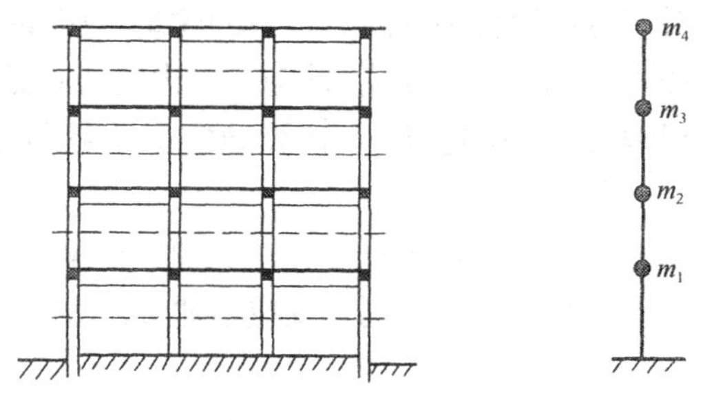

图 3-2　多质点体系

一个多质点体系在地震波影响下的受迫振动与单质点体系有所不同。单质点体系只有一种振动方式即左右摇摆，只是不同情况下其振动周期、振幅、加速度等不同而已。研究证明，对于多质点体系来说，有 n 个质点，就存在 n 个振动形式。如图 3-3 的 3 质点体系就有 3 种振动形式，即 3 个振型。图 3-3（a）、（b）、（c）分别为第一、第二、第三振型。多质点的振动是由各个振型叠加而成的复合振动。

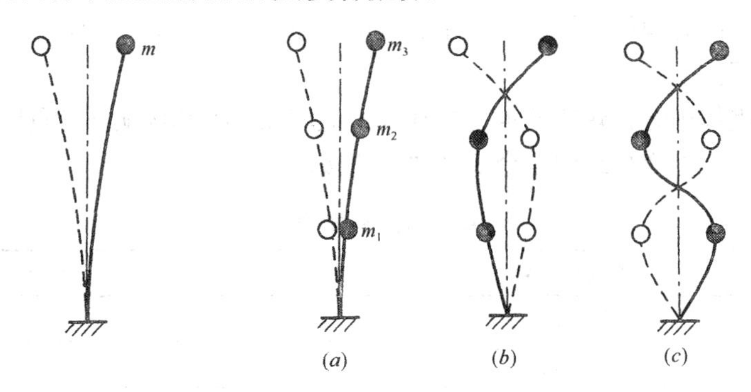

图 3-3　振动形式

多层和高层建筑的地震反应分析中，目前应用得较多的是振型分解反应谱法，即利用单自由度体系反应谱和振型分解原理，解决多自由度体系地震反应的计算方法。它的原理是，多质点体系的振动可以分解成各个振型的组合，而每个振型又是一个广义的单自由度体系，利用反应谱便可得出每一振型的水平地震作用。经过内力分析计算出每一振型相应的结构内力，按照一定的方法进行各振型的内力组合。

当房屋的层数较多时，采用以上方法计算比较麻烦。分析表明，高度不超过 40m、以剪切变形为主且质量和刚度沿高度分布比较均匀的结构，在地震作用下所产生的振动以第一振型为主，基本振型接近直线，这时可以采用近似计算方法，即底部剪力法。底部剪力法只考虑基本振型（第一振型）的地震作用，是振型分解法中的一个特例。振型分解法考虑的振型多，计算精度较高。

3. 水平地震作用的近似计算——底部剪力法

（1）计算公式

采用底部剪力法时，各楼层可仅取一个自由度（图 3-4），结构的水平地震作用标准值按下列公式确定：

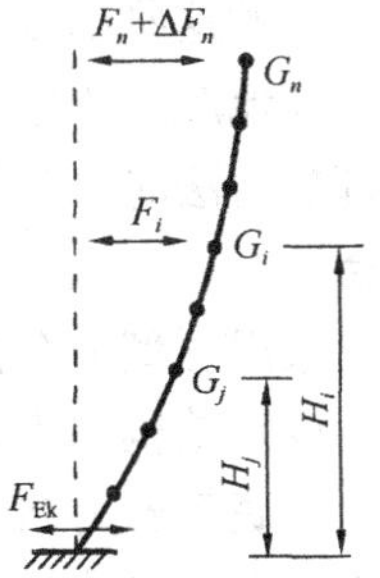

$$F_{Ek} = \alpha_1 G_{eq} \tag{3-6}$$

$$F_i = \frac{G_i H_i}{\sum_{j=1}^{n} G_j H_j} F_{Ek}(1 - \delta_n) \quad (i = 1, 2, \cdots, n) \tag{3-7}$$

$$\Delta F_n = \delta_n F_{Ek} \tag{3-8}$$

式中 F_{Ek}——结构总水平地震作用标准值；

α_1——相应于结构基本自振周期的水平地震影响系数，应按本章 3.7 节的方法和地震影响系数曲线计算确定。T 取结构基本自振周期 T_1。多层砌体房屋、底部框架和多层内框架砖房，宜取水平地震影响系数最大值；

图 3-4 底部剪力法

G_{eq}——结构等效总重力荷载，单质点取总重力荷载代表值，多质点可取总重力荷载代表值的 85%；

F_i——质点 i 的水平地震作用标准值；

G_i，G_j——分别为质点 i、j 的重力荷载代表值，应按表 3-6 确定；

H_i、H_j——分别为质点 i、j 的计算高度；

δ_n——顶部附加地震作用系数，多层钢筋混凝土和钢结构房屋可按表 3-7 采用，多层内框架砖房可采用 0.2，其他房屋可采用 0.0；

ΔF_n——顶部附加地震作用。

顶部附加地震作用系数 δ_n 表 3-7

T_g（s）	$T_1 > 1.4T_g$	$T_1 \leqslant 1.4T_g$
$T_g \leqslant 0.35$	$0.08T_1 + 0.07$	
$0.3 < T_g \leqslant 0.55$	$0.08T_1 + 0.01$	0.0
$T_g > 0.55$	$0.08T_1 - 0.02$	

注：T_1 为结构基本自振周期。

底部剪力法是视多质点体系为等效单质点体系。等效总重力荷载 G_{eq} 是指采用该荷载按单质点体系计算出的底部剪力与按多质点体系计算出的底部剪力相等。等效总重力荷载是重力荷载代表值的 0.85 倍。0.85 为等效质量系数，它反映了多质点体系底部剪力值与对应单质点体系（质量等于多质点体系总质量，周期等于多质点体系基本周期）剪力值的差异。

顶部附加水平地震作用 ΔF_n，是出于考虑水平地震作用沿结构高度的分布问题。结构底部总的地震剪力确定之后，其沿结构高度大体上按倒三角形的规律分布。经检验，按倒三角形计算出的结构上部水平地震剪力，比振型分解法等较精确的方法计算的结果要小，尤其是对周期较长的结构，计算结果往往相差更大。采用在顶部附加集中力 ΔF_n 的方法，既可适当改进倒三角形分布的误差，又可保持计算简便的优点。研究表明，这个附加集中力的大小，既与自振周期有关，又与场地类别有关，故用顶部附加地震作用系数 δ_n 来反映，δ_n 按表 3-7 取值。

另外，震害表明，突出屋面的屋顶间（电梯机房、水箱间）女儿墙、烟囱等，由于突出屋面的这些部分的质量和刚度突然变小，地震反应随之增大，它们的震害比主体结构严重。在地震工程中，把这种现象称为“鞭梢效应”。考虑到这种情况，规范中规定，采用底部剪力法时，该类屋顶间的地震作用效应，宜乘以增大系数 3，此增大部分不应往下传递。

采用振型分解法时，突出屋面部分可作为一个单独质点考虑。

(2) 结构基本自振周期 T_1

用底部剪力法计算水平地震作用时，要确定结构基本自振周期 T_1，确定 T_1 较常采用的方法有能量法、顶点位移法以及经验公式。

① 能量法

能量法是根据体系在振动过程中能量守恒定律导出的。能量法是求多质点体系自振频率的一种近似方法。结构体系在自由振动时，忽略体系中的能量损失，则体系中的总能量将始终保持不变。因此，体系的最大动能将等于该体系的最大应变位能。利用能量守恒原理来计算结构的自振频率，通常称之为能量法，其特点是利用静力学的方法解决动力学的问题。

$$T_1 = 2\sqrt{\frac{\sum_{i=1}^{n} G_i\Delta_i^2}{\sum_{i=1}^{n} G_i\Delta_i}} \tag{3-9}$$

式中 G_i ——集中于第 i 层楼盖高度处的质点重力荷载代表值；

Δ_i ——各层质点重量作为一组水平力作用于各自相应的高度时，计算出第 i 层楼盖高度处的侧移。

② 顶点位移法

顶点位移法的基本原理是将结构按其质量分布情况，简化成有限个质点或无限个质点的悬臂直杆，然后求出以结构顶点位移表示的基本频率计算公式。这样，只要求出结构的顶点水平位移，就可按公式算出结构的基本频率或基本周期。一般钢筋混凝土结构高层建筑的基本周期可按下式计算：

$$T_1 = 1.7\alpha_0\sqrt{\Delta_T} \tag{3-10}$$

式中 Δ_T ——顶点假想侧移，以质点的重力荷载标准值 G_i 当做一组水平力作用于各质点的高度处所求得的结构顶点侧移（m）；

α_0 ——考虑非承重墙对周期影响的折减系数，框架取 0.6～0.7，剪力墙取 1.0，框架-剪力墙体系取 0.7～0.8。

③ 经验公式

在实际工程中，也常常采用以下实测的经验公式确定结构基本自振周期。

a. 按房屋高宽比计算（适用于钢筋混凝土结构）

框架及框架-剪力墙结构：
$$T_1 = 0.33 + 0.00069\frac{H^2}{\sqrt[3]{B}} \tag{3-11}$$

剪力墙结构：
$$T_1 = 0.04 + 0.038\frac{H}{\sqrt[3]{B}} \tag{3-12}$$

多层厂房：
$$T_1 = 0.25 + 0.0013\frac{H^{2.5}}{\sqrt[3]{B}} \tag{3-13}$$

式中　H——结构总高度（m）；

B——结构宽度（m）。

b. 按总楼层数计算（适用于钢筋混凝土高层建筑）：

框架结构：　　$T_1=0.085N$　　(3-14)

框架-剪力墙结构：　　$T_1=0.065N$　　(3-15)

剪力墙结构：　　$T_1=0.05N$　　(3-16)

对钢结构：　　$T_1=0.1N$　　(3-17)

式中　N——建筑物总层数。

例 3-1　某 4 层混合结构房屋（宿舍），建筑平面及剖面如图 3-5 所示。承重墙为普通黏土砖，钢筋混凝土屋盖和楼盖。该房屋拟建在广东省茂名市，计算该房屋的横向水平地震作用。

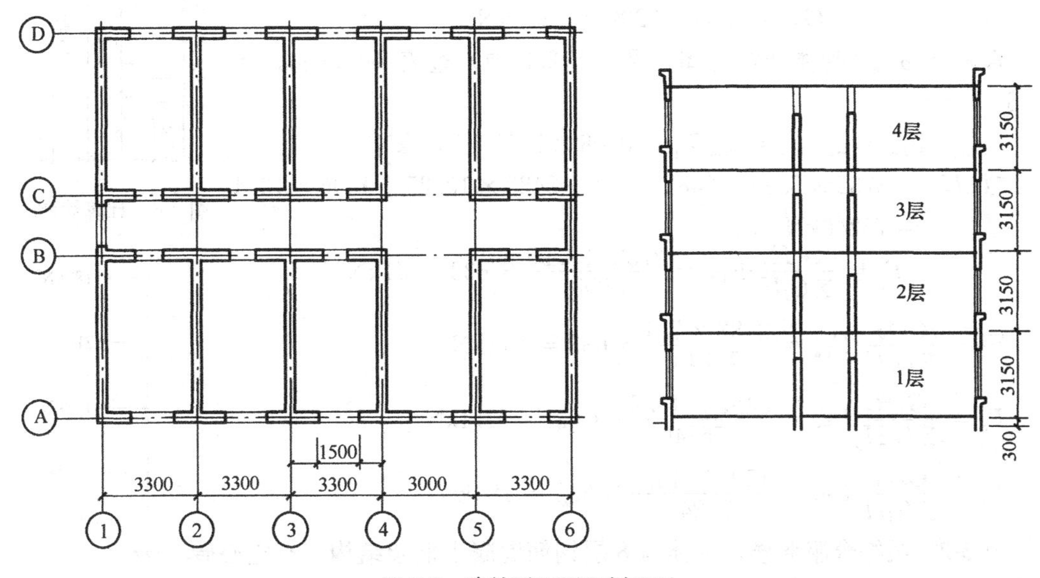

图 3-5　建筑平面图和剖面图

解： 查《建筑抗震设计规范》附录（附录一）广东省茂名市抗震设防烈度为 7 度，设计基本地震加速度值为 $0.10g$，设计地震分组为第一组。

(1) 计算结构总重力荷载代表值 G_E

根据重力荷载代表值取值的原则（表 3-6），恒载取 100%，楼面活荷载取 50%（$1kN/m^2$），屋面活荷载不考虑，经计算：

屋面荷载平均值　q（屋面）$=3.14kN/m^2$（屋盖自重）

楼面荷载平均值　q（楼面）$=4.14kN/m^2$（楼盖自重，50%楼面活荷载）

每层墙体总重　G（墙）$=1650kN$

每层建筑面积　$F\approx201m^2$

将楼层上下各半层墙体重量与楼层重量集中于该楼层标高处，可得各层重力荷载代表值 G_i：

4 层顶　$G_4=140+\frac{1650}{2}+3.14\times201=1596kN$　（其中 140kN 为屋顶女儿墙

重）

3 层顶　　$G_3 = 1650 + 4.14 \times 201 = 2482\text{kN}$

2 层顶　　$G_2 = 2482\text{kN}$

首层顶　　$G_1 = 2482 + 250 = 2732\text{kN}$（其中 250kN 为室内地面至基础顶面墙体总重的一半）

结构总重力荷载代表值为：

$$G_E = \Sigma G_i = G_1 + G_2 + G_3 + G_4 = 2732 + 2482 + 2482 + 1596 = 9292\text{kN}$$

（2）计算总地震作用标准值 F_{Ek} 及各楼层地震作用标准值 F_i

根据房屋的剖面尺寸将房屋的计算简图简化为图 3-6（高度从基础顶面计算）。

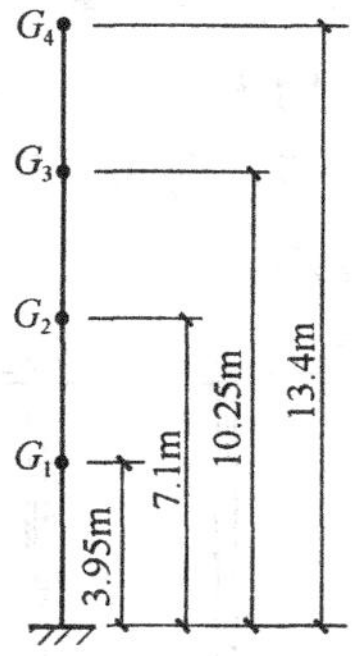

G_4　G_3　G_2　G_1　3.95m　7.1m　10.25m　13.4m

图 3-6　计算简图

结构的等效重力荷载取 $0.85G_E$，则：

$$G_{eq} = 0.85 \times 9292 = 7898\text{kN}$$

取 $\alpha_1 = \alpha_{max}$（砌体结构房屋，见 3.8.2.3 项）查表 3-4 得 $\alpha_{max} = 0.08$

$$F_{Ek} = \alpha_1 G_{eq} = \alpha_{max} G_{eq} = 0.08 \times 7898 = 632\text{kN}$$

$$\Sigma G_j H_j = 2732 \times 3.95 + 2482 \times 7.1 + 2482 \times 10.25 + 1596 \times 13.4 = 75240\text{kN} \cdot \text{m}$$

$$F_1 = \frac{G_1 H_1}{\Sigma G_j H_j} F_{Ek} = \frac{2732 \times 3.95}{75240} \times 632 = 91\text{kN}$$

$$F_2 = \frac{G_2 H_2}{\Sigma G_j H_j} F_{Ek} = \frac{2482 \times 7.1}{75240} \times 632 = 148\text{kN}$$

$$F_3 = \frac{G_3 H_3}{\Sigma G_j H_j} F_{Ek} = \frac{2482 \times 10.25}{75240} \times 632 = 214\text{kN}$$

$$F_4 = \frac{G_4 H_4}{\Sigma G_j H_j} F_{Ek} = \frac{1596 \times 13.4}{75240} \times 632 = 180\text{kN}$$

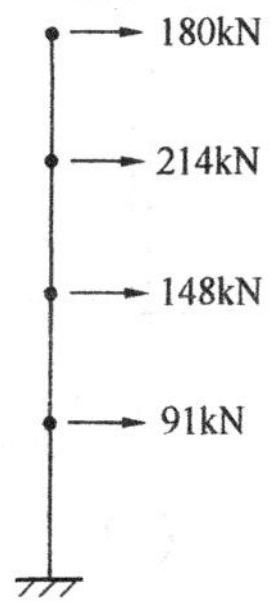

180kN　214kN　148kN　91kN

图 3-7　各楼层地震作用标准值

例 3-2　某综合服务楼，主体为 8 层钢筋混凝土框架结构（有空心砖填充墙），局部 9 层，梁、板、柱均为现浇。柱网布置，建筑层高及横剖面简图见图 3-8，该房屋建于广东省汕头市，根据钻探资料综合评价为Ⅱ类场地。要求计算该房屋的横向地震作用。

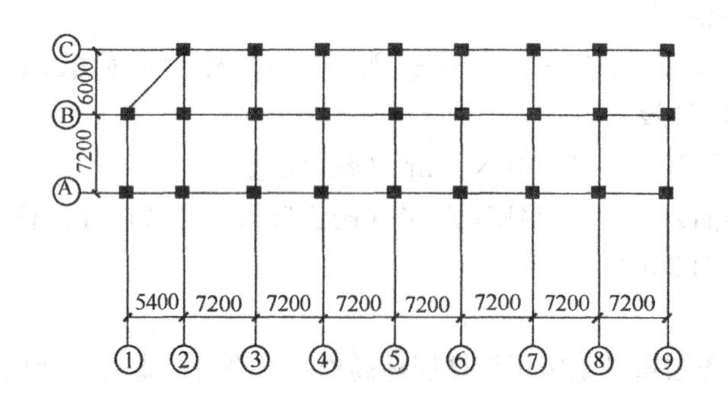

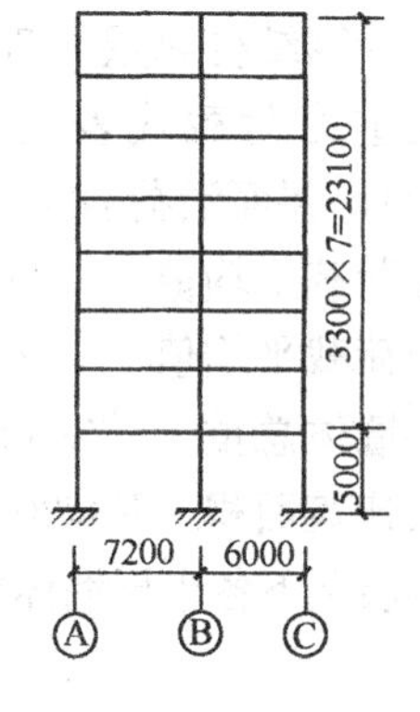

图 3-8　柱网布置及建筑横剖面简图

解：查《建筑抗震设计规范》附录（附录一），汕头市抗震设防烈度 8 度，设计基本地震加速度值为 0.20g，设计地震分组为第一组；由表 3-2 查出特征周期值 $T_g = 0.35$s，由表 3-4 查出水平地震影响系数最大值 $\alpha_{max} = 0.16$。

（1）重力荷载计算

恒载取全部，楼面活荷载取 50%，不考虑屋面活荷载。将楼层上下各半层的墙体及柱重量与楼层重量（含 50%楼面活荷载）集中于该楼层标高处，将其视为 8 个质点。经计算，各层重力荷载代表值 G_i 为：

8 层顶　　$G_8 = 6850\text{kN}$　　（计算至屋顶女儿墙）

2、3、4、5、6、7 层顶　　$G_2 = G_3 = G_4 = G_5 = G_6 = G_7 = 8760\text{kN}$

首层顶　　$G_1 = 9290\text{kN}$

结构总重力荷载代表值 G_E

$$G_E = \Sigma G_i = G_1 + G_2 + G_3 + G_4 + G_5 + G_6 + G_7 + G_8$$
$$= 9290 + 6 \times 8760 + 6850 = 68700\text{kN}$$

（2）计算结构自振周期 T_1

$$T_1 = 0.33 + 0.00069 \frac{H^2}{\sqrt[3]{B}} = 0.33 + 0.00069 \frac{28.1^2}{\sqrt[3]{13.2}} = 0.56\text{s}$$

计算地震影响系数 $\alpha_1 = \left(\frac{T_g}{T_1}\right)^{\gamma} \eta_2 \alpha_{max} = \left(\frac{0.35}{0.56}\right)^{0.9} \times 1 \times 0.16 = 0.105$

（3）计算总地震作用标准值 F_{Ek} 及各楼层地震作用标准值 F_i

根据房屋的剖面尺寸将房屋的计算简图简化为图 3-9（高度从基础顶面计算）。

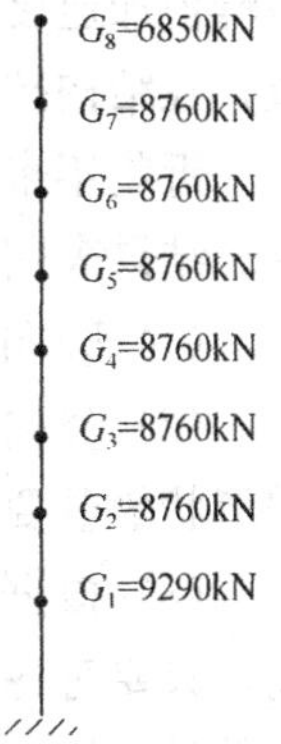

G_8=6850kN
G_7=8760kN
G_6=8760kN
G_5=8760kN
G_4=8760kN
G_3=8760kN
G_2=8760kN
G_1=9290kN

图 3-9　计算简图

结构的等效重力荷载取 0.85 G_E，则：

$$G_{eq} = 0.85 \times 68700 = 58395\text{kN}$$
$$F_{Ek} = \alpha_1 G_{eq} = 0.105 \times 58395 = 6131\text{kN}$$

因为　$T_g = 0.35$，

$T_1 = 0.56 > 1.4T_g = 1.4 \times 0.35 = 0.49$，

由表 3-7 得：

$$\delta_n = 0.08\,T_1 + 0.07 = 0.08 \times 0.56 + 0.07 = 0.115$$
$$(1 - \delta_n) = 1 - 0.115 = 0.885$$

代入公式

$$F_i = \frac{G_i H_i}{\sum_{j=1}^{n} G_j H_j} F_{Ek}(1 - \delta_n)$$

$$\Delta F_n = \delta_n F_{Ek} = 0.115 \times 6131 = 705\text{kN}$$

各层地震作用计算列表如下：

层次	H_i (m)	H_i (m)	G_i (kN)	G_iH_i	$\frac{G_iH_i}{\Sigma G_jH_j}$	F_i
8	3.3	28.1	6850	192485	0.174	944
7	3.3	24.8	8760	217272	0.196	1063

续表

层次	H_i (m)	H_i (m)	G_i (kN)	G_iH_i	$\frac{G_iH_i}{\Sigma G_jH_j}$	F_i
6	3.3	21.5	8760	188340	0.17	922
5	3.3	18.2	8760	159432	0.144	781
4	3.3	14.9	8760	130524	0.118	640
3	3.3	11.6	8760	101616	0.092	499
2	3.3	8.3	8760	72708	0.066	358
1	5	5	9290	43800	0.04	217

$$F_8+\Delta F_n=944+705=1649\text{kN}$$

3.8.3 建筑结构竖向地震作用的计算

1. 竖向地震作用及反应谱

地震现象表明，在高烈度区，竖向地面运动的影响是明显的。在历次大地震的高烈度区都可以看到竖向地震作用对建筑造成的破坏，特别是对高层建筑、高耸结构及大跨度结构的影响更为显著。此外，据反映，强烈地震时人们的感受是先上下颠簸，后左右摇晃。

大量地震记录的统计结果表明，若以地震动两个水平加速度分量中的较大者为基数，则竖向峰值加速度与水平峰值加速度的比值为 1/2～2/3。其中有些地震记录还获得了竖向峰值加速度达到甚至超过水平峰值加速度。地震动的竖向加速度分量达到了如此大的数值，在结构抗震设计中就需要考虑这一种作用。

近些年来，国内外学者收集了大量的竖向地震反应谱资料，并进行了卓有成效的研究。结果表明：

(1) 竖向峰值加速度与水平峰值加速度的比值为 1/2～2/3；

(2) 竖向谱与水平谱具有相同的规律性，场地类别对谱的形状有很大影响，也是决定谱形状的重要参数，两种谱曲线的变化趋势和形状十分接近；

(3) 根据分析竖向地震影响系数反应谱曲线，可以采用水平地震影响系数的反应谱曲线，只要对各种烈度分别给出相应的竖向地震影响系数最大值 α_{vmax} 以置换水平地震影响系数最大值 α_{max}，两者便可共同使用同一设计反应谱曲线。

由于结构的竖向自振周期较短，一般只有水平自振周期的 1/10～1/15，而地震动加速度竖向分量在震中区附近有较大数值，随着震中距的加大，衰减很快，在高烈度近震中距才考虑竖向地震作用，因而特征周期 T_g 也较短。因此，竖向地震影响系数取其最大值 α_{vmax}（即 $T=T_g$）。

竖向地震可以采用与水平地震同样的反应谱，其差别在于地震影响系数最大值不同，以及地震影响系数确定方法不同。

2. 竖向地震作用的计算方法

我国《建筑抗震设计规范》对不同结构的竖向地震作用采用不同的计算方法，对高层建筑、高耸结构的竖向地震作用采用反应谱法，对大跨度结构、长悬臂结构等的竖向地震作用采用静力法。

(1) 反应谱法

对高层建筑、高耸结构的竖向地震作用计算，也是将其视为“串联质点体系”。分析表明，高层建筑、高耸结构的竖向地震作用只考虑第一振型的竖向地震作用作为结构的竖向地震作用误差不大。

根据一些工程实例的计算结果表明：高层建筑中各部位竖向地震作用的大小，基本上与各部位所在的高度成正比，沿高度上为倒三角形分布，以底层为最小，顶层为最大，中间楼层大体上按线性规律变化。

我国《建筑抗震设计规范》规定：9 度时的高层建筑，其竖向地震作用标准值应按下列公式确定（图 3-10）：

$$F_{\mathrm{Evk}} = \alpha_{\mathrm{vmax}} G_{\mathrm{eq}} \tag{3-18}$$

$$F_{\mathrm{v}i} = \frac{G_i H_i}{\sum G_j H_j} F_{\mathrm{Evk}} \quad (i = 1,2,\cdots,n) \tag{3-19}$$

式中 F_{Evk}——结构总竖向地震作用标准值；

$F_{\mathrm{v}i}$——质点 i 的竖向地震作用标准值；

α_{vmax}——竖向地震影响系数的最大值，可取水平地震影响系数最大值的 65%；

G_{eq}——结构等效总重力荷载，可取其重力荷载代表值的 75%。

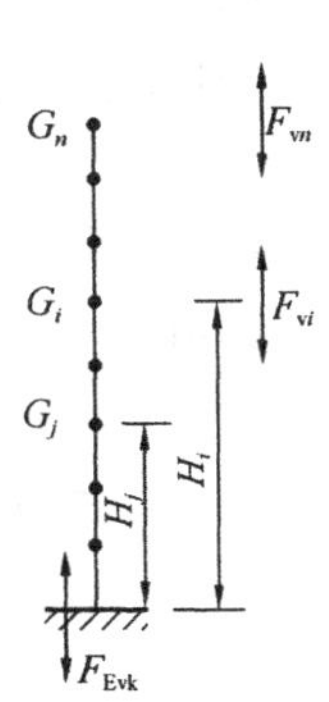

图 3-10 竖向地震作用

从式（3-17）、式（3-18）可见，楼层的竖向地震作用效应是按各构件承受的重力荷载代表值和所在高度的比例分配。

（2）静力法

用反应谱法、时程分析法进行计算分析表明，平板型网架屋盖和跨度大于 24m 的屋架，在竖向地震作用下的内力和重力荷载作用下的内力比值一般比较稳定。因此，《建筑抗震设计规范》规定，大跨度结构和长悬臂结构可采用静力法计算。

对于平板型网架屋盖和跨度大于 24m 的屋架的竖向地震作用标准值，宜取其重力荷载代表值和竖向地震作用系数的乘积；长悬臂和其他大跨度结构的竖向地震作用标准值，8 度和 9 度可分别取该结构、构件重力荷载代表值的 10%和 20%，设计基本地震加速度为 0.30g 时，可取该结构、构件重力荷载代表值的 15%。

竖向地震作用系数可按表 3-8 采用。

竖向地震作用系数 **表 3-8**

结构类型	烈 度	场 地 类 别		
		Ⅰ	Ⅱ	Ⅲ、Ⅳ
平板型网架、钢屋架	8	可不计算（0.10）	0.08（0.12）	0.10（0.15）
	9	0.15	0.15	0.20
钢筋混凝土屋架	8	0.10（0.15）	0.13（0.19）	0.13（0.19）
	9	0.20	0.25	0.25

注：括号内数值用于设计基本烈度为 0.3g 的地区。

例 3-3 某 10 层钢筋混凝土框架-剪力墙结构房屋，其 1～3 层的重力荷载代表值为 7500kN，层高 4m，其余各层的重力荷载代表值为 6200kN，层高 3m。Ⅲ类场地，抗震设防烈度 9 度，设计基本地震加速度值为 0.45g ，设计地震分组为第一组；求各层的竖向地震作用标准值。

解：(1) 计算等效总重力荷载

$$G_{eq}=0.75G_E=0.75(3\times7500+7\times6200)=49425\text{kN}$$

(2) 竖向地震影响系数最大值

由表 3-4 查出水平地震影响系数最大值 $\alpha_{max}=0.32$；

取 $\alpha_{vmax}=0.65\alpha_{max}=0.65\times0.32=0.208$

(3) 计算总竖向地震作用标准值

$$F_{Evk}=\alpha_{vmax}G_{eq}=0.208\times49425=10280.4\text{kN}$$

(4) 计算各层竖向地震力标准值

$$\begin{aligned}\Sigma G_jH_j&=7500\times4+7500\times8+7500\times12+6200\times15+6200\times18+6200\times21\\&\quad+6200\times24+6200\times27+6200\times30+6200\times33\\&=1221600\text{kN}\cdot\text{m}\end{aligned}$$

$$F_{v1}=\frac{G_iH_i}{\Sigma G_jH_j}F_{Evk}=\frac{7500\times4}{1221600}\times10280.4=252.46\text{kN}$$

$$F_{v2}=\frac{G_iH_i}{\Sigma G_jH_j}F_{Evk}=\frac{7500\times8}{1221600}\times10280.4=504.93\text{kN}$$

同理可得：$F_{v3}=757.40\text{kN}$，$F_{v4}=782.64\text{kN}$，$F_{v5}=939.17\text{kN}$，

$F_{v6}=1095.70\text{kN}$，$F_{v7}=1252.23\text{kN}$，$F_{v8}=1408.76\text{kN}$，

$F_{v9}=1565.29\text{kN}$，$F_{v10}=1721.82\text{kN}$。

3.8.4 时程分析法、能量分析法简介

(1) 时程分析法

时程分析法根据结构振动的动力方程，选择适当的强震记录作为地震地面运动，然后按照所设计的建筑结构确定结构振动的计算模型和结构恢复力模型，利用数值解法求解动力方程。该方法可以直接计算出地震地面运动过程中结构的各种地震反应（位移、速度和加速度）的变化过程，并且能够描述强震作用下，结构在弹性和弹塑性阶段的变形情况直至倒塌的全过程。

时程分析法是一种动力分析的方法，它可以描述在一定的地面运动（输入地震波）条件下，整个结构反应的全过程（输出），由此可以得出结构抗震过程中的薄弱部位和环节，以便修正结构的抗震设计。显然，进行时程分析所耗费的工作量是较大的，并且所选用的地震波也不一定与结构实际遭遇的地震影响完全一致。所以目前只对一些体型较复杂的建筑和一定高度的高层建筑检验结构抗震性能时，才采用时程分析法。

(2) 能量分析法

地震时，地面运动和结构之间有连续的能量输入、转换与耗散。也就是说地震动的能量输入到结构，转换成结构的应变能而耗散地震动的能量。能量法就是分析这种能量的转换关系或者直接比较能量的输入与耗散，以此来估计结构的抗震能力。按结构允许的耗能状态进行设计，控制结构的变形和强度。

用能量耗散性质可以反映结构的非弹性反应。能量耗散的全过程，既反映了结构的变形，又表达了地震反复作用的次数，即强震的持续时间，从而能反映地震的累积破坏。能量法的优点在于：它包含了力和变形两个方面的问题，是力和变形的综合度量；同时对地

面运动特性的敏感性较小，输入地震波的性质变化对能量反应关系不如对变形的影响大。这是一种很有发展前途的方法。

3.9 桥梁的地震作用

3.9.1 概述

桥梁是铁路、公路跨越江河、沟壑和低洼地段的构筑物。地震时，桥梁墩台基础以及上部结构产生强迫振动，超过一定烈度（一般为7度以上）就可能使桥梁破坏。桥梁的震害不仅毁坏自身，而且往往影响震后运输线路的恢复，给震后救灾带来不利影响。因此，必须对地震区的桥梁进行抗震设计。

与房屋建筑结构一样，桥梁的抗震设计，也包括桥梁结构的地震作用、地震作用效应计算，以及桥梁结构抗震构造设计。

桥梁的地震作用计算，主要采用反应谱理论计算，这与建筑结构地震作用计算的方法类似。由于建筑结构抗震规范与桥梁结构抗震规范由不同部门编制，且它们有不同的修订过程，其地震作用计算公式的符号、表达式形式不相同。建筑结构与桥梁结构的结构形式不同，因此计算地震作用采用的计算简图也有差别。即使同为桥梁结构，《铁路工程抗震设计规范》与《公路桥梁抗震设计细则》由不同部门编制，其地震作用计算公式的符号、表达式形式也不相同，但是它们的计算原理是相同的。因此，对于桥梁的地震作用计算，应着重了解其计算原理。

另外，由于地震作用的不确定性，如地震作用和历时难以准确预测，对结构破坏机制的认识还不十分清楚，理论计算并不总与实际相符。仅仅依靠地震作用进行设计既不经济也不能完全满足结构的安全要求。与建筑结构的抗震设计一样，概念设计与抗震措施十分重要。

历次地震表明，桥梁的震害主要发生在下部结构。因此，桥梁地震作用计算主要是计算桥墩的地震作用。建筑结构水平地震作用的计算，一般要计算两个主轴方向的水平地震作用。计算桥梁结构的水平地震作用时，也要计算两个方向的水平地震作用：顺桥方向和横桥方向。

3.9.2 铁路桥梁的地震作用

1. 桥梁抗震计算的力学模型及水平地震作用计算

梁式桥的抗震计算常采用单墩力学模型，见图3-11；也可采用全桥力学模型进行计算，并应计入桥梁及桥面系刚度影响，详见《铁路工程抗震设计规范》GB 50111—2006，2009版。

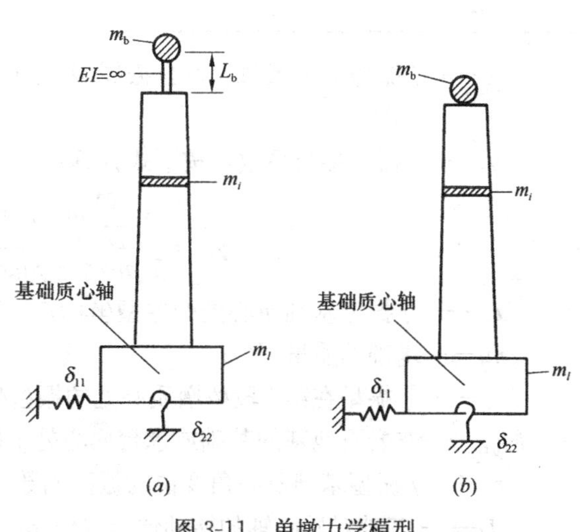

图3-11 单墩力学模型
(a) 横桥向；(b) 顺桥向

其中，δ_{11}为平动柔度系数，当基底或承台底作用单位水平力时，基础底面产生的水平位移（m/kN），岩石地基

$\delta_{11}=0$；δ_{22} 为转动柔度系数，当基底或承台底作用单位弯矩时，基础底面产生的转角（rad/(kN·m)）；岩石地基 $\delta_{22}=0$；m_b 为桥墩顶换算质点的质量（t），顺桥向 $m_b=m_d$，横桥向 $m_b=m_l+m_d$；m_d 为桥墩顶梁体质量（t），等跨桥墩顺桥向、横桥向和不等跨桥墩横桥向均为相邻两孔梁及桥面质量之和的一半，不等桥跨墩的顺桥向为较大一跨梁及桥面质量之和；m_l 为桥墩顶活荷载反力换算的质量（t）；L_b 为 m_b 的质心距桥墩顶高度（m）；m_i 为桥墩第 i 段的质量。根据上述模型，《铁路工程抗震设计规范》的水平地震力计算式为：

$$F_{ijE}=C_i\cdot\alpha\cdot\beta_j\cdot\gamma_j\cdot x_{ij}\cdot m_i \tag{3-20}$$

$$M_{ijE}=C_i\cdot\alpha\cdot\beta_j\cdot\gamma_j\cdot k_{ij}\cdot J_f \tag{3-21}$$

式中 F_{ijE}——j 振型 i 点的水平地震作用（kN）；

C_i——桥梁的重要性系数；

α——水平地震基本加速度；不同水准地震作用下，水平地震基本加速度 α 按表 3-9 取值，地震动反应谱特征周期 T_g 应根据场地类别和地震动参数区划按表 3-10 取值；

水平地震基本加速度 α 值（g） **表 3-9**

设防烈度	6 度	7 度		8 度		9 度
设计地震 A_g	0.05	0.10	0.15	0.20	0.30	0.40
多遇地震	0.02	0.04	0.05	0.07	0.10	0.14
罕遇地震	0.11	0.21	0.32	0.38	0.57	0.64

地震动反应谱特征周期 T_g(s) **表 3-10**

特征周期分区	场地类别			
	Ⅰ	Ⅱ	Ⅲ	Ⅳ
一区	0.25	0.35	0.45	0.65
二区	0.30	0.40	0.55	0.75
三区	0.35	0.45	0.65	0.90

β_j——j 振型动力系数，按自振周期 T_j 查当地场地土对应的反应谱曲线(图 3-12) 得到；

γ_j——j 振型参与系数，按下式计算：

$$\gamma_j=\frac{\sum_i m_i x_{ij}+m_f x_{fj}}{\sum m_i x_{ij}^2+m_f x_{fj}^2+J_f k_{fj}^2} \tag{3-22}$$

x_{fj}——j 振型基础质心处的振型坐标；

m_f——基础的质量（t）；

x_{ij}——j 振型在第 i 段桥墩质心处的振型坐标；

M_{ijE}——非岩石地基的基础或承台质心处 j 振型地震力矩（kN·m）；

k_{fj}——j 振型基础质心角变位的振型函数（1/m）；

J_f——基础对质心轴的转动惯量（t·m²）。

2. 竖向地震作用计算

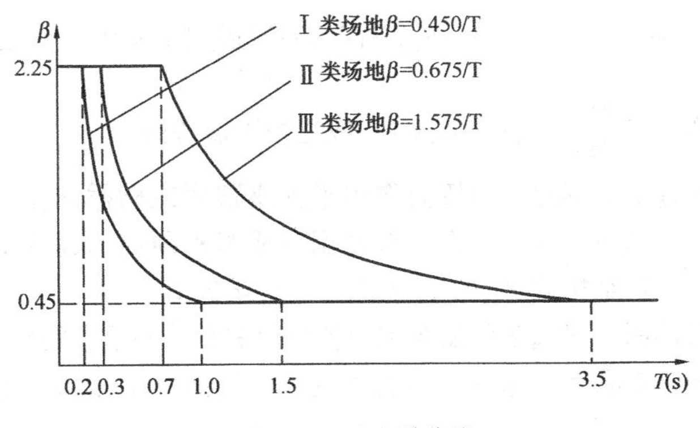

图 3-12　反应谱曲线

一般说来，地震时震中区的竖向震动比较明显，因而，在震中区除了需要计算水平地震作用外，还需计算竖向地震作用。

目前，计算竖向地震作用的方法大致有 3 种：

①假定竖向地震作用等于结构重量的某一百分数，这个方法使用起来比较简单方便，但较粗糙。

②按求水平地震力相同的方法，求竖向地震作用，此方法虽然比较合理，但需要计算竖向震动的周期和振型，比较麻烦。

③假定竖向地震力等于结构水平地震力的某个百分数，这个方法不太合理，因为两者没有必然联系。

我国铁路桥梁设计中采用的是第一种方法，在设防烈度为 9 度的地震区，取总重量的 7%作为竖向地震力计算值，此时活载按最不利情况考虑。

通常，在设防烈度为 9 度的地震区，大跨度桥梁按水平地震作用和竖向地震作用同时作用的最不利情况进行验算。

3.9.3　公路桥梁的地震作用

《公路桥梁抗震设计细则》JTG/T 1302—01—2008 规定，地震作用的计算方法，一般情况下桥墩应采用反应谱法计算，只考虑第一振型的贡献。对于结构特别复杂、桥墩高度超过 30m 的特大桥梁，可采用时程反应分析法。

公路桥墩的计算模型如图 3-13 所示。

公路梁桥桥墩顺桥向和横桥向的水平地震作用计算公式如下：

$$E_{ihp} = S_{h1} \cdot \gamma_1 \cdot X_{1i} \cdot G_i / g \tag{3-23}$$

式中　E_{ihp}——作用于梁桥桥墩质点 i 的水平地震作用（kN）；

S_{h1}——相应水平方向的加速度反应谱值，按相关规定计算；

γ_1——桥墩顺桥向或横桥向的基本振型参与系数；

$$\gamma_1 = \frac{\sum_{i=0}^{n} X_{1i} G_i}{\sum_{i=0}^{n} X_{1i}^2 G_i} \tag{3-24}$$

X_{1i}——桥墩基本振型在第 i 分段重心处的相对水平位移；对于实体桥墩，当 $H/$

$B \geqslant 5$ 时，$X_{1i}=X_{\mathrm{f}}+\frac{1-X_{\mathrm{f}}}{H}H_i$（一般适用于顺桥向）；当 $H/B<5$ 时，$X_{1i}=X_{\mathrm{f}}+\left(\frac{H_i}{H}\right)^{\frac{1}{3}}(1-X_{\mathrm{f}})$（一般适用于横桥向）；

X_{f}——考虑地基变形时，顺桥向作用于支座顶面或横桥向作用于上部结构质量重心上的单位水平力在一般冲刷线或基础顶面引起的水平位移与支座顶面或上部结构质量重心处的水平位移之比值；

H_i——一般冲刷线或基础顶面至墩身各分段重心处的垂直距离（m）；

H——桥墩计算高度，即一般冲刷线或基础顶面至支座顶面或上部结构质量重心的垂直距离（m）；

B——顺桥向或横桥向的墩身最大宽度（m）；

$G_{i=0}$——梁桥上部结构重力（kN）；对于简支梁桥，计算顺桥向地震作用时为相应于墩顶固定支座的一孔梁的重力；计算横桥向地震作用时为相邻两孔梁重力的一半；

$G_{i=1,2,3\cdots}$——桥墩身各分段的重力（kN）。

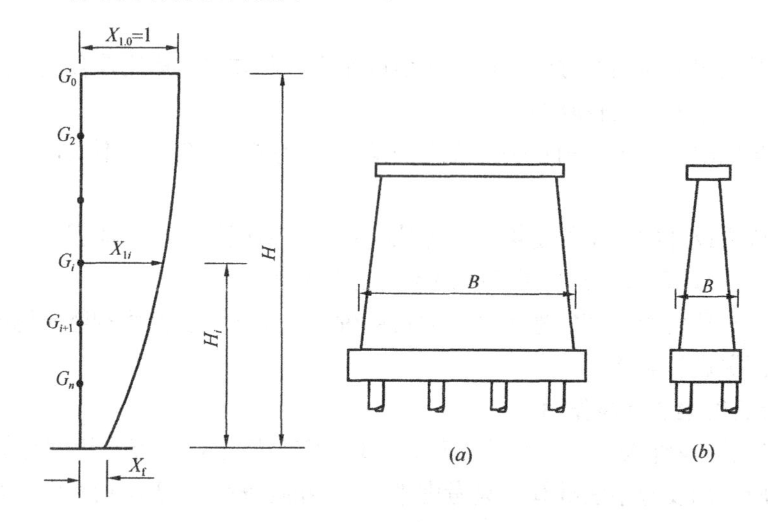

图 3-13 公路桥墩计算模型

（a）横桥向；（b）顺桥向

3.10 水工建筑物地震作用

地震引发地层表面作随机运动，使水工建筑物产生严重破坏。破坏情况取决于地震过程特点和建筑物的动态反应特性。有关地震作用的一些基本概念，前面章节已作介绍，本章不再重复。

水工建筑物的地震作用包括建筑物自重以及其上的设备自重所产生的地震惯性力、地震动水压力和动土压力。地震对扬压力、坝前泥沙压力和浪压力的影响可不考虑。

水工建筑物地震作用效应的计算方法分为拟静力法和动力分析法。

3.10.1 拟静力法

（1）地震惯性力

当采用拟静力法计算地震作用效应时沿建筑物高度作用于质点 i 的水平向地震惯性力应按下式计算：

$$F_i = a_{\mathrm{h}}\xi G_{\mathrm{E}i}\alpha_i/g \tag{3-25}$$

式中 F_i——作用在质点 i 的水平向地震惯性力；

ξ——地震作用的效应折减系数，取 0.25；

$G_{\mathrm{E}i}$——集中在质点 i 的重量；

α_i——质点 i 的动态分布系数，按不同的建筑物类型由《水工建筑物抗震设计规范》选用；

a_{h}——水平向设计地震加速度，按表 3-11 查取；

g——重力加速度。

当同时考虑水平和竖向地震力时，取竖向设计地震加速度 $a_{\mathrm{v}} = 2a_{\mathrm{h}}/3$，竖向地震惯性力还应乘以 0.5 的遇合系数。

水平向设计地震加速度　　表 3-11

设计烈度	7	8	9
a_{h}	$0.1g$	$0.2g$	$0.4g$

注：g—重力加速度，$9.81\mathrm{m/s^2}$。

（2）地震动水压力

地震时，水对建筑物产生的激荡力称为地震动水压力。当采用拟静力法计算地震作用效应时，地震动水压力的计算因建筑物的类型不同而不同，重力坝与水闸的地震动水压力计算可按下式进行：

$$p_{\mathrm{w}}(h) = a_{\mathrm{h}}\xi\rho_{\mathrm{w}}H_0\psi(h) \tag{3-26}$$

式中 $p_{\mathrm{w}}(h)$——作用在直立迎水面水深 h 处的地震动水压力强度；

$\psi(h)$——水深 h 处的地震动水压力分布系数，按表 3-12 选取；

ρ_{w}——水体质量密度；

H_0——水深。

地震动水压力分布系数　　表 3-12

h/H_0	0	0.1	0.2	0.3	0.4	0.5	0.6	0.7	0.8	0.9	1.0
$\psi(h)$	0	0.43	0.58	0.68	0.74	0.76	0.76	0.75	0.71	0.68	0.67

单位宽度的总地震动水压力为：

$$F_0 = 0.65a_{\mathrm{h}}\xi\rho_{\mathrm{w}}H_0^2 \tag{3-27}$$

其作用点位于水面以下 $0.54H_0$ 处。

当建筑物迎水面是与水平面夹角为 θ 的倾斜面时，上面计算的地震动水压力应乘以折减系数 $\theta/90°$，迎水面有折坡时，若水面以下直立部分的高度等于或大于水深 H_0 的一半，可近似取作直立面，否则应取水面点与坡脚点连线代替坡度。

3.10.2 动力分析法

动力分析方法一般用数值解法，包括时程分析法和振型分解法。时程分析法是直接采用差分法来求解运动方程；而振型分解法是将一个 n 维自由度结构的强迫振动分析简化为对 n 个单（一维）自由度结构的强迫振动分析，然后将计算结果组合为整体的结构反应。他们的具体计算方法请参阅有关文献，一般均有计算机程序可运用。

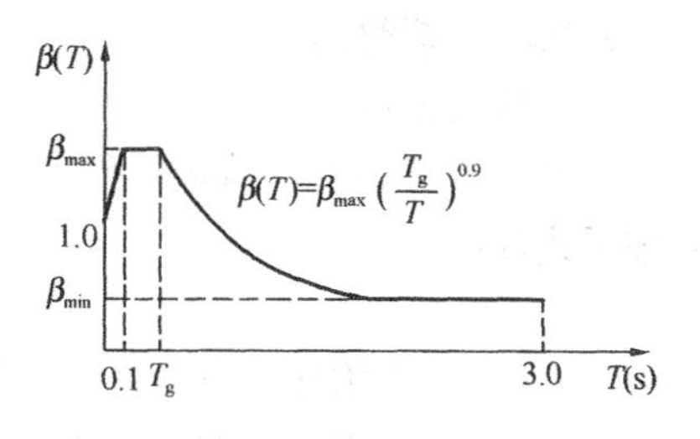

图 3-14 反应谱曲线

按动力法计算地震作用效应时，设计反应谱 β 值应根据结构自振周期 T 按图 3-14 采用。设计反应谱最大值 β_{max} 应根据建筑物类型按表 3-13 采用，其下限值 β_{min} 应不小于 β_{max} 的 20%；特征周期 T_g 应根据场地类别按表 3-14 采用，对于设计烈度不大于 8 度的基本自振周期大于 1.0s 的结构，T_g 宜延长 0.05s。

设计反应谱最大值 **表 3-13**

建筑物类型	重 力 坝	拱 坝	水闸、进水塔及其他混凝土建筑物
β_{max}	2.0	2.5	2.25

特 征 周 期 **表 3-14**

场地类别	Ⅰ	Ⅱ	Ⅲ	Ⅳ
T_g（s）	0.20	0.30	0.40	0.65

3.10.3 地震动土压力

地震主动动土压力可按下式计算：

$$F_E = \left[q_0 \frac{\cos \psi_1}{\cos(\psi_1 - \psi_2)} H + \frac{1}{2} \gamma H^2 \right] \left(1 - \frac{\zeta a_v}{g} \right) C_e \tag{3-28}$$

其中

$$C_e = \frac{\cos^2(\varphi - \theta_e - \psi_1)}{\cos \theta_e \cos^2 \psi_1 \cos(\delta + \psi_1 + \theta_e)(1 \pm \sqrt{Z})^2}$$

$$Z = \frac{\sin(\delta + \varphi) \sin(\varphi - \theta_e - \psi_2)}{\cos(\delta + \theta_e + \psi_1) \cos(\psi_2 - \psi_1)}$$

$$\theta_e = \arctan \frac{\zeta a_h}{g - \zeta a_v}$$

式中 F_E——地震主动动土压力；

q_0——土表面单位长度的荷载；

ψ_1——挡土墙面与垂直面夹角；

ψ_2——土表面与水平面夹角；

H——土的高度；

γ——土的重度；

φ——土的内摩擦角；

θ_e——地震系数角；

δ——挡土墙面与土之间的摩擦角；

ζ——计算系数，动力法计算地震作用效应时取 1.0，拟静力法计算地震作用效应时取 0.25，对钢筋混凝土结构取 0.35。

计算 C_e 时应取其计算式中"+"、"-"号计算结果中的大值。

各类水工建筑物的设计地震烈度、工程抗震设防类别、场地类别的划分及地震作用效应计算方法等，应按《水工建筑物抗震设计规范》SL 203—97 的有关规定确定。

思考题

1. 解释以下有关地震的名词术语：震源、震中、震源深度、震中距、震级、地震烈度、基本烈度、抗震设防烈度、场地、场地土、设计特征周期。

2. 什么是地震作用？地震对建筑物产生怎样的作用？在什么情况下要考虑竖向地震作用？

3. 什么是抗震设防？《建筑抗震设计规范》规定，对哪些建筑应进行地震作用计算？

4. 抗震设防的目标是什么？

5. 建筑物使用功能的重要性不同，抗震设防标准也不同，主要体现在哪些方面？简述之。

6. 设计地震分组的意义是什么？

7. 影响地震作用大小的因素有哪些？它们对地震作用大小有何影响？

8. 简要解释地震反应谱。说明地震影响系数曲线各段的意义。

9.《建筑抗震设计规范》对多层与高层房屋水平地震作用的计算方法有何规定？简述底部剪力法的计算步骤，写出相应计算公式。

10. 水工建筑物的地震作用计算有哪些内容？地震作用的计算方法有哪两种？掌握水工建筑物地震作用的计算方法。

11. 桥梁的地震作用计算主要采用什么理论计算？为什么桥梁地震作用计算主要是计算桥墩的地震作用？计算桥梁结构的水平地震作用时，也要计算两个方向的水平地震作用，和房屋建筑结构水平地震作用的计算有什么不同？

12. 掌握桥梁结构地震作用的计算方法。

习题

建于广州的某 4 层钢筋混凝土框架结构房屋，首层层高为 4m，其余各层层高为 3m。集中于各楼层处的重力荷载代表值分别为：$G_1=G_2=G_3=6000\text{kN}$，$G_4=4000\text{kN}$。根据钻探资料综合评价为Ⅱ类场地。房屋横向总宽度为 12m，试求该房屋的横向地震作用。

第4章　建筑结构的荷载

4.1　建筑结构荷载的种类及代表值

4.1.1　建筑结构荷载的种类

建筑结构是房屋建筑结构的简称。建筑结构除房屋结构之外，一般还包括烟囱、水池、水塔等构筑物。房屋结构，根据其使用功能分为工业建筑和民用建筑；根据其结构特征分为单层建筑结构、多高层建筑结构、大跨度结构等。房屋结构的使用功能不同，所处环境条件不同，它们或者承受的荷载类型不同，或者某种荷载对这种结构是主要荷载，而对另一种结构则是次要荷载。因此，建筑结构的荷载也是比较复杂的。

根据《建筑结构荷载规范》GB 50009—2012，作用在建筑结构上的主要荷载包括5类：恒荷载、楼面和屋面活荷载、吊车荷载、雪荷载、风荷载。地震作用的计算在《建筑抗震设计规范》GB 50011—2010中另有规定，未列入《建筑结构荷载规范》。这样，建筑结构上的作用（荷载）有6类。由第1章所述的荷载分类方法，按照随时间变异，建筑结构的自重、土的自重等属于永久荷载（恒荷载）；楼面和屋面活荷载、吊车荷载、雪荷载、风荷载等5类都属可变荷载（活荷载），地震作用等属于偶然荷载；按照随空间变异，楼面的人员荷载（当按实际分布考虑时）、工业厂房中的吊车荷载等为自由荷载，楼面和屋面均布活荷载及恒荷载、雪荷载、风荷载、地震作用等属于固定荷载；按结构的动力反应，地震、设备的振动、工业厂房中的吊车荷载、作用于高耸结构上的风荷载等属于动荷载。

在建筑结构设计中，为了方便荷载效应计算及分析其对结构的影响，常将上述荷载分为竖向荷载和水平荷载两类。竖向荷载包括结构自重、土的自重、楼面和屋面活荷载、吊车的竖向荷载（吊车自重及其吊起的重物重）、雪荷载等；水平荷载包括风荷载、地震区的水平地震作用、工业厂房中吊车水平刹车力等。

在许多情况下，建筑结构除了承受《建筑结构荷载规范》列出的5类荷载及地震作用外，还可能有预加应力（例如预应力混凝土结构），土的侧向压力、水压力等。

以上所列荷载中，建筑结构地震作用的计算，已在本书的第3章中讲述。考虑到吊车荷载、预加应力涉及许多专业知识，它们又分别是单层工业厂房设计、预应力混凝土结构的核心内容，因此，将吊车荷载、预加应力放在专业课中详细讲述。土的侧向压力、水压力，在《水力学》、《土力学》中讲述的计算方法完全可以用于建筑结构，同时考虑到土的侧向压力、水压力对桥梁结构、水工结构更为常见和重要，因此，土的侧向压力、水压力的计算不在本章中讲述。本章主要论述建筑结构的恒荷载、楼面和屋面活荷载、风荷载、雪荷载的计算。

4.1.2　建筑结构荷载的代表值

《建筑结构荷载规范》规定，建筑结构的永久荷载（恒载）只有一个代表值：标准值。可变荷载一般有 4 个代表值：标准值、频遇值、准永久值和组合值。其中可变荷载（活荷载）的频遇值、准永久值和组合值，可由可变荷载标准值分别乘以频遇值系数、准永久值系数和组合值系数得到。

建筑结构中，部分常用材料和构件的自重见表 2-1。

民用建筑楼面均布活荷载标准值及其组合值、频遇值、准永久值系数的取值，不应小于表 4-1 的规定。

民用建筑楼面均布活荷载标准值及其组合值、频遇值、准永久值系数　　表 4-1

项次	类　别	标准值（kN/m^2）	组合值系数 ψ_c	频遇值系数 ψ_f	准永久值系数 ψ_q
1	（1）住宅、宿舍、旅馆、办公楼、医院病房、托儿所、幼儿园 （2）试验室、阅览室、会议室、医院门诊室	2.0 2.0	0.7 0.7	0.5 0.6	0.4 0.5
2	教室、食堂、餐厅、一般资料档案室	2.5	0.7	0.6	0.5
3	（1）礼堂、剧场、影院、有固定座位的看台 （2）公共洗衣房	3.0 3.0	0.7 0.7	0.5 0.6	0.3 0.5
4	（1）商店、展览厅、车站、港口、机场大厅及其旅客等候室 （2）无固定座位的看台	3.5 3.5	0.7 0.7	0.6 0.5	0.5 0.3
5	（1）健身房、演出舞台 （2）运动场、舞厅	4.0 4.0	0.7 0.7	0.6 0.6	0.5 0.3
6	（1）书库、档案库、储藏室 （2）密集柜书库	5.0 12.0	0.9 0.9	0.9 0.9	0.8 0.8
7	通风机房、电梯机房	7.0	0.9	0.9	0.8
8	汽车通道及客车停车库 （1）单向板桉盖（板跨不小于 2m） 客车 消防车 （2）双向板楼盖（板跨不小于 6m×6m）和无梁楼盖（柱网尺寸不小于 6m×6m） 客车 消防车	4.0 35.0 2.5 20.0	0.7 0.7 0.7 0.7	0.7 0.5 0.7 0.5	0.6 0.0 0.6 0.0
9	厨房（1）一般的 （2）餐厅的	2.0 4.0	0.7 0.7	0.6 0.7	0.5 0.7
10	浴室、卫生间、盥洗室	2.5	0.7	0.6	0.5
11	走廊、门厅 （1）宿舍、旅馆、医院病房、托儿所、幼儿园、住宅 （2）办公楼、餐厅、医院门诊部 （3）教学楼及其他可能出现人员密集的情况	2.0 2.5 3.5	0.7 0.7 0.7	0.5 0.6 0.5	0.4 0.5 0.3

续表

项次	类　别	标准值 (kN/m²)	组合值系数 ψ_c	频遇值系数 ψ_f	准永久值系数 ψ_q
12	楼梯(1) 多层住宅 (2) 其他	2.0 3.5	0.7 0.7	0.5 0.5	0.4 0.3
13	阳台(1) 可能出现人员密集的情况 (2) 其他	3.5 2.5	0.7 0.7	0.6 0.6	0.5 0.5

注：1. 本表所给各项活荷载适用于一般使用条件，当使用荷载较大、情况特殊或有专门要求时，应按实际情况采用；

2. 第6项书库活荷载当书架高度大于2m时，书库活荷载尚应按每米书架高度不小于2.5kN/m² 确定；

3. 第8项中的客车活荷载只适用于停放载人少于9人的客车。当板跨或柱距不符合表中规定时，可按附录二规定，将车轮局部荷载换算为等效均布荷载，局部荷载值取4.5kN，分布在0.2m×0.2m的面积上；对其他车辆的车轮局部荷载应按实际最大轮压确定；表中的消防车活荷载是适用于满载总重为300kN的大型车辆；

4. 第12项楼梯活荷载，对预制楼梯踏步平板，尚应按1.5kN集中荷载验算；

5. 本表各项荷载不包括隔墙自重和二次装修荷载；对固定隔墙的自重应按恒荷载考虑，当隔墙位置可灵活自由布置时，非固定隔墙的自重应取每延米长墙重（kN/m）的1/3作为楼面活荷载的附加值（kN/m²）计入，附加值不应小于1.0kN/m²。

4.2 建筑结构荷载的确定和计算

4.2.1 永久荷载（恒荷载）

在房屋结构中，永久荷载主要是结构的自重。在设计房屋结构的地下部分时，有时要计算土的自重，它也是永久荷载。

结构自重主要是指楼面板、梁、柱、墙体、基础等构件的自重。结构的自重，可按结构构件的设计尺寸与材料单位体积的自重计算确定。根据计算荷载效应的需要，结构自重可以表示为面荷载、线荷载或集中力等。

当用于计算楼板的荷载效应时，楼面板的自重、板的面层材料自重，一般可用板的厚度、板的面层材料厚度分别乘以各自材料单位体积的自重得到，以分布面荷载的形式作用于板上，单位为kN/m²；当用于计算楼板的荷载对梁或墙体产生的效应时，一般以计算出的板单位面积自重与板短边长度一半的乘积得到，以分布线荷载的形式（均布荷载、梯形荷载或三角形荷载）作用在梁或墙上，单位为kN/m。

当用于计算梁的荷载效应时，一般需将梁的自重表示为线荷载，即材料单位体积的自重与梁截面面积的乘积，单位为kN/m。

对于承重墙体（例如混合结构的承重墙体），当用于计算其荷载效应时，一般可取其单位长度计算自重，以墙体单位长度、厚度、高度与墙体材料单位体积自重相乘得到；对于非承重墙体，例如作用在框架梁上的隔墙，由于不需要计算其自身的荷载效应，只需要将其计算为作用在梁上的线荷载，即墙体材料单位体积自重与墙厚、墙高相乘得到，单位为kN/m。

柱自重一般以材料单位体积自重与柱体积相乘得到，以集中力的形式作用在柱上，单位 kN。

4.2.2 楼面和屋面活荷载

1. 一般民用建筑的楼面活荷载

(1) 楼面活荷载的取值

一般民用建筑的楼面活荷载是指楼面上的人群、家具、物品及一般设施等。

作用在楼面上的活荷载，实际上并不是均匀分布的，而是随时间和空间发生变异。我国的《建筑结构荷载规范》采用调查统计与长期实践经验的方法，确定楼面活荷载标准值时，是按房间面积的平均荷载作为统计对象，给出单位面积荷载作为荷载标准值。因此，对于楼面上的人群、家具、物品及设施等一般楼面活荷载，均视为楼面均布荷载，设计时直接从《建筑结构荷载规范》中查用（表 4-1）。

设计中，有时会遇到要求确定某种规范中未有规定的楼面活荷载的情况，此时可按以下方法确定其标准值：

① 当有足够资料并能对其统计分布作出合理估计时，按概率模型的统计方法确定荷载标准值。

② 对不能取得充分资料进行统计的楼面活荷载，可根据已有的工程实践经验，通过分析判断后确定荷载标准值，即按经验判断法确定荷载标准值。

③ 对于比较固定的较大的局部荷载可以简化为等效均布荷载。

对《建筑结构荷载规范》未明确的楼面活荷载频遇值、准永久值，一般可以根据楼面使用性质的类同性，参照《建筑结构荷载规范》中给出的楼面活荷载频遇值系数、准永久值系数经分析比较后确定。

(2) 楼面活荷载的折减

楼面均布活荷载，可以理解为楼面各单位面积上同时存在相同的活荷载，例如，住宅的楼面活荷载是 $2kN/m^2$，可以理解为楼面各个房间、住宅的各单位面积上同时存在 $2kN/m^2$ 的活荷载。但是，作用在楼面上的活荷载，并不是以所给定的标准值同时布满所在的楼面的。因此，在设计梁、墙、柱和基础时，应对楼面活荷载标准值折减。考虑到梁、墙、柱和基础的从属楼面面积越大、楼层数越多，楼面活荷载满布的可能就越小。因此，我国《建筑结构荷载规范》按照以上原则，根据不同荷载情况分别规定了按构件的从属楼面面积、楼层数的楼面活荷载标准值折减系数。

《建筑结构荷载规范》规定，设计楼面梁、墙、柱及基础时，表 4-1 中的楼面活荷载标准值的折减系数取值不应小于下列情况下的规定值。

① 设计楼面梁时的折减系数

a. 第 1 (1) 项，当楼面梁从属面积超过 $25m^2$ 时，取 0.9。

b. 第 1 (2) ~7 项，当楼面梁从属面积超过 $50m^2$ 时，取 0.9。

c. 第 8 项，对单向板楼盖的次梁和槽形板的纵肋取 0.8；对单向板楼盖的主梁取 0.6；对双向板楼盖的梁取 0.8。

d. 第 9~13 项，采用与所属房屋类别相同的折减系数。

②设计墙、柱和基础时的折减系数

a. 第 1 (1) 项，按表 4-2 规定采用。

b. 第 1 (2) ~7 项，采用与其楼面梁相同的折减系数。

c. 第8项的客车，对单向板楼盖取0.5；对双向板楼盖和无梁楼盖取0.8。

d. 第9～13项，采用与所属房屋类别相同的折减系数。

活荷载按楼层的折减系数 **表4-2**

墙，柱，基础计算截面以上的层数	1	2～3	4～5	6～8	9～20	>20
计算截面以上各楼层活荷载总和的折减系数	1.00 (0.90)	0.85	0.70	0.65	0.60	0.55

楼面梁的从属面积可按梁两侧各延伸1/2梁间距的范围内的实际面积确定。

当楼面梁的从属面积超过25m²时，可采用括号内的系数。

设计墙、柱时，表4-1中第8项的消防车活荷载可按实际情况考虑；设计基础时可不考虑消防车荷载。

在工程设计中，当楼面活荷载的折减对荷载效应影响较小且不折减对结构有利时，往往不对楼面活荷载折减。

(3) 楼面活荷载的计算

在设计时，按照楼面活荷载作用在板上，由板传递给梁或墙，或由梁传递给柱，由墙、柱传递给基础考虑，楼面活荷载不直接作用在梁、墙、柱和基础上。因此，可以在《建筑结构荷载规范》中查得楼面活荷载标准值，单位kN/m²，用于计算板的荷载效应；计算梁的荷载效应时，将查得的楼面活荷载标准值根据规定进行折减后，如楼板自重一样传递给梁，以分布线荷载的形式（均布荷载、梯形荷载或三角形荷载）作用在梁或墙上，单位为kN/m。

例4-1 某混合结构办公楼2层办公室平面如图4-1所示。整浇钢筋混凝土楼盖，板厚为100mm，梁截面尺寸（图4-2）：b=250mm，h=700mm，板面20mm厚水泥砂浆面层，梁底吊顶棚（0.45kN/m²），计算楼面梁上的恒荷载、活荷载标准值。

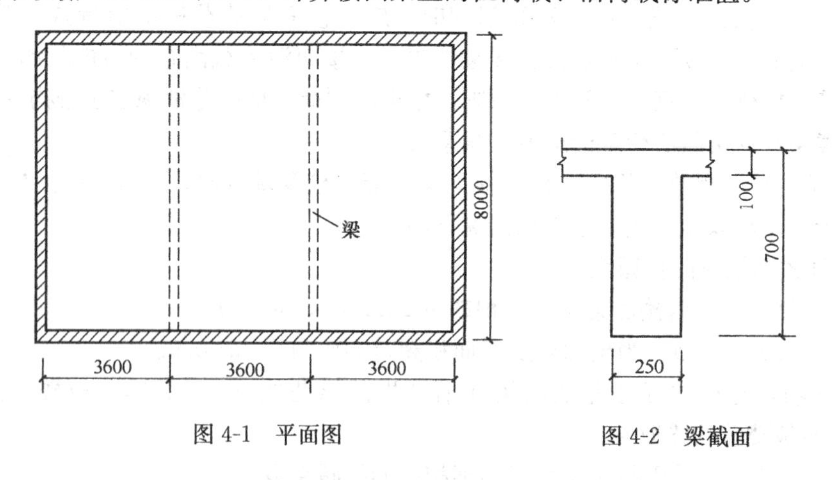

图4-1 平面图　　图4-2 梁截面

解： 钢筋混凝土自重25kN/m³，水泥砂浆20kN/m³，顶棚0.45kN/m²；

(1) 恒荷载标准值计算：

钢筋混凝土板　　$G_{1k}=25\times0.1\times3.6=9\text{kN/m}$；

砂浆面层、顶棚　　$G_{2k}=20\times0.02\times3.6+0.45\times3.6=3.06\text{kN/m}$；

梁自重　　$G_{3k}=0.25\times0.6\times25=3.75\text{kN/m}$

$$G_k=9+3.06+3.75=15.81\text{kN/m}$$

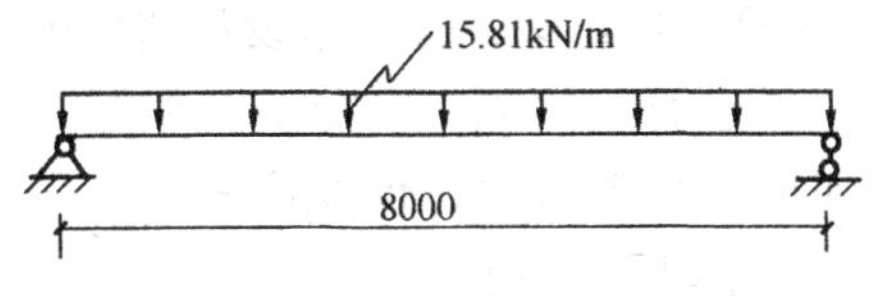

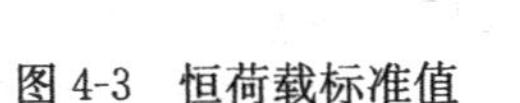

图 4-3　恒荷载标准值

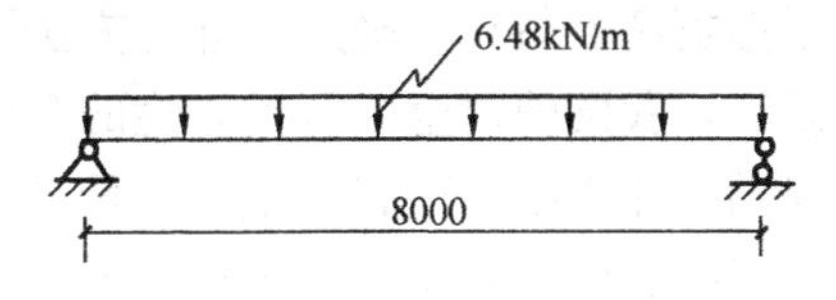

图 4-4　活荷载标准值

上述梁自重计算未包括梁侧、梁底抹灰自重。

(2) 活荷载标准值计算：

由表 4-2，办公楼面活荷载 2.0kN/m²，梁的从属面积 $A=3.6\times8=28.8\text{m}^2$，超过 25m²，取楼面活荷载折减系数 0.9。

$$Q_k=2.0\times3.6\times0.9=6.48\text{kN/m}$$

例 4-2　某用于停放轿车的 3 层停车库，现浇钢筋混凝土无梁楼盖结构，平面及剖面如图 4-5 所示。求柱 1 在基础顶面处由楼面活荷载标准值产生的轴向力。

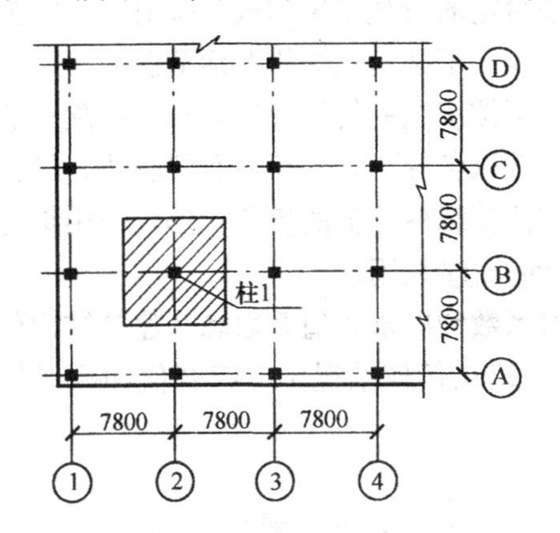

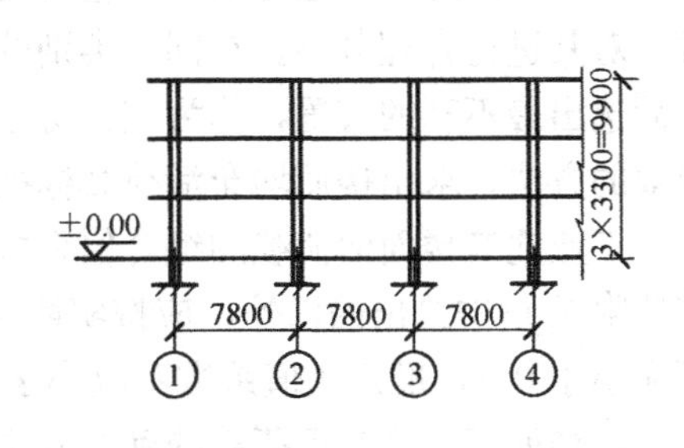

图 4-5　停车库平面及剖面图

解： 该停车库属表 4-1 中第 8 项的无梁楼盖，故设计基础时楼面活荷载的折减系数取 0.8。

查表 4-1，其楼面活荷载标准值为 2.5kN/m²。

柱 1 在基础顶部截面处的荷载从属面积如图 4-5 中的阴影面积所示，共承受两层楼面活荷载，此处由楼面活荷载产生的轴向力标准值（忽略楼板不平衡弯矩产生的轴向力）：

$$N_k=2\times2.5\times0.8\times7.8\times7.8=243.36\text{kN}$$

2. 工业建筑楼面活荷载

工业建筑楼面活荷载有两种情况，一种是已知楼面均布活荷载（kN/m²），此时楼面板、梁、柱活荷载的计算与一般民用建筑楼面活荷载计算方法相同；另一种是已知的散布在建筑面积上大小不等的局部荷载，此时或者按实际荷载用力学的方法计算荷载效应，或者将其简化为楼面等效均布活荷载，按楼面均布活荷载（kN/m²）计算荷载效应。

(1)《建筑结构荷载规范》对工业建筑楼面活荷载的规定

①工业建筑楼面在生产使用或安装检修时，由设备、管道、运输工具及可能拆移的隔墙产生的局部荷载，均应按实际情况考虑，可采用等效均布活荷载代替。

由于在设计多层工业建筑结构时，楼面活荷载的标准值大多由工艺提供，或由土建设计人员根据资料自行计算确定，计算方法不一，计算工作量又较大，给设计造成困难。为了方便设计，我国曾对全国有代表性的70多个工厂进行实际调查和分析，根据调查分析结果，我国《建筑结构荷载规范》在附录D中列出了金工车间、仪器仪表生产车间、半导体器件车间、棉纺织车间、小型电子管和白炽灯泡车间、轮胎厂准备车间、粮食加工车间等7类工业建筑楼面均布活荷载的标准值以及组合值、频遇值和准永久值系数供设计参照采用。

②工业建筑楼面（包括工作平台）上无设备区域的操作荷载，包括操作人员、一般工具、零星原料和成品的自重，可按均布活荷载考虑，采用2kN/m^2；生产车间的楼梯活荷载，可按实际情况采用，但不宜小于3.5kN/m^2。

（2）对《建筑结构荷载规范》附录D中未列出楼面均布活荷载标准值的工业建筑，其楼面生产、使用或检修、安装时，由设备、管道、运输工具及可能拆移的隔墙产生的局部荷载，可以根据以下情况计算楼面活荷载。

①若房屋内部设施比较固定，设计时可直接按给定的荷载布置图式或按对结构安全产生最不利效应的荷载布置图式，对结构计算荷载效应，不必简化为均布活荷载。

②对于①之外的工业建筑，当量大类型多时，可按房屋的使用性质，如内部配置的设施等，对其进行合理分类。在同一类别的房屋中，选取各种可能的荷载布置图式，经分析研究后选出最不利的布置，作为该类房屋楼面均布活荷载标准值的确定依据，采用结构效应等效的方法，求出楼面均布活荷载标准值，设计时直接采用。

③工业建筑楼面活荷载的组合值系数、频遇值系数和准永久值系数除《建筑结构荷载规范》附录D中给出的以外，应按实际情况采用；但在任何情况下，组合值和频遇值系数不应小于0.7，准永久值系数不应小于0.6。

（3）楼面等效均布活荷载的确定方法

按照荷载效应等效的原则，将散布在建筑面积上大小不等的局部荷载，换算为等效均布荷载，是荷载计算的常用方法，特别是当实际荷载比较分散而均匀时，常用这种方法比较理想。

所谓“荷载效应等效”是指构件在均布荷载作用下，在其设计控制部位上的某一效应（例如内力中的弯矩、剪力，变形及裂缝等）与实际荷载作用时相等。当然也不可能将散布在建筑面积上大小不等的局部荷载，换算为构件的所有部位、所有效应均等效的均布荷载。因此，在将楼面分散的局部荷载“等效”为均布荷载时，正确选取“等效部位”和“等效的效应”非常重要。

楼面等效均布活荷载，包括计算次梁、主梁和基础时的楼面活荷载，可分别按附录二的方法确定。

对于一般民用建筑，楼面上的局部荷载（例如作用在楼板上的隔墙荷载等）也可以按附录二的方法将其简化为楼面等效均布活荷载。

例4-3 某类型工业建筑的楼面板，在安装设备时，最不利情况的设备位置如图4-6所示，设备重8kN，设备平面尺寸为0.5m×1.0m，搬运设备时的动力系数为1.1，设备直接放置在楼面板上，楼面板为现浇钢筋混凝土单向连续板，板厚度 0.1m，无设备区域的操作荷载为 $2kN/m^2$，求此情况下设备荷载的等效楼面均布活荷载标准值。

解：板的计算跨度 $l_0 = l_c = 3m$

设备荷载作用面平行于板跨的计算宽度：

$$b_{cx} = b_{tx} + 2s + h = 1 + 0.1 = 1.1m$$

设备荷载作用面垂直于板跨的计算宽度：

$$b_{cy} = b_{ty} + 2s + h = 0.5 + 0.1 = 0.6m$$

符合条件　　$b_{cx} > b_{tx}$　（即 1.1m>0.6m）；

$b_{cy} > 0.6l_0$（即 0.6m<0.6×3=1.8m）；

$b_{cx} > l_0$（即 1.1m<3m）。

故设备荷载在板上的有效分布宽度：

$$b = b_{cy} + 0.7l_0 = 0.6 + 0.7 \times 3 = 2.7m$$

板的计算简图（按简支单跨板计算）见图 4-7。

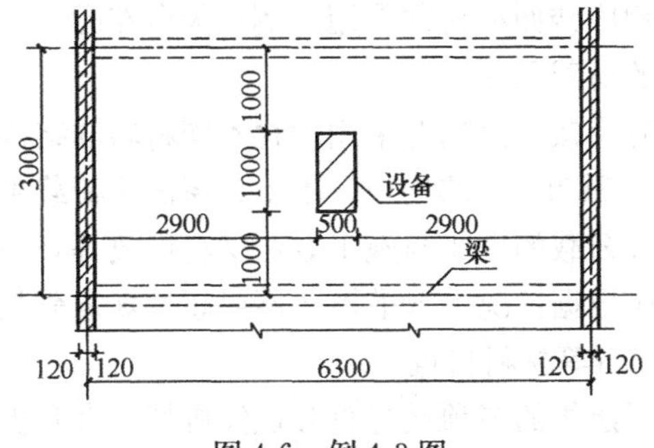

图 4-6　例 4-3 图

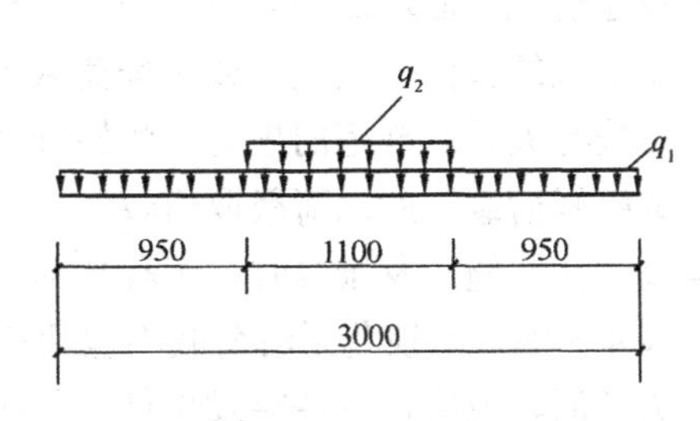

图 4-7　板的计算简图

作用在板上的荷载：

（1）无设备区域的操作荷载在板的有效分布宽度内产生的沿板跨均布线荷载：

$$q_1 = 2 \times 2.7 = 5.4kN/m$$

（2）设备荷载乘以动力系数并扣除设备在板跨内所占面积上的操作荷载后产生的沿板跨均布线荷载：

$$q_2 = (8 \times 1.1 - 2 \times 0.5 \times 1)/1.1 = 7.09kN/m$$

板的绝对最大弯矩：

$$M_{max} = \frac{1}{8} \times 5.4 \times 3^2 + \frac{1}{8} \times 7.09 \times 1.1 \times 3\left(2 - \frac{1.1}{3}\right) = 10.85kN \cdot m$$

等效楼面均布活荷载标准值：

$$q_e = \frac{8M_{max}}{bl_0^2} = \frac{8 \times 10.85}{2.7 \times 3^2} = 3.57kN/m^2$$

3. 屋面活荷载

作用于房屋建筑屋面的活荷载除考虑一般的屋面均布活荷载以外，在寒冷降雪地区还有雪荷载，一些工业建筑可能有积灰荷载，屋顶设有花园的房屋有屋顶花园活荷载，屋顶设有排水沟的房屋要考虑水荷载，一些屋顶设置直升机停机坪的高层建筑，应考虑直升机荷载等。

（1）屋面均布活荷载

房屋建筑屋面分为上人屋面和不上人屋面。上人屋面是指设有通向屋面的楼梯。《建筑结构荷载规范》规定，房屋建筑的屋面其水平投影面上的屋面均布活荷载标准值及其组合值系数、频遇值系数和准永久值系数不应小于表 4-3 的规定。

屋面均布活荷载 **表 4-3**

项次	类　别	标准值（kN/m^2）	组合值系数	频遇值系数	准永久值系数
1	不上人的屋面	0.5	0.7	0.5	0
2	上人的屋面	2.0	0.7	0.5	0.4
3	屋顶花园	3.0	0.7	0.6	0.5
4	屋顶运动场地	3.0	0.7	0.6	0.4
5	直升机停机坪	5.0	0.7	0.6	0

上人的屋面，当兼作其他用途时，应按相应楼面活荷载采用。例如天台花园，一些多层工业建筑在屋面堆放物品等，则应按相应的荷载采用。

不上人的屋面，当施工或维修荷载较大时应按实际情况采用。在不同材料的结构设计中，可按有关设计规范的规定，将标准值作 0.2kN/m^2 的增减。不上人屋面活荷载主要是施工或维修荷载，所以荷载取值较低。这部分荷载的大小与施工方法材料堆放等有关，且具有临时性，施工及维修时，工程技术人员应根据情况采取措施，不要超过规定荷载。

表 4-3 中，屋顶花园活荷载不包括花圃土石等材料自重。

为了消防或应付一些突发事件，一些高层建筑的屋顶设置直升机停机坪。直升机停机坪除按上表中均布荷载考虑外，尚应根据直升机总重，按局部荷载考虑得到等效均布荷载，取两者中的不利者。局部荷载应按直升机实际最大起飞重量确定，当没有机型技术资料时，一般可按要求由轻、中、重 3 种类型的不同要求，按下述规定选用局部荷载标准值及作用面积：

轻型，最大起飞重量 2t，局部荷载标准值取 20kN，作用面积 0.20m×0.2m；

中型，最大起飞重量 4t，局部荷载标准值取 40kN，作用面积 0.25m×0.25m；

重型，最大起飞重量 6t，局部荷载标准值取 60kN，作用面积 0.30m×0.30m。

在进行屋面荷载计算时，对于不上人的屋面，其屋面均布活荷载可不与雪荷载同时组合，取两者中的较大者。此外，屋面均布活荷载是屋面的水平投影面上的荷载。

对于因屋面排水不畅、堵塞等引起的积水荷载，应采取构造措施加以防止，必要时，应按积水的可能深度确定屋面活荷载。在南方地区，屋面往往设有较深的排水沟，对排水沟板的活荷载一般按满水荷载考虑。

（2）屋面积灰荷载

屋面积灰荷载是冶金、铸造、水泥等工业建筑的特有问题，我国在结构设计中考虑了这部分荷载。屋面积灰荷载的大小与很多因素有关，例如除尘装置的使用维修情况、清灰制度、执行情况、风向和风速、烟囱高度、屋面坡度和屋面挡风板等。《建筑结构荷载规范》根据调查统计结果给出了一些厂房屋面积灰荷载标准值、组合值系数、频遇值系数和准永久值系数以供设计时采用。

对屋面上易形成灰堆处，当确定屋面板、檩条时，积灰荷载标准值应按《建筑结构荷载规范》的规定乘以增大系数：

在高低跨处两倍于屋面高差但不大于 6m 的分布宽度内取 2.0（图 4-8）；

在天沟处不大于 3m 的分布宽度内取 1.4（图 4-9）。

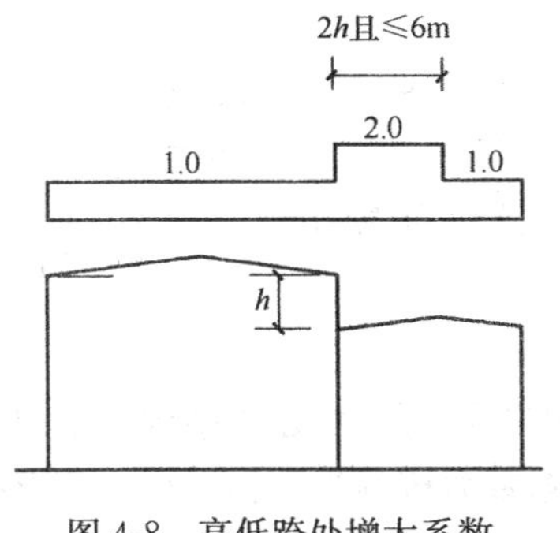

图 4-8　高低跨处增大系数

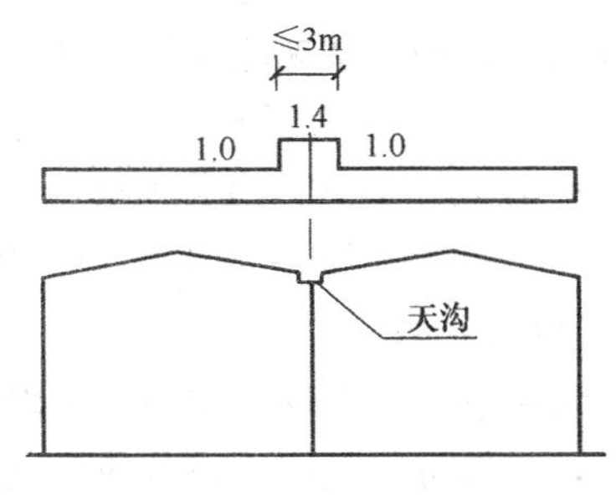

图 4-9　天沟处增大系数

积灰荷载应与雪荷载或不上人的屋面均布活荷载两者中的较大值同时考虑。

例 4-4　某机械厂铸造车间，设有 1t 冲天炉，车间的剖面图如图 4-10 所示，要求确定高低跨处的预应力混凝土大型屋面板设计时应采用的积灰荷载标准值及增大积灰荷载的范围。

解：该车间离低跨处屋面高差为 4m，按图 4-8 的规定，在屋面上易形成灰堆处增大积灰荷载的范围（屋面宽度）$b=2\times4=8$（m）>6m，故应取 $b=6$m。此范围的积灰荷载标准值 q_{ak}，除按《建筑结构荷载规范》中无挡风板情况且屋面坡度 $\alpha<25°$的规定取值外，尚应乘以增大系数 2，因此有：$q_{ak}=0.5\times2=1\text{kN/m}^2$。

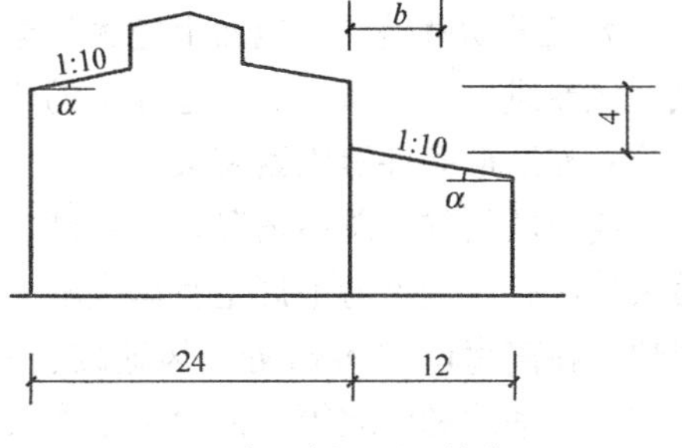

图 4-10　车间剖面图（单位：m）

4.2.3　施工、检修荷载和栏杆荷载

（1）施工和检修荷载标准值

设计屋面板、檩条、钢筋混凝土挑檐、悬挑雨篷和预制小梁时，施工或检修集中荷载（人及小工具的自重）标准值不应小于 1.0kN，并按其出现在最不利位置进行验算。

对于轻型构件或较宽的构件，当施工荷载有可能超过上述荷载时，应按实际情况验算，或采用加垫板、支撑等临时设施承受。

当计算挑檐、悬挑雨篷的承载力时，应沿板宽每隔 1m 考虑一个集中荷载；在验算挑檐、悬挑雨篷的倾覆时，应沿板宽每隔 2.5～3m 考虑一个集中荷载。

（2）栏杆活荷载标准值

当人靠在楼梯、看台、阳台和上人屋面等的栏杆时，则对栏杆有水平荷载作用。设计楼梯、看台、阳台和上人屋面等的栏杆时，作用于栏杆的活荷载标准值不应小于下列规定：

① 住宅、宿舍、办公楼、旅馆、医院、托儿所、幼儿园，栏杆顶部的水平荷载应取 1.0kN/m；

② 学校、食堂、剧场、电影院、车站、礼堂、展览馆或体育场，栏杆顶部的水平荷载应取 1.0kN/m，竖向荷载应取 1.2kN/m，其中水平荷载与竖向荷载应分别考虑。

施工荷载、检修荷载及栏杆荷载的组合值系数应取 0.7，频遇值系数应取 0.5，准永久值系数应取 0。

例 4-5 某体育场看台边缘的栏杆，高 1.2m，栏杆柱间距为 1m，埋入看台的钢筋混凝土板内（图 4-11），求设计栏杆柱的截面尺寸时，由栏杆水平荷载产生的弯矩标准值。

解： 按建筑结构荷载规范规定，体育场的栏杆顶部水平荷载标准值为 1.0kN/m，而本例体育场看台栏杆柱间距为 1m，所以栏杆柱顶部的水平荷载标准值 $F_k=1$kN，由此可得栏杆柱底部截面的弯矩标准值：

$$M = 1\times1.2=1.2\text{kN}\cdot\text{m}$$

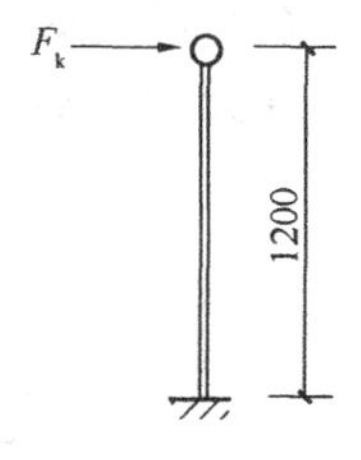

图 4-11 例 4-5 图

4.2.4 动力系数

搬运和装卸重物、车辆启动和刹车以及直升机的起降等，对建筑结构产生动力作用。结构设计时，一般可将重物或设备的自重乘以动力系数后按静力计算进行。动力系数一般可采用 1.1～1.3，直升机可取 1.4。

4.2.5 建筑结构的风荷载

1. 概述

众所周知，由于地球是一个球体，太阳对地球表面加热是不均匀的，从而导致地面上空大规模的大气运动。由于地球的自转以及地球表面陆地和海洋吸热的差异等因素的影响，使地面上空的大气运动非常复杂。

大气运动就是风。地面上空大气运动复杂，形成各类不同性质的大风，例如台风、季风、龙卷风、峡谷风等。对地面上的建筑物产生严重影响的风荷载，往往与所在地区的地理位置和地形条件等因素有关。

我国风气候的总体情况是：台湾、海南和南海诸岛，年年受台风的直接影响，是我国最大风区；东南沿海地区是我国大陆的最大风区。台风登陆后，受地面摩擦的影响，削弱很快，在离海岸 100km 处，风速减弱一半，因此台风对我国内陆影响一般比较小；我国的东北、华北和西北等北部地区是次大风区，等风压线梯度由北向南递减，与寒潮入侵路线一致，这些地区主要受季节风影响；青藏高原属于较大风区，这主要是由于海拔高所造成的；云贵高原和长江中下游是小风区，特别是四川中部、贵州、湘西和鄂西为我国最小风区，因为一般台风、寒潮风到此都大为减弱，甚至有些地区根本受不到台风和寒潮风的影响，空气常处于静止状态，这些地方的个别地区在夏天雨季常伴有大风，风速大，但影响范围小，持续时间短。

我国除了受季风、台风的影响之外，还有在特殊条件下形成的龙卷风，它的持续时间短，破坏力大，出现具有偶然性。

在天然的峡谷、高楼耸立的街道或具有山口的地形上，当气流遇到地面阻碍物时，大部分气流沿水平方向绕过阻碍物，形成峡谷风。

水平风从一个方向（顺风向）作用于建筑物时，建筑物表面上产生顺风向力，同时产生横风向力。大多数情况下，横风向力较顺风向力小得多，且结构顺风向风效应最大时，结构横风向风效应不一定最大。因此，一般情况下可以忽略横风向风效应，在结构抗风设计时可不予考虑。

风荷载是建筑物的主要荷载之一，它对高层建筑及一些大跨度建筑的影响尤为严重，是结构设计者十分重视的问题。在结构设计中，一方面要使结构有足够的抗风能力，另一方面要从结构的选型和建筑的体型等方面考虑，减小风对建筑的影响。

2. 与风荷载有关的几个概念

(1) 风级

风的大小是以风级划分的。根据风对地面或海面物体的影响程度，将风划分为 13 个等级。风速越大，风级越大。

(2) 风压

风在以一定的速度向前运动时，对阻碍物产生的压力，称为风压。风压与风速有关，可以根据风速按下式计算风压：

$$w = \frac{1}{2}\rho v^2 \tag{4-1}$$

式中 w——风压；

ρ——空气密度；

v——风速。

(3) 基本风压

基本风压是指在规定的标准条件下的风压。

根据风速可以求出风压。但是，不同条件下的风速是不同的，因而求出的风压也不相同。这样，就必须规定是在什么条件下的风压。

① 记录风速的标准高度

风在向前运动中，靠近地面部分与地面物体（例如房屋、树木等）的摩擦，使风速减小。由于空气本身具有一定的黏性，摩擦对沿高度方向的风速有不同的影响，离地面越近，摩擦力影响越大，风速越小，离开地面 300～500m 以上的地方，风速基本不受地面摩擦力的影响。为了便于对风速记录进行比较，就要规定记录风速的高度。我国各地气象台（站）记录风速的风速仪一般安装在 10m 左右高度处，因此，《建筑结构荷载规范》规定基本风压的标准高度是离地面 10m 处。

② 地面条件

一定高度风速的大小，和气流与地面物体的摩擦力大小有关，即与地面的粗糙度有关，地面粗糙度越大，风速越小。例如，高楼林立的大城市市区与空旷田野、乡村相比，地面的粗糙度不同，同一高度处，空旷田野、乡村的风速要大过高楼林立的大城市的风速。为了便于比较，必须规定基本风压的地面粗糙度条件。《建筑结构荷载规范》规定基本风压的标准地面条件是比较空旷平坦的地面。我国目前对气象台（站）的场地选择有明确的要求，必须设在周围是开阔平坦的市郊地区。

③ 基本风速的时距

风速仪记录的是瞬时风速，由于风速记录仪受其本身的限制，一般风速仪所测得的“瞬时”风速，实际上也只能表示时距 2～3s 以内的平均风速。既然平均风速是由在相应的时距中，将其瞬时风速相互抵消后所得的综合结果，那么，采用不同的平均时距就会得到不同的平均风速，时距越大，平均风速的变化愈小，而相应的平均风速最大值也愈小。为了取得可以相互比较的平均风速记录值，就应该规定一个统一的平均时距。我国的风速标准是取 10min 作为平均时距。

④最大风速的样本时间

为了便于比较，对统计最大风速的样本时间也应有统一的标准。以平均时距为 10 分钟为例，样本时间为 1 小时、1 天、1 年，其样本数不同，各样本时间中的最大风速也不相同，样本时间为 1 年的最大风速最大，样本时间为 1 天的最大风速最小。由于风一般每 1 年为一个自然周期，我国取 1 年作为统计最大风速的样本时间。

⑤基本风速的重现期

实际上，年最大风速是一个随机变量，与结构设计有关的是在结构使用期限内，风速的最大值，这个风速最大值称为基本风速。根据统计资料及我国的情况，《建筑结构荷载规范》规定基本风速的重现期为 50 年，即 50 年一遇的最大风速。

因此，基本风压是根据在比较空旷平坦的地面、离地面 10m 高处、50 年一遇 10min 的平均最大风速为标准，由风压和风速的关系式确定的风压值，即

$$w_0 = \frac{1}{2}\rho v_0^2 \tag{4-2}$$

式中 w_0 ——基本风压（kN/m^2）；

ρ ——空气密度，一般取 1.25（kg/m^3）；

v_0 ——平均 50 年一遇的基本风速（m/s）。

《建筑结构荷载规范》根据统计资料及上式计算给出了我国各地基本风压及全国基本风压分布图，可供计算时查用，但不得小于 $0.3kN/m^2$。对于高层建筑、高耸结构以及对风荷载比较敏感的其他结构，应按有关的结构设计规范适当提高基本风压。

当城市或建设地点的基本风压值在《建筑结构荷载规范》中没有给出时，基本风压值可根据当地年最大风速资料，按基本风压定义，通过统计分析确定。分析时应考虑样本数量的影响，选取的年最大风速数据，一般应有 25 年以上的资料；当无法满足时，也不得少于 10 年的风速资料。当地没有风速资料时，可根据附近地区规定的基本风压或长期资料，通过气象和地形条件的对比分析确定。

3. 风荷载标准值

风荷载标准值 w_k，是指建筑物某一高度处，垂直于其表面的单位面积上的风荷载，是当地基本风压和当地风压高度变化系数、结构的风荷载体型系数以及相应高度处的风振系数的乘积。

垂直于建筑物表面上的风荷载标准值，当计算主要承重结构时应按下式计算：

$$w_k = \beta_z \mu_s \mu_z w_0 \tag{4-3}$$

式中 β_z —— 高度 z 处的风振系数；

μ_s ——风荷载体型系数；

μ_z ——风压高度变化系数；

w_0 ——基本风压（kN/m^2）。

当计算直接承受风压的幕墙构件（包括门窗）的风荷载时，采用阵风系数，按下式计算：

$$w_k = \beta_{gz} \mu_{s1} \mu_z w_0 \tag{4-4}$$

式中 β_{gz} —— 高度 z 处的阵风系数；

μ_{s1} ——局部风压体型系数。

（1）风压高度变化系数 μ_z

风压高度变化系数 μ_z 的定义是：z 高度处的风压与基本风压 w_0 的比值。反映风压随不同场地、地貌和高度变化规律的系数。

某地的基本风压 w_0，可以根据当地的风速实测资料计算得到，或者直接根据《建筑结构荷载规范》给出的该地基本风压或全国分布图确定。要计算非标准高度处的风压值，就要确定风压高度变化系数 μ_z 。或者说，可以通过用风压高度变化系数 μ_z 对基本风压 w_0 的修正，得到任意高度处的风压。

如前所述，基本风压是离地面 10m 高度处的风压值，风压随高度而变化，离地面越近，风压越小。离地面 10m 高度处的风压高度变化系数 μ_z 为 1，则离地面 10m 以上高度处的风压高度变化系数 μ_z 大于 1，离地面 10m 以下高度处的风压高度变化系数 μ_z 小于 1。但是，这种变化规律与地面的房屋、树木等情况，即地面粗糙程度有关。地面粗糙度大的上空，平均风速小。我国《建筑结构荷载规范》把地面粗糙度分为以下 4 类：

A 类：近海海面、海岛、海岸、湖岸及沙漠地区；

B 类：田野、乡村、丛林、丘陵及房屋比较稀疏的乡镇及城市郊区；

C 类：有密集建筑群的城市市区；

D 类：有密集建筑群且房屋较高的城市市区。

根据经验和理论分析，不同地面粗糙度的风压高度变化系数 μ_z 分别按以下公式计算：

A 类： $\mu_z^A = 1.284\ (z/10)^{0.24}$

B 类： $\mu_z^B = 1.000\ (z/10)^{0.30}$

C 类： $\mu_z^C = 0.544\ (z/10)^{0.44}$

D 类： $\mu_z^D = 0.262\ (z/10)^{0.60}$

《建筑结构荷载规范》根据以上原则和公式制成了风压高度变化系数 μ_z 值表(表 4-4)，计算时可以直接查用。

风压高度变化系数 μ_z **表 4-4**

离地面或海平面高度（m）	地面粗糙度类别			
	A	B	C	D
5	1.09	1.00	0.65	0.51
10	1.28	1.00	0.65	0.51
15	1.42	1.13	0.65	0.51
20	1.52	1.23	0.74	0.51
30	1.67	1.39	0.88	0.51
40	1.79	1.52	1.00	0.60
50	1.89	1.62	1.10	0.69
60	1.97	1.71	1.20	0.77
70	2.05	1.79	1.28	0.84
80	2.12	1.87	1.36	0.91
90	2.18	1.93	1.43	0.98
100	2.23	2.00	1.50	1.04
150	2.46	2.25	1.79	1.33
200	2.64	2.46	2.03	1.58
250	2.78	2.63	2.24	1.81
300	2.91	2.77	2.43	2.02
350	2.91	2.91	2.60	2.22
400	2.91	2.91	2.76	2.40
450	2.91	2.91	2.91	2.58
500	2.91	2.91	2.91	2.74
≥550	2.91	2.91	2.91	2.91

对于山区的建筑物，应考虑地形对风荷载的影响。我国《建筑结构荷载规范》参考国外相应规范，规定对山峰和山坡上的建筑物，风压高度变化系数除按平坦地面的粗糙度类别确定外，还应根据地形条件对其修正。

对于远海海面和海岛的建筑物或构筑物，风压高度变化系数除按A类粗糙度类别确定外，还应按表4-5的修正系数 η 对其修正。

远海海面和海岛的修正系数 η **表4-5**

距海岸距离（km）	修正系数 η
<40	1.0
40～60	1.0～1.1
60～100	1.1～1.2

(2) 风荷载体型系数 μ_s

风荷载体型系数是指风作用在建筑物表面所引起的实际压力（或吸力）与基本风压的比值。它表示建筑物表面在稳定风压作用下的静态压力分布规律，主要与建筑物的体型和尺寸有关。

根据风速确定的风压，仅表示以一定的速度向前运动的气流因受阻碍而完全停滞的情况下，对障碍物表面产生的压力。而实际的工程结构物并不能使作用在其表面的气流完全停滞，只能使气流以不同的方式从结构表面绕过（图4-12），或者说结构物干扰了气流，使其改变流动方式。因此，结构物表面所受的实际风压并不是前述根据风速确定的风压，在计算公式中应以风荷载体型系数 μ_s 对基本风压进行修正。

气流受结构物干扰而改变流动方式是一个很复杂的问题。当物体截面为流线型时，具有黏性的气流可从物体表面流过，在物体表面形成一层很薄的具有速度梯度的边界层。自由气流经过一个非流线型截面的柱形物体（或称纯体），气流受到干扰后，从物体的边缘某处发生脱体，气流分隔成外区和尾涡区两部分（图4-13）。外区的气流几乎不受流体黏性的影响，所以，对于外区气流，可视作理想气体，应用伯努利方程来确定气流压力和速度的关系。尾涡区的气流受黏性和湍流运动的影响，能量发散比较显著，已不能再应用伯努利方程来确定气流状态。尾涡区的压力与边界层边缘的气流速度有关，而该边缘的气流速度又与尾涡区的形状有关，尾涡区的形状又与物体的截面形状有关。要完全用理论的方

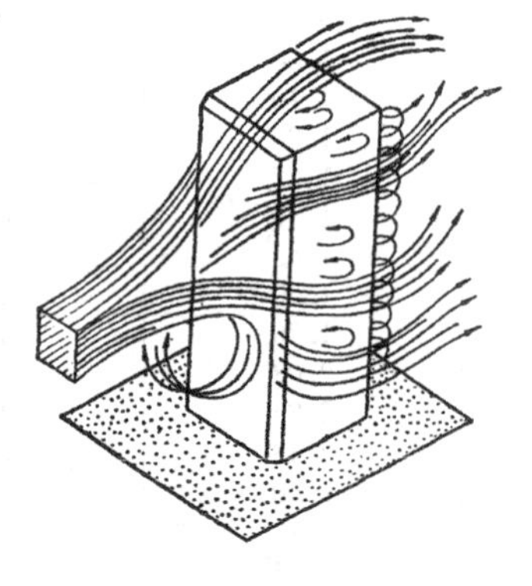

图4-12　气流绕过结构表面

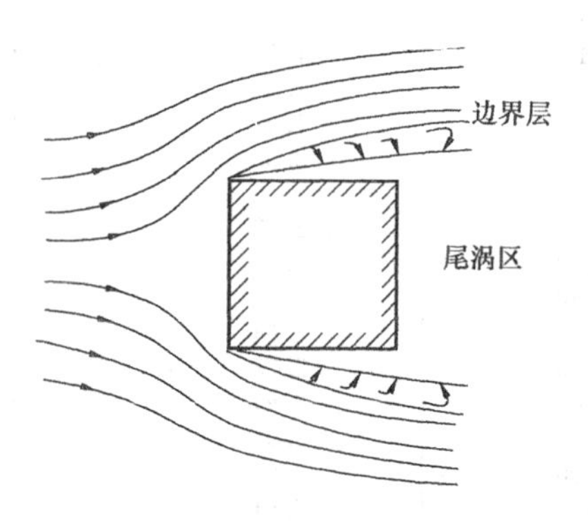

图4-13　气流受到干扰后分区

法确定气流对结构物表面的实际压力（或确定风荷载体型系数 μ_s），目前还做不到，一般是用风洞试验的方法确定结构物的风荷载体型系数 μ_s 。

风压实际上是房屋的外表面与内表面压力差。图 4-14 所示，房屋的迎风面，由于气流受到阻碍，速度减小，气压增大，房屋外表面压力大于内表面压力，房屋外表面受压。房屋的背风面，由于房屋对气流产生干扰，气流截面收缩，流速增大，在这里形成负压区，房屋外表面压力小于内表面压力，房屋的背风面外表面受负风压（吸力）。

图 4-15 为双坡房屋的侧立面和平面在风作用时各部位的体型系数。在屋顶部分，由于坡度不同，体型系数也不相同。

房屋的同一部位（例如图 4-15 中迎风面外墙的中部和两端部）的体型系数不一定相同，为了使用方便，取该部位体型系数平均值，作为该处风荷载体型系数。例如图中迎风面外墙的风荷载体型系数取＋0.8。

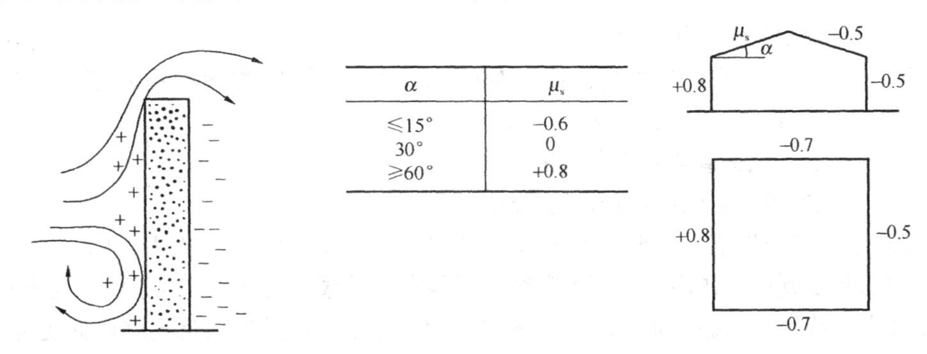

α	μ_s
≤15°	−0.6
30°	0
≥60°	+0.8

图 4-14　房屋外表面风压　　　　图 4-15　风荷载体型系数

我国《建筑结构荷载规范》中，根据实测结果给出了各种体型房屋的风荷载体型系数，供设计时使用。在附录三中列出了部分常见体型房屋的风荷载体型系数。

当计算围护构件及其连接的风荷载时，局部风压体型系数 μ_{s1} 可按《建筑结构荷载规范》中的规定取值，对檐口、雨棚、遮阳板、装饰条等突出构件，取－2.0；对其他房屋和构筑物可按附录三给定的体型系数的 1.25 倍取值。

对于体型复杂的建筑，一般应通过风洞试验确定风荷载体型系数。

当多个建筑物特别是群集的高层建筑，相互间距离较近时，宜考虑风力相互干扰的群体效应；一般可将单独建筑物的体型系数乘以相互干扰增大系数。根据国内试验研究资料，当建筑物距离上游建筑物小于 3.5 倍的房屋宽度或 0.7 倍高度时，其影响最大；当距离扩大一倍后，影响将降到最小；当两个建筑物轴心连线与风向交角在 30°～45°时，影响为最大；当相邻建筑物超过两个时，其影响大小与两个建筑物的情况接近，对两侧建筑物的影响比中间的要大。

（3）风振系数 β_z

风振系数是反映风速中高频脉动部分对建筑结构不利影响的风压动力系数。

在风的顺风向风速时程曲线中，包括两种成分，一种是长周期成分，另一种是短周期成分。根据风的这一特点，一般把顺风向的风效应分解为平均风（即稳定风）和脉动风来分析。平均风相对稳定，其周期较长，远大于一般结构的自振周期，虽然平均风本质上也是动力的，但其对结构的动力影响很小，可将其等效为静力侧向荷载，忽略其对结构的动力影响。前述的基本风压表示的是平均风（即稳定风）。但是，由于风的不规则性引起的强度随时间随机变化的脉动风，其周期较短，可能与某些工程结构的自振周期较接近，容易引起结构顺风向振动（风振），对结构产生不利影响。因此，对一些自振周期与脉动风周期较接近的结构，必须考虑脉动风对结构的动力影响。我国荷载规范是通过风振系数反映脉动风对结构的动力影响的。

实测资料表明，对一般房屋，由于整体刚度较大，受脉动风的影响较小，而对高层建筑及其他柔性结构，就不能忽略风荷载的脉动影响。《建筑结构荷载规范》规定，对于高度大于30m且高宽比大于1.5的房屋和基本自振周期 T_1 大于0.25s的各种高耸结构，以及跨度在36m以上的大跨度屋盖结构，均应考虑风压的脉动对结构发生顺风向风振的影响。

高耸结构和高层建筑在 z 高度处的风振系数 β_z 可按下式计算：

$$\beta_z = 1 + 2gI_{10}B_z\sqrt{1+R^2} \tag{4-5}$$

式中　g——峰值因子，可取2.5；

I_{10}——10m高度名义湍流强度，对应A、B、C和D类地面粗糙度，可分别取0.12、0.14、0.23和0.39；

R——脉动风荷载的共振分量因子；

B_z——脉动风荷载的背景分量因子。

《建筑结构荷载规范》给出了 R 和 B_z 的具体计算公式和图表，可以查用。

当建筑物受到风力作用时，不但顺风向可能发生风振，而且在一定条件下也能发生横风向的风振。横风向风振都是由不稳定的空气动力形成的，其性质远比顺风向更为复杂，其中包括漩涡脱落、驰振、颤振、扰振等空气动力现象。

对圆截面柱体结构，当发生漩涡脱落时，若脱落频率与结构自振频率相符，将出现共振。我国《建筑结构荷载规范》规定，对圆形截面的结构应按雷诺数的不同情况进行横风向风振的校核。一般情况下，当风速在亚临界或超临界范围内时，只要采取适当构造措施，就不会对结构产生严重影响，即使或临界发生微风共振，结构可能对正常使用有些影响，但也不至于破坏。设计时，只要按规范公式的要求控制结构顶部风速即可。但当风速进入跨临界范围内时，结构有可能出现严重的振动，甚至于破坏，对此必须引起注意。

（4）阵风系数 β_{gz}

计算直接承受风压的幕墙构件（包括门窗）的风荷载时，采用阵风系数而不采用风振系数。因为玻璃幕墙等结构或构件的变形能力很差，其自振周期与脉动风周期相差很大，脉动引起的振动影响很小，可不考虑风振。但是由于风压的脉动，瞬时的风压比平均风压高出很多，因而考虑乘以风压脉动的阵风系数。

《建筑结构荷载规范》参考国外规范的取值水平，规定在计算幕墙结构（包括门窗）的风荷载时，采用阵风系数，并给出了阵风系数 β_{gz} 值供设计时使用。

对于围护结构构件风荷载计算，可根据设计经验，仅通过局部风压体型系数予以增大而不考虑阵风系数。

风荷载的组合值系数、频遇值系数和准永久值系数可分别取0.6、0.4和0。

4. 风荷载的计算

风荷载是建筑结构的主要荷载之一，它不仅使结构产生内力，而且产生侧向位移，它对高层建筑及高耸的柔性结构尤为重要。

风荷载一般是水平作用于建筑结构，沿建筑物高度方向大致成倒三角形分布。在实际工程中为了简化计算，对单层或多层混合结构、单层厂房排架结构等建筑，一般选择一个或几个有代表性单元，计算水平风荷载；对于钢筋混凝土框架结构等高层建筑，一般将风荷载简化为作用于各楼层处的集中力，现以以下例题说明风荷载的计算方法。

例 4-6 有一建于某市郊区的单层工业厂房，其平面图与剖面图如图 4-16 所示。该地区基本风压值 $w_0=0.45\text{kN/m}^2$，该厂房的风荷载体型系数如图 4-17 所示。计算该厂房横向风荷载标准值。

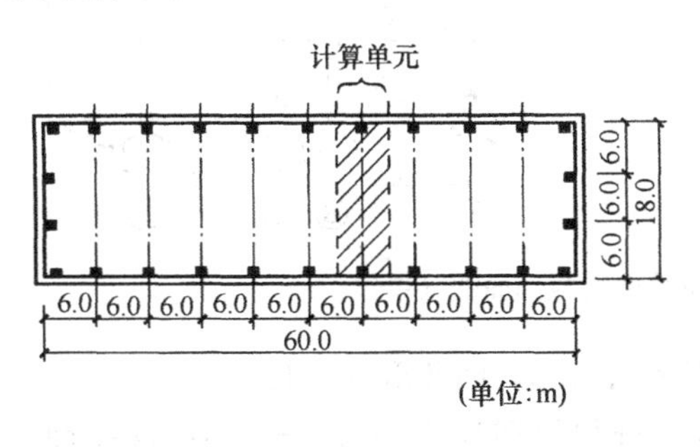

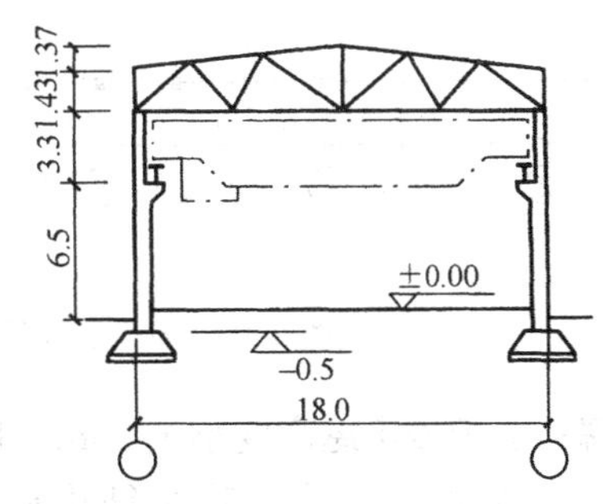

图 4-16　某单层工业厂房平面图与剖面图

解： 对单层工业厂房进行内力计算时一般取一榀有代表性的排架作为计算单元，本题取中间轴线上的一榀排架计算风荷载。阴影范围内的竖向荷载及风荷载均由该榀排架承受，其受风面宽度为 6m。

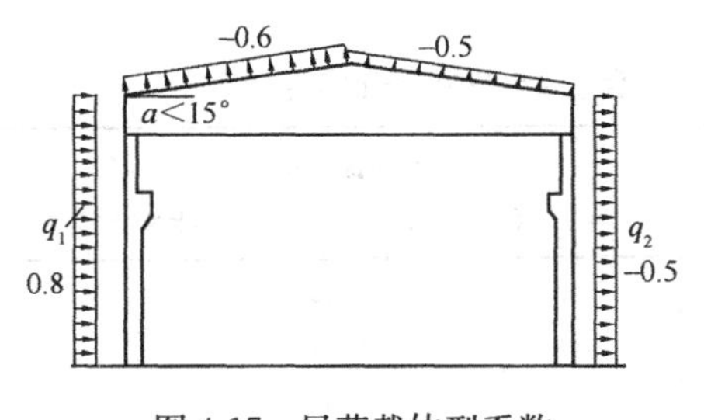

图 4-17　风荷载体型系数

风压高度变化系数按 B 类地面粗糙度取值。由于柱顶及屋架端侧面离室外地面高度均接近于 10m，其风荷载高度变化系数与离地面 10m 高处相差很少，所以近似取 $\mu_z=1$；屋面斜坡的风荷载高度变化系数，按屋脊离室外地面高度确定，屋脊离室外地面高度为 12.6m，取 $\mu_z=1.07$。由于该房屋高度小于 30m，且高宽比小于 1.5，因此取 $\beta_z=1$。

基本风压值：$w_0=0.45\text{kN/m}^2$

风荷载标准值：$w_k=\beta_z\mu_s\mu_z w_0$

迎风面　$w_{k1}=1\times1\times0.8\times0.45=0.36\text{kN/m}^2$

$q_1=0.36\times6=2.16\text{kN/m}$

背风面　$w_{k2}=1\times1\times0.5\times0.45=0.23\text{kN/m}^2$

$q_2=0.23\times6=1.38\text{kN/m}$

作用于柱顶的风荷载（简化为集中力）：

$$W=0.8\times0.45\times1.43\times6+0.5\times0.45\times1.43\times6+(-0.6+0.5)\times1.07\times0.45\times1.37\times6=4.64\text{kN}$$

排架在风荷载标准值作用下的计算简图如图 4-18 所示。

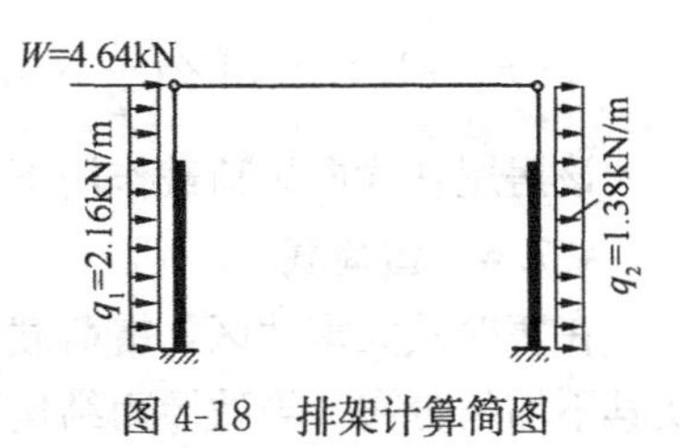

图 4-18　排架计算简图

例 4-7 有一建在湖岸边的 4 层框架结构房屋，其平面图与剖面图如图 4-19 所示。已知该地区基本风压 $w_0=0.75\text{kN/m}^2$，计算该房屋横向所受到的水平风荷载标准值。

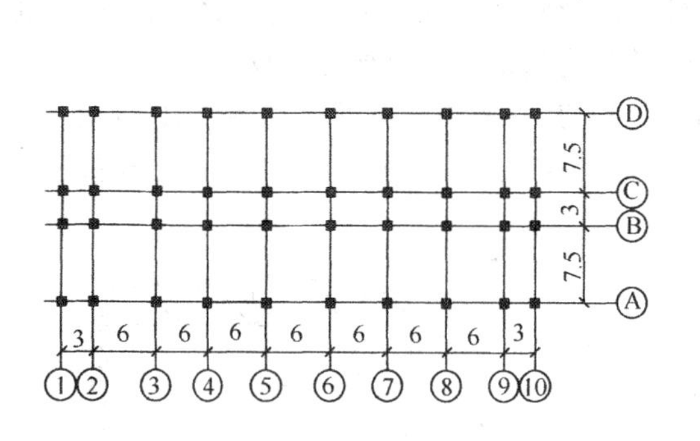

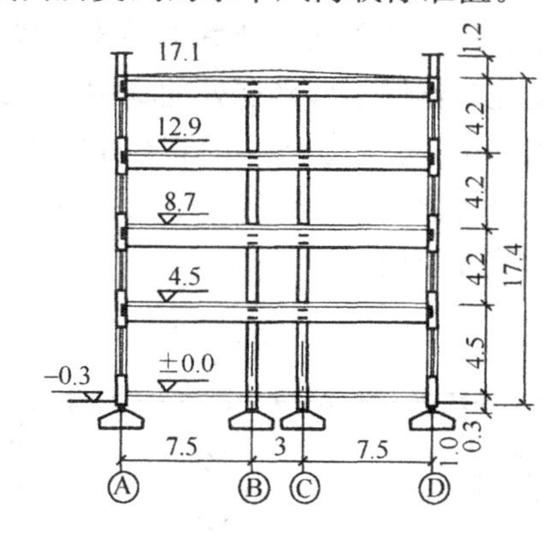

图 4-19 某 4 层框架结构房屋平面图与剖面图（单位：m）

解： 由于该房屋高度小于 30m，且高宽比小于 1.5，因此取 $\beta_z=1$；

体型系数 μ_s 可由《建筑结构荷载规范》查得，迎风面 $\mu_s=+0.8$；背风面 $\mu_s=-0.5$。

高度变化系数 μ_z 按 A 类地面粗糙度按取值，根据各层楼面处至室外地面高度查表 4-4，用插入法确定各楼面处的 μ_z 值。

各层楼面高度处风荷载标准值按 $w_k=\beta_z\mu_s\mu_z w_0$ 计算，结果列表如下：

离地面高度 (m)	μ_z	$w_k=\beta_z\mu_s\mu_z w_0$ $=1\times(0.8+0.5)\times\mu_z\times0.75(\text{kN/m}^2)$
4.8	1.09	1.06
9.0	1.24	1.21
13.2	1.37	1.34
17.4	1.47	1.43

将作用在墙面沿高度方向的分布荷载，简化为作用在各楼层处的集中力。

受风面宽度取房屋纵向长度：$B=48\text{m}$；各楼层处受风面高度取上下层高各半之和，顶层取至女儿墙顶，则

$$P_1=1.06\times48\times\frac{1}{2}(4.8+4.2)=228.7\text{kN}$$

$$P_2=1.24\times48\times\frac{1}{2}(4.2+4.2)=250.0\text{kN}$$

$$P_3=1.37\times48\times\frac{1}{2}(4.2+4.2)=276.2\text{kN}$$

$$P_4=1.47\times48\times\left(\frac{1}{2}\times4.2+1.2\right)=232.8\text{kN}$$

P_4 232.8kN　P_3 276.2kN　P_2 250.0kN　P_1 228.7kN

该框架表示各横向框架之综合

图 4-20 房屋计算简图

该房屋在横向风荷载作用下计算简图如图 4-20 所示。

4.2.6 雪荷载

在寒冷及大雪地区，雪荷载是房屋屋面结构的主要荷载之一。在这些地区，因雪荷载及其不均匀分布，导致屋面结构以至整个结构破坏的事例常有发生。尤其是一些大跨度结

构及轻型结构，一般采用较轻型屋面，雪荷载可能超过屋面荷载甚至超过很多，不均匀分布的雪荷载还可能使结构受力形式改变，因此，这些结构对雪荷载非常敏感。例如，意大利米兰体育馆，直径126m，鞍形索网结构屋盖，1985年因屋顶积雪厚达0.75m而发生重大破坏。在寒冷及大雪地区，合理确定雪荷载的大小及其在屋面的分布，将直接影响这类结构的安全性、适用性和经济性。

1. 我国雪荷载的分布特点

雪荷载的大小与地区有关。我国幅员辽阔，从南到北，基本雪压值差异较大。我国雪荷载的分布有如下特点：

新疆北部，由于冬季受北冰洋南来的冷湿气流的影响，雪量最丰富，且阿尔泰山、天山等山脉对气流有阻滞和抬升作用，更利于降雪。而且由于温度低，积雪可整个冬季不融化，新雪覆盖老雪，形成了特大雪压，新疆北部是我国突出的雪压高值区。在阿尔泰山区雪压值达$1kN/m^2$。

在东北地区，由于气旋活动频繁，并有山脉对气流的抬升作用，冬季多降雪天气。同时，因气温低，有利于积雪。因此，大小兴安岭及长白山区是我国又一个雪压高值区。黑龙江省北部和吉林省东部的广泛地区，雪压可达$0.7kN/m^2$以上。但是，吉林西部和辽宁北部地区，因地处大兴安岭的东南背风坡，气流有下沉作用，不易降雪，积雪不多，雪压仅为$0.2kN/m^2$左右。

长江中下游及淮河流域是我国南方地区的一个雪压高值区。该地区冬季积雪情况不很稳定，有些年份一冬无积雪，而某些年份，在某种异常天气条件下，积雪很深，也会带来雪灾。

川西，滇北山区，因海拔高，温度低湿度大，降雪较多而不易融化，雪压也较高。但该区的河谷内，由于落差大，高度相对低和气流下沉增温作用，积雪不多。

华北及西北大部地区，冬季温度虽低，但水汽不足，降水量较少，雪压也相应较小。

2. 雪荷载的计算方法

雪荷载是屋面活荷载，计算出其标准值后，可像其他荷载一样计算荷载效应。

雪荷载标准值，是指作用在屋面水平投影面的单位面积上的雪荷载，以当地基本雪压和屋面积雪分布系数的乘积表示。

雪荷载标准值s_k按下式计算：

$$s_k = \mu_r s_0 \tag{4-6}$$

式中 s_0——基本雪压（kN/m^2）；

μ_r——屋面积雪分布系数。

3. 基本雪压s_0

(1) 雪压和基本雪压的概念

所谓雪压，是指单位面积地面上积雪的自重，它是积雪深度与积雪重度的乘积。为了便于不同地区雪压的比较，如基本风压一样，给雪压规定了标准条件，在标准条件下的雪压称为基本雪压。我国《建筑结构荷载规范》规定的基本雪压，是以当地一般空旷平坦地面上统计所得50年一遇最大积雪的自重确定的雪压，即采用50年重现期的雪压，对雪荷载敏感的结构，应采用100年重现期的雪压。

(2) 基本雪压的确定方法

雪压是积雪深度与积雪重度的乘积。因此，决定雪压大小的因素是雪深和雪密度。其中雪密度的变化范围较大，对雪压值的影响也较大。

雪密度是一个随时间及空间变化的随机变量，它随积雪厚度、积雪时间的长短及地理气候条件等因素的变化而有较大幅度的变异。新鲜下落的雪其密度较小，为 50～100kg/m^3。当积雪达到一定厚度时，积存在下层的雪由于受到上层雪的压缩其密度增加。越靠近地面，雪的密度越大；雪深越大，其下层的密度也越大。

在寒冷地区，积雪时间一般较长，甚至存留整个冬季。随着时间的延续，积雪由于受到压缩、融化、蒸发及人为搅动等，其密度不断增加。从冬初到冬末，雪密度几乎可能相差 2 倍。

雪深度也是随机变量，作为年最大值，可以根据气象台站记录的资料统计得到。但是，最大雪深和最大雪密度两者并不一定同时出现。《建筑结构荷载规范》采用简化的方法，根据我国 672 个气象台站记录的资料及目前条件，以该地区统计 50 年一遇的最大雪深，乘以该地区平均积雪密度，作为该地区的基本雪压。

《建筑结构荷载规范》给出了全国基本雪压分布图，图中对有些地区未给出雪压值，如云南、广东、台湾、海南等地，其中有些为无雪地区，但是有些地方还是降雪的，不过统计资料不足，图中没有给出。

《建筑结构荷载规范》规定，在有雪地区，当城市或建设地点的基本雪压值在全国基本雪压分布图中没有给出明确数值时，可按以下方法确定：

①当地有 10 年以上的年最大雪压资料时，可通过对资料的统计分析确定其基本雪压；

②当地的年最大雪压资料不足 10 年，可通过与有长期资料或有规定基本雪压的附近地区进行对比分析确定其基本雪压；

③当地没有雪压资料时，可通过对气象和地形条件的分析，并参照全国基本雪压分布图上的等压线用插入法确定其基本雪压。

世界各国基本雪压的确定不尽相同，例如其重现期，美国及欧洲大部分国家取用 50 年一遇，有些国家采用 30 年一遇。我国《建筑结构荷载规范》对一般结构采用 50 年一遇，对雪荷载敏感的结构，采用 100 年一遇。

(3) 山区基本雪压

山区的积雪通常比附近平原地区的积雪要大，并且随山区地形、海拔高度的增加而增大。其中，主要原因是由于海拔较高地区的气温较低，从而使降雪的机会增多，积雪的融化延缓。因此，有必要考虑雪压沿海拔高度变化的关系，以合理确定山区基本雪压。我国对山区雪压的研究还很少，《建筑结构荷载规范》根据经验，采用以山区附近平原地区的基本雪压为参考值，提高 20%后作为山区基本雪压。

雪荷载的组合值系数可取 0.7；频遇值系数可取 0.6；准永久值系数按不同地区分别取 0.5、0.2 和 0。根据以上系数可以计算出荷载的组合值、频遇值和准永久值。

4. 屋面的雪压及其分布

基本雪压是针对地面上的积雪荷载定义的。屋面的雪荷载由于多种因素的影响，往往与地面雪荷载不同。造成屋面积雪与地面积雪不同的主要原因是风的影响、屋面形式、屋面散热等。具体表现在雪的漂积、滑移、融化及结冰等。这些因素可能导致对结构最不利的积雪分布，最终可能引起结构破坏。

（1）风对屋面积雪的影响

在下雪过程中，风会把部分本将飘落在屋面上的雪吹积到附近的地面上或其他较低的物体上，这种影响称为风的漂积作用。

当风速较大或房屋处于迎风位置时，部分已经积在屋面上的雪会被风吹走，从而导致平屋面域小坡度（坡度小于10°）屋面上的雪压普遍比邻近地面上的雪压要小。前苏联、加拿大等国家的调查表明，屋面雪荷载小于地面雪荷载。美国和加拿大等国在规范中考虑了这一因素，目前我国规范未考虑这一因素。

在高低跨屋面的情况下，由于风对雪的漂积作用，会将较高屋面的雪吹落在较低屋面上，在低屋面上形成局部较大的漂积荷载。在某些场合，这种积雪非常严重，最大可出现两倍于地面积雪的情况。低屋面上这种漂积雪的大小及其分布形状，与高低屋面的高差有关。当高差不太大时，漂积雪将沿墙根在一定范围内呈三角形分布，如图4-21所示；当高差较大时，靠近墙根的积雪一般不十分严重。漂积雪将分布在一个较大的范围内。

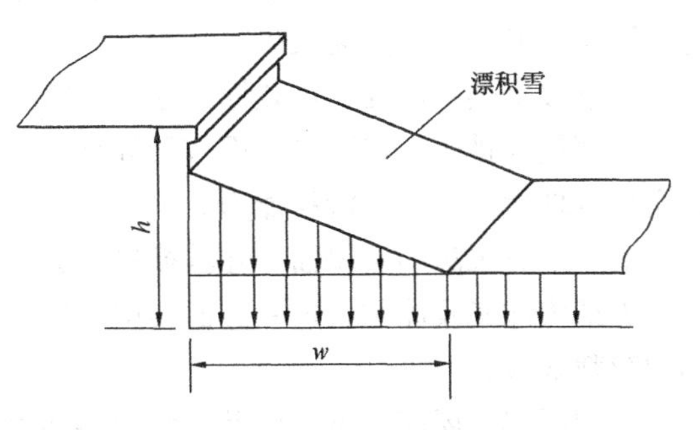

图4-21　高低屋面上漂积雪的分布

对多跨坡屋面及曲线型屋面，屋谷附近区域的积雪比屋脊区大，其原因之一是风作用下的雪漂积，屋脊区的部分积雪被风吹积在屋谷区内。图4-22为在加拿大渥太华一多跨坡屋面测得的一次实际积雪分布情况。

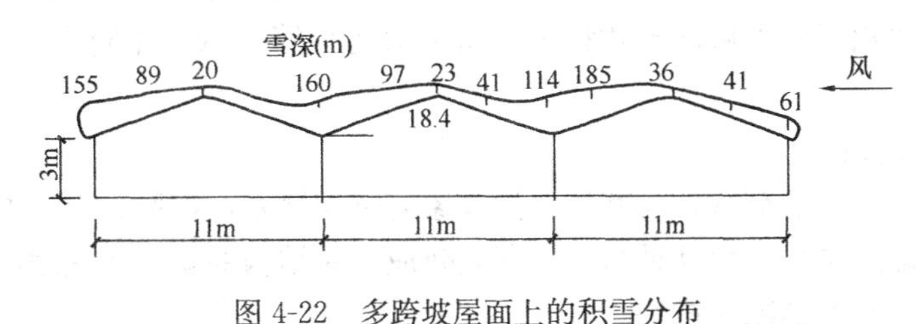

图4-22　多跨坡屋面上的积雪分布

（2）屋面坡度对积雪的影响

屋面雪荷载与屋面坡度密切相关，一般随坡度的增加而减小，主要原因是风的作用和雪滑移所致。

当风吹过屋脊时，在屋面的迎风一侧会因“爬坡风”效应风速增大，吹走部分积雪。坡度越陡这种效应越明显。在屋脊后的背风一侧风速下降，风中夹裹的雪和从迎风面吹过来的雪往往在背风一侧屋面上漂积。因而，对双坡屋面及曲线型屋面，风作用除了使总的屋面积雪减少外，还会引起屋面的不平衡积雪荷载。

当屋面坡度大到某一角度时，积雪就会在屋面上产生滑移或滑落，坡度越大滑落的雪越多。屋面表面的光滑程度对雪滑移的影响较大，对一些类似铁皮屋面、石板屋面这样的光滑表面，雪滑移更易发生，而且往往是屋面积雪全部滑落。根据加拿大对不同坡度屋面的雪滑移观测研究，当坡度大于10°时就有可能产生雪滑移。对于双坡屋面，当一侧受太阳辐射而使靠近屋面层的积雪融化形成薄膜层时，由于摩擦力减小，这一侧的积雪会发生滑落。这种情况，可能形成一坡有雪，另一坡完全滑落的不平衡雪荷载。

雪滑移带来的另一问题是，滑落的雪堆积在与坡屋面邻接的较低屋面上。这种堆积，可能出现很大的局部堆积雪荷载，结构设计时应加以考虑。

《建筑结构荷载规范》规定，对双坡屋面需考虑均匀雪载分布和不均匀雪载分布两种情况。

(3) 屋面温度对积雪的影响

冬季采暖房屋的积雪一般比非采暖房屋小，这是因为屋面散发的热量使部分积雪融化，同时也使雪滑移更易发生。

不连续加热的屋面，加热期间融化的雪在不加热期间可能重新冻结。并且冻结的冰碴可能堵塞屋面排水，以致在屋面较低处结成较厚的冰层，产生附加荷载。重新冻结的冰雪还会减低坡屋面上的雪滑移能力。

对大部分采暖的坡屋面，在其檐口处通常是不加热的。因此融化后的雪水常常会在檐口处冻结为冰凌及冰坝。这一方面会堵塞屋面排水，出现渗漏；另一方面会对结构产生不利的荷载效应。

如前所述，屋面积雪在风及屋面散热和太阳辐射等因素的共同影响下，将出现漂积、滑移、融化、结冰等多种效应，从而使实际的屋面积雪情况复杂多变。

不同的屋面形式将有不同的积雪分布。在同一屋面的不同区域的积雪分布也有不同。《建筑结构荷载规范》用屋面积雪分布系数 μ_r 来考虑这些因素的影响，μ_r 是反映不同形式的屋面所造成的不同积雪分布状态的系数，也是屋面雪压标准值与当地基本雪压的比值。因此，屋面雪荷载标准值 s_k，可由屋面积雪分布系数 μ_r 对基本雪压 s_0 修正而得到。《建筑结构荷载规范》给出了常见屋面形式积雪分布系数的计算图示（见附录四），供设计人员参考和使用。

5. 特殊的雪荷载

雪荷载作为一种自然荷载，与其他自然现象有密切联系，如风、雨、温度等。雪与这些自然现象有可能对结构产生某种综合的荷载效应。对结构的安全及使用影响较大的有雪加雨荷载、积水荷载及结冰荷载等。

(1) 雪加雨荷载

寒冷地区的积雪通常要从冬季延续到次年初春，这期间可能遇上下雨。积雪会像海绵那样把雨水暂时吸收，给结构施加雪加雨附加荷载。大雨产生的屋面短时间附加荷载有可能很大，其大小取决于下雨的持续时间、雨量、当时的气温以及积雪厚度和屋面的排水性能等。当气温较低时，雨水就可能长时间积聚在屋面积雪中。美国荷载规范建议在积雪期间可能出现雨水的地区，屋面雪荷载应考虑增加适当的雪加雨附加荷载。其中规定：对屋面坡度小于 1/24 的房屋取附加荷载为 240Pa，屋面坡度大于 1/24 的房屋可不考虑增加。

(2) 积水荷载和结冰荷载

平屋面或坡度很小（小于 10°）的自然排水屋面，建成后可能会有一些不易排水的低洼 区。融化后的雪水将在这些区城积聚，形成局部的积水荷载。随着雪水不断流向这些低洼区，屋面变形会不断增加，从而形成较深的积水。如果屋面结构不具备足够的刚度以抵抗这种变形，这种局部的积水荷载和由其引起的变形会交替增加，最终可能导致结构破坏。

在寒冷地区，融化的雪水可能重新冻结，堵塞屋面排水，从而形成局部的屋面冰层，尤其在檐口及天沟处可能形成较大的结冰荷载。设计人员应尽可能选择合理的排水坡度和屋面排水设施，以保证足够的结构刚度。以减少屋面积水的可能性。设计时还应考虑雪荷载作用下屋面结构变形这一因素。

关于特殊雪荷载如何考虑，目前我国荷载规范还没有规定，设计者应根据实际情况考虑这一问题。

例题 4-8 某仓库屋盖为黏土瓦、木望板、木椽条、圆木檩条、木屋架结构体系（图 4-23）屋面坡度 $\alpha=26.56°$（$26°34'$），木檩条沿屋面方向间距 1.5m，计算跨度 3m，该地区基本雪压为 0.35kN/m^2，求作用在檩条上由屋面积雪荷载产生沿檩条跨度的均布线荷载标准值。

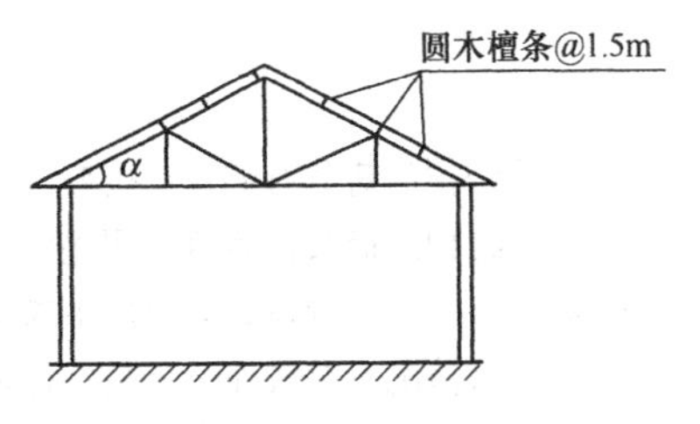

图 4-23　例 4-8

解：檩条积雪荷载应按不均匀分布的最不利情况考虑。本例题的屋面类别为单跨双坡屋面，查屋面积雪分布系数为 $1.25\mu_r$，由于屋面坡度为 $\alpha=26.56°$，插入法求得：$\mu_r=1-\dfrac{1.56}{5}\times0.2=0.94$

计算檩条荷载时，屋面水平投影面上的雪荷载标准值：

$$s_k = 1.25\mu_r s_0 = 1.25\times0.94\times0.35 = 0.41\text{kN/m}^2$$

由于檩条沿屋面方向的间距为 1.5m，因此，由雪荷载产生的檩条上均布线荷载标准值为：

$$q_s = s_k\cdot1.5\cos\alpha = 0.41\times1.5\times\cos 26.56° = 0.55\text{kN/m}$$

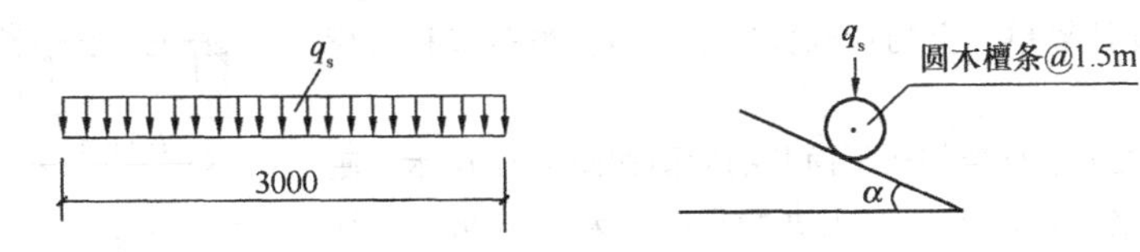

图 4-24　檩条上均布线荷载标准值

例题 4-9 某高低屋面房屋，其屋面承重结构为现浇钢筋混凝土双向板（平面、剖面见图 4-25）。当地的基本雪压为 0.45kN/m^2，求设计高跨及低跨钢筋混凝土屋面板时应考虑的雪荷载标准值。

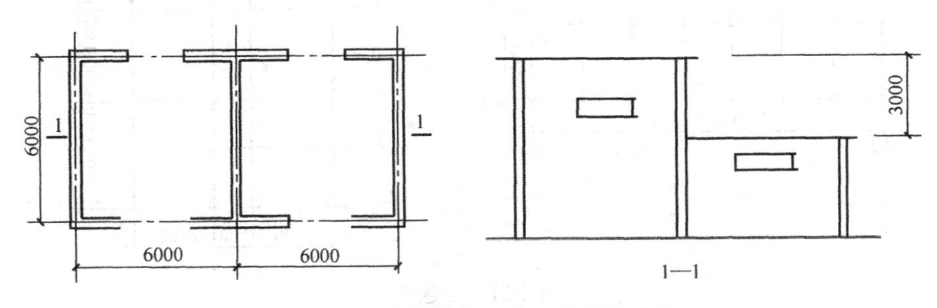

图 4-25　某高低房屋平面图及剖面图

解：屋面类别，属于附录四屋面积雪分布系数 μ_r 中第 8 项的高低屋面。

设计高跨钢筋混凝土屋面板时应考虑的雪荷载标准值：

$$s_k = \mu_r s_0 = 1.0 \times 0.45 = 0.45 kN/m^2$$

设计低跨钢筋混凝土屋面板时应考虑的雪荷载标准值：

$$s_k = \mu_r s_0 = 2 \times 0.45 = 0.9 kN/m^2$$

由于高低屋面的差值 h=3m，不均匀积雪的分布范围 $a = 2h = 2 \times 3 = 6m$，已覆盖低跨屋面范围，因此均布面荷载 0.9kN/m² 作用于整个低跨板面上。

思 考 题

1. 建筑结构的荷载有哪些？按照第 2 章的荷载分类，它们属于什么类型的荷载？
2. 建筑结构的荷载代表值有哪些？怎样确定它们？
3. 对于《建筑结构荷载规范》中未有规定的楼面活荷载，其标准值如何确定？
4. 在什么情况下对楼面活荷载进行折减？为什么要折减？
5. 如何理解楼面等效均布活荷载的“等效”？
6. 《建筑结构荷载规范》确定基本风压 w_0 的“标准条件”是什么？
7. 什么是风荷载标准值 w_k？w_k 的大小与哪些因素有关？试指出主体承重结构风荷载标准值计算公式中 $w_k = \beta_z \mu_s \mu_z w_0$ 各项符号的意义。

习 题

1. 一住宅的单跨简支钢筋混凝土板，板厚 80mm，跨度 l=3.3m。板面为水磨石地面，板底 15mm 厚纸筋灰抹底，求板跨中处最大设计弯矩。

2. 某一宿舍走廊单跨简支板如图 4-26 所示，板厚 100mm，板面层做法为 20mm 厚水泥砂浆面层，板底抹灰为 15mm 厚纸筋石灰浆。求该板在 1.0m 宽度计算单元上的荷载标准值（包括恒荷载和活荷载）。

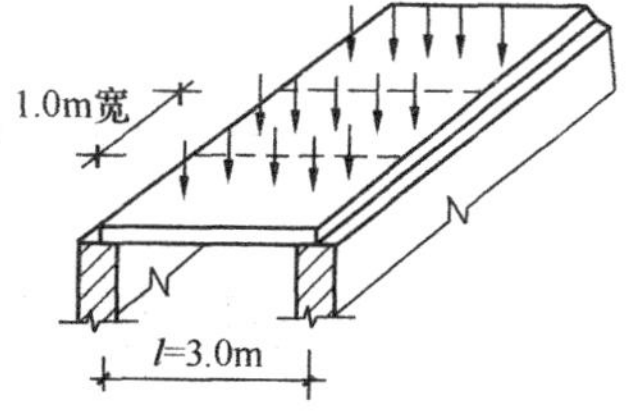

图 4-26　习题 2

3. 建于广州市的六层框架结构平面及剖面图如图 4-27 所示，底层层高 5.0m，其余各层层高 4.5m，女儿墙顶高出天面 1.0m。试计算该结构横向受到的水平风荷载，并绘出荷载作用简图。

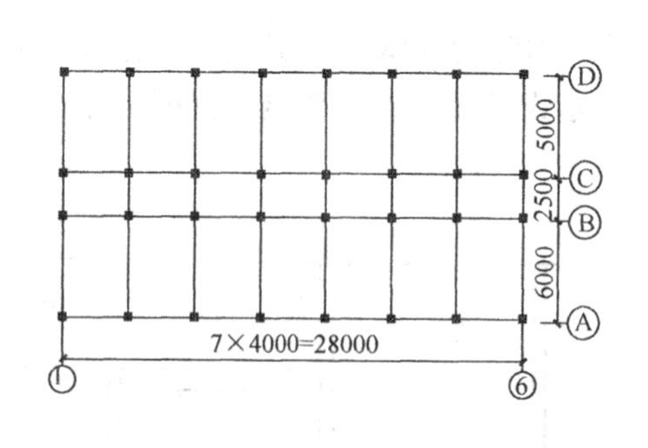

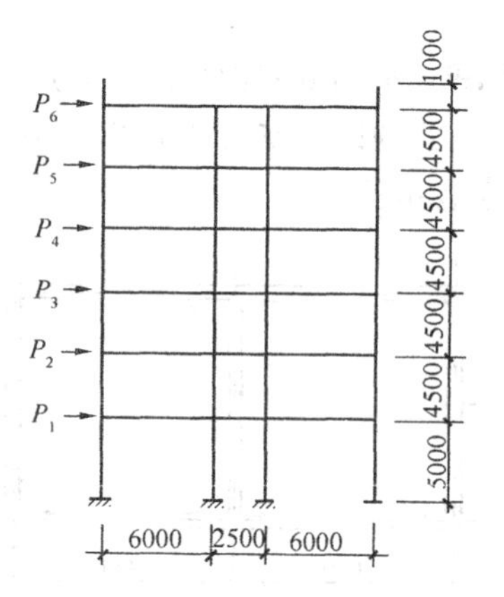

图 4-27　习题 3

第5章 桥梁工程的荷载

5.1 荷 载 类 型

5.1.1 荷载与作用

桥梁结构上的作用包括直接作用和间接作用。直接作用是指一组作用在结构上的集中力或分布力，包括由地球引力产生的结构重力、土的重力、车辆重力、人群荷载；由土、水、风等产生的土侧压力、水的浮力、水压力、冰压力、风压力；由碰撞、运动物体引起的撞击力、冲击力、制动力、离心力、摩阻力作用等。间接作用是指引起结构外加变形或约束变形的原因，包括基础不均匀变位、混凝土收缩及徐变、温度变化、地震作用等。严格意义上，只有直接作用才可称为荷载，但以往习惯上也将间接作用称为荷载，此时荷载可理解为具有广义的意义。狭义的荷载（或严格意义的荷载）与直接作用等价，而广义的荷载（包括直接作用与间接作用）与作用等价。我国桥梁工程结构设计仍按半概率、半经验极限状态法（水准Ⅰ），还没有过渡到近似概率极限状态法（水准Ⅱ）。

我国现行《公路桥涵设计通用规范》JTG D60—2004 将“作用”定义为施加在结构上的一组集中力或分布力，或引起结构外加变形或约束变形的原因。

5.1.2 荷载类型

目前，我国对桥梁设计荷载规定依行业部门可分公路桥梁设计荷载、城市桥梁设计荷载、铁路桥梁设计荷载。但都按时间的变异分类，把作用在桥梁上的荷载可划分为三类，即永久荷载、可变荷载和偶然荷载。本章主要介绍公路桥梁设计荷载、城市桥梁设计荷载和铁路桥梁的部分设计荷载。

（1）永久荷载

永久荷载是指在设计基准期（我国公路桥梁设计基准期统一取100年）内量值不随时间变化，或其变化与平均值相比可忽略的作用。包括结构重力、土的重力及土侧压力、水的浮力、混凝土收缩及徐变影响力、预加应力和基础变位影响力等。永久荷载（亦称恒载）的特点是其统计规律与时间参数无关，可用随机变量概率模型描述。

（2）可变荷载

可变荷载是指在设计基准期内量值随时间变化，且其变化与平均值相比不可忽略的作用。按其对桥涵结构的影响程度，又分为基本可变荷载(亦称活载)和其他可变荷载。基本可变荷载包括列车竖向静活载(铁路)、车辆荷载(含汽车、平板挂车或履带车)、由列车或车辆荷载引起的冲击力和土侧压力、曲线上的离心力。对于铁路桥梁还有列车横向摇摆力。其他可变荷载包括制动力或牵引力、风力、流水压力、冰压力、温度影响力、支座摩阻力、波浪力等。对于公路桥梁的人群荷载归为基本可变荷载，而铁路桥梁的人行道荷载归为其他可变荷载。可变荷载的特点是其统计规律与时间参数有关，应该采用随机过程概率模型描述。

（3）偶然荷载

偶然荷载是指在设计基准期内不一定会出现，而一旦出现其量值很大且持续时间很短的作用。包括地震力、船只或漂流物的撞击力等。偶然荷载的出现带有一定的偶然性。

5.2 荷 载 取 值

5.2.1 代表值

作用于桥梁结构上的各种荷载，在结构设计基准期内，其最大值一般为一随机变量，但在结构设计规范中，为实际设计方便，仍采用荷载的具体数值，这些确定的荷载值可理解为荷载的各种代表值。荷载的代表值也就是结构或结构构件设计时，针对不同设计目的所采用的各种作用规定值，它包括荷载标准值、频遇值和准永久值等。永久荷载(恒载)只有标准值作为代表值；可变荷载除标准值外，一般还采用频遇值和准永久值为代表值；偶然荷载取其标准值为代表值，地震作用的代表值按《公路工程抗震设计规范》或《铁路工程抗震设计规范》的规定取用。

5.2.2 标准值

荷载的标准值是代表结构上可能出现的最不利作用值，是结构或结构构件设计时，采用的各种作用的基本代表值。其值可根据作用在设计基准期内最大值概率分布的某一分位值确定；若无充分资料时，可根据工程实践经验，经分析研究后协议确定。对于桥梁工程的永久荷载，例如结构的自重（包括结构附加重力），由于变异性较小，而且多服从正态分布，其标准值可按结构构件的设计尺寸与材料的密度计算确定；对于结构的预应力，由于变异性较大，可采用较大和较小两个标准值，且均应考虑时间因素；对于土压力的标准值应取主动土压力的较大值、静止土压力的较大值，或被动土压力的较小值，当土有可能被移去时，应考虑无土压力的特殊情况。对于可变荷载标准值宜根据可接受的概率，由可变荷载在设计基准期内最大值或最小值概率分布的某一分位值确定。对于偶然荷载应根据调查、试验资料，结合工程经验确定其标准值。

5.2.3 频遇值和准永久值

频遇值是指可变荷载在设计基准期内，其超越的总时间为规定的较小比率或超越次数为规定次数的作用值。其值一般根据可变荷载超越频遇值的持续期来确定，也可以根据可变荷载超越频遇值的频率或以基准期时间的平均上跨阀率不超过规定值来确定。桥梁工程中的频遇值可根据在足够长观测期内作用任意时点概率分布的 0.95 分位值确定。可变荷载频遇值是以可变荷载标准值乘以频遇值系数 ψ_1 而得到。

荷载的准永久值系指在结构上经常作用的可变荷载值，它在设计基准期内具有较长的持续时间，其对结构的影响相似于永久荷载，它主要依据可变荷载出现的累积持续时间而定，即按在设计基准期内作用超过该值的总持续时间与整个设计基准期的比值确定。桥梁工程中的准永久值可根据在足够长观测期内作用任意时点概率分布的 0.5（或略高于 0.5）分位值确定。可变荷载的准永久值是以可变荷载标准值乘以准永久值系数 ψ_2 而得到。

5.3 各种荷载的计算方法

5.3.1 结构重力

桥梁结构物及桥面铺装、附属设备等外加重力属结构重力，一般而言，只要知道结构各部件或构件尺寸及所用的材料等资料，就可根据材料的重力密度，算出构件的重力。当缺乏实际资料时，可按表 2-1 所列常用材料的重力密度计算结构重力的标准值。

5.3.2 预加应力

以特定的方式在结构的构件上预先施加的、能产生与构件所承受的外荷载效应相反的应力状态的力称为预加力。在混凝土构件上，受拉区在未加荷载时预先加压力的结构，称为预应力结构。预应力混凝土结构在正常使用阶段能延缓构件的开裂，从而提高构件截面的刚度，降低截面高度，减少构件自重，增加构件的跨越能力；但在承载能力极限状态阶段与普通钢筋混凝土基本相同。预应力混凝土结构，由于混凝土和预应力钢筋的物理力学特性和所采用的预应力钢筋的锚具的特性，在构件的预应力张拉阶段和正常使用阶段将发生与张拉工艺相对应的预应力损失，所以预加力是随时间变化而减小的。对于超静定结构，在预加力的作用下因有多余约束的存在，将产生次内力。因此，预加应力在结构进行正常使用极限状态设计和使用阶段构件应力计算时，应作为永久荷载计算其主效应和次效应，并计入相应阶段的预应力损失，但不计由于偏心矩增大引起的附加效应；在结构进行承载能力极限状态设计时，预加应力不作为荷载，而将预应力钢筋作为结构抗力的一部分；但在连续梁等超静定结构中，仍需要考虑预加应力引起的次效应。

5.3.3 土的重力及土侧压力

由土层自身有效重力在土体中所引起的应力称为土的自重应力。桥梁结构在土体重力作用下，自重应力等于单位面积上的土柱体自重，即随深度按直线规律分布。若土质分层有变化或水位影响时，应作分层计算。

桥梁墩台或挡土墙的土侧压力是指因填土自重或外荷载作用所产生的土压力。土侧压力有静止土压力、主动土压力、被动土压力的区分。如果结构完全不向任何方向移动，土对结构物的水平作用称为静止土压力（图 5-1*a*）；如果结构物离开土体外移，土侧压力逐渐减小，直到开始发生剪切破裂面的瞬时，作用于结构物的土侧压力称为主动土压力（图 5-1*b*）；若结构物向被挡的土体移动，土侧压力逐渐增大，直到开始出现剪切破坏的瞬时，作用于结构物的土侧压力称为被动土压力（图 5-1*c*）。

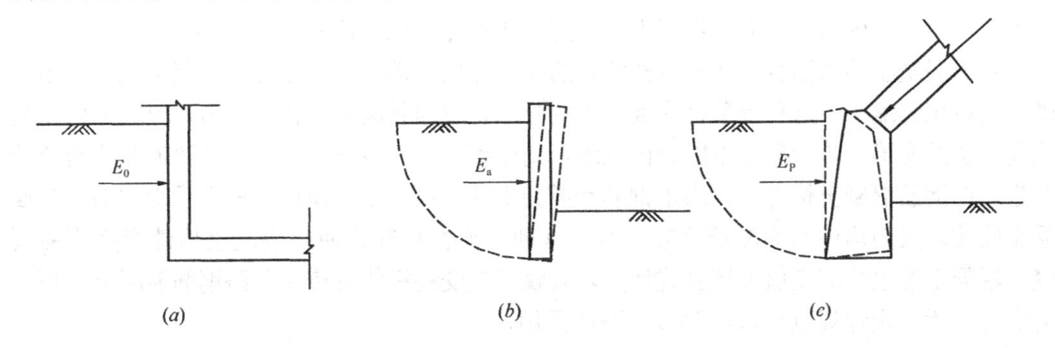

图 5-1 三种土压力

(*a*) 静止土压力；(*b*) 主动土压力；(*c*) 被动土压力

桥梁墩台除了在计算滑动稳定时，墩台前侧不受冲刷部分土的侧压力可按静止土压力计算外，其他一般只考虑主动土压力。拱桥桥台，由于承受拱脚传来的推力，理论上按被动土压力计算。但因按库伦公式计算的被动土压力值偏大数倍至几十倍之多，所以计算拱桥桥台亦不用被动土压力，而是采用主动土压力、静土压力或静土压力加土抗力计算。承受土侧压力的柱式墩台，作用在柱上的土压力计算宽度要考虑柱间空隙影响，按规定进行折减。作用于桥梁结构墩台上的土压力、土侧压力的标准值可参照公路、铁路有关规范中的公式计算。

5.3.4 水的浮力

水浮力为作用于建筑基底面由下向上的水压力，等于建筑排开同体积的水重力，是由地表水或地下水通过土体孔隙的自由水的连通所传递的水压力而产生的。水是否能渗入基底是产生水浮力的前提条件，因此与地基土的透水性、地基与基础的接触状态，以及水压大小（水头高低）和浸水时间等因素有关。

对于存在静水压力的透水性土，如砂类土、碎石土、黏砂土等，因其孔隙存在自由水，均应计算水浮力；黏土属非透水性土，可不考虑水浮力。由于水浮力对墩台的稳定性不利，故在验算墩台稳定时应按设计频率水位计算；计算基底应力及基底偏心时，按常水位计算或不计浮力，这样较为合理和安全。

完整岩石（包括节理发育的岩石）上的基础，当基础嵌入不透水性地基时，水浮力可以不计。但遇破碎的或裂隙严重的岩石，则应计入浮力。作用在桩基承台底面的浮力，应考虑全部底面积。对桩嵌入不透水地基并灌注混凝土封闭者，不应考虑桩的浮力，在计算承台底面浮力时应扣除桩的截面面积。当不能确定地基是否透水时，应以透水或不透水两种情况与其他荷载组合，取其最不利者。

计算水浮力时，基础襟边上的土重力应采用浮容重力密度，且不计襟边上水柱重力。基底不透水而不计浮力的情况下，襟边上的土重力应视其是否透水而采用天然重力密度或饱和重力密度计算，另外还应计入常水位至河底的水柱重力。

5.3.5 变形作用的影响力

这里的变形，指的是由于外界因素的影响，如桥梁结构支座移动或地基不均匀沉降等，使得结构物被迫发生变形。如果结构体系为静定结构，则允许构件产生符合其约束条件的位移，此时不会产生内力；若结构体系为超静定结构，则多余约束会束缚结构的自由变形，从而产生内力。因而从广义上说，这种变形作用也是荷载。

对于混凝土结构而言，还有两种特殊的变形作用，即收缩和徐变。混凝土在空气中结硬时其体积会缩小，这种现象称为混凝土的收缩，收缩是混凝土在不受力情况下因体积变化而产生的变形。若混凝土不能自由收缩，则混凝土内产生的拉应力将导致混凝土裂缝的产生。在钢筋混凝土构件中，由于钢筋和混凝土的粘结作用，使得混凝土承受拉力。当混凝土收缩较大而构件截面配筋又较多时，这种变形作用往往使得混凝土构件产生收缩裂缝。混凝土的收缩应变值可按公式计算，其收缩应变终极值可按《公路钢筋混凝土及预应力混凝土桥涵设计规范》JTG D62—2004 采用。

混凝土在长期外力作用下产生随时间而增长的变形称为徐变。通常情况下，混凝土往往与钢筋组成钢筋混凝土构件而共同承受荷载，当构件承受不变荷载的长期作用后，混凝土将产生徐变。由于钢筋与混凝土的粘结作用，两者将协调变形，于是混凝土的徐变将迫使钢筋的应变增加，钢筋的应力也随之增大。可见，由于混凝土徐变的存在，钢筋混凝土构件的内力将发生重分布，当外荷载不变时，混凝土应力减小而钢筋应力增加。混凝土的徐变对钢筋混凝土结构的影响，已越来越引起研究者和工程技术人员的重视。虽然徐变对钢筋混凝土结构也有着有利方面的影响，例如在某些情况下，徐变有利于防止结构物裂缝形成；有利于结构或构件的内力重分布；能减少应力集中现象及减少温度应力等。但是，徐变对结构的不利方面更不能忽视，例如由于混凝土的徐变使构件变形增大；在预应力混凝土构件中，徐变会导致预应力损失；对于长细比较大的偏心受压构件，徐变会引起附加偏心矩的增大，从而导致构件承载力的降低等。混凝土徐变的计算，可假定徐变与混凝土应力呈线性关系，混凝土的徐变系数终极值可按《公路钢筋混凝土及预应力混凝土桥涵设计规范》JTG D62—2004 的规定采用。

由上述分析可知，所谓变形作用，其实质就是结构物由于种种原因引起的变形受到多余约束的阻碍，从而导致结构物产生内力。对于变形作用引起的结构内力和位移计算，只需遵循力学的基本原理求解，也即根据静力平衡条件和变形协调条件求解即可。因此，对于超静定结构（如连续梁、刚架等）桥梁，必须考虑由于地基沉降、混凝土收缩变形和徐变变形所引起赘余力的变化和截面内力的变化。值得一提的是，混凝土收缩使本身产生应力，而这种应力的长期存在又使混凝土发生徐变，同时徐变的影响又起到减载作用，所以在计算由变形作用引起的设计断面内力时，要注意他们之间的相互影响。

5.3.6 车辆设计荷载

桥梁上行驶的车辆荷载种类繁多，广义的车辆荷载包括公路的汽车、平板挂车、履带车以及铁路的列车等荷载。同一类的车辆又有各种不同的型号和载重等级，随着交通运输事业和高速公路的发展，最高的荷载等级也将不断提高。因此，需要有一种既能反映目前车辆情况又兼顾未来发展的、便于桥梁结构设计运用的车辆荷载标准。鉴于我国目前在公路桥梁、城市桥梁、铁路桥梁中的车辆荷载标准和等级划分不同，下面分别予以介绍。

1. 公路桥梁汽车荷载

我国《公路桥梁设计通用规范》将汽车荷载划分为公路—Ⅰ级和公路—Ⅱ级两个等级。汽车荷载由车道荷载和车辆荷载组成；车道荷载由均布荷载和集中荷载组成。公路—Ⅰ级适用于高速公路和一级公路，公路—Ⅱ级适用于二、三、四级公路。当二级公路为干线公路且重型车辆多时，其桥涵的设计可采用公路—Ⅰ级汽车荷载；当四级公路上重型车辆少时，其桥涵设计所采用的公路—Ⅱ级车道荷载的效应可乘以 0.8 的折减系数，车辆荷载的效应可乘以 0.7 的折减系数。

公路桥涵设计的公路—Ⅰ级和公路—Ⅱ级汽车荷载采用相同的车辆荷载标准，即五轴式货车加载，总重 550kN，其车辆荷载的立面、平面布置和横向布置规定于图 5-2 所示，主要技术指标见表 5-1。

车辆荷载的主要技术指标 **表 5-1**

项　目	单位	技术指标	项　目	单位	技术指标
车辆重力标准值	kN	550	轮距	m	1.8
前轴重力标准值	kN	30	前轮着地宽度及长度	m	0.3×0.2
中轴重力标准值	kN	2×120	中、后轮着地宽度及长度	m	0.6×0.2
后轴重力标准值	kN	2×140	车辆外形尺寸（长×宽）	m	15×2.5
轴距	m	3.0+1.4+7.0+1.4			

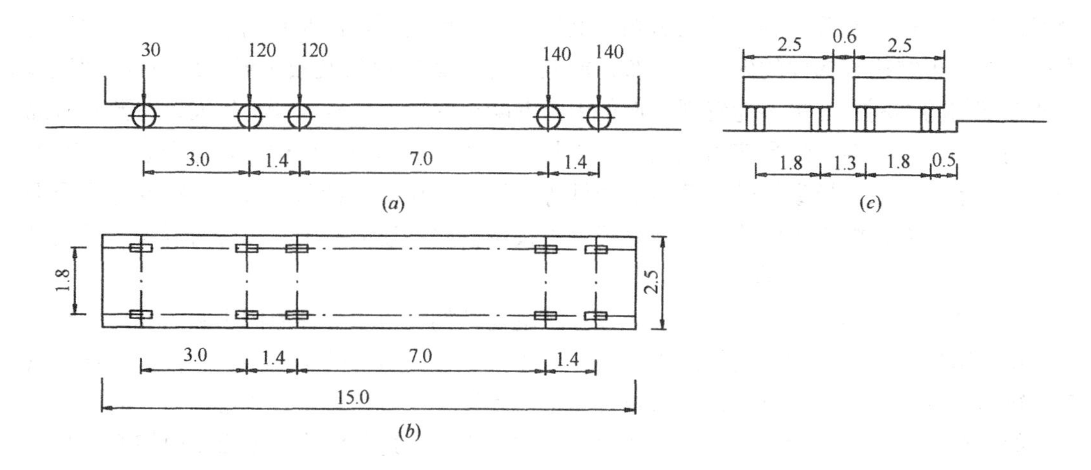

图 5-2 公路车辆荷载的平面和横向布置（重力单位：kN；尺寸单位：m）

（a）立面布置；（b）平面尺寸；（c）横向布置

车道荷载按均布荷载加一个集中荷载计算（图 5-3）。公路—Ⅰ级车道荷载的均布荷载标准值为 $q_k=10.5\text{kN/m}$；集中荷载标准值按以下规定选取：桥梁计算跨径小于或等于 5m 时，$P_K=180\text{kN}$，桥梁计算跨径等于或大于 50m 时，$P_K=360\text{kN}$；桥梁计算跨径在 5～50m 之间时，P_K 值采用直线内插求得。计算剪力效应时，上述集中荷载标准值应乘以 1.2 的系数。公路—Ⅱ级车道荷载的均布荷载标准值 q_k 和集中荷载标准值 P_K 按公路—Ⅰ级车道荷载的 0.75 倍采用。

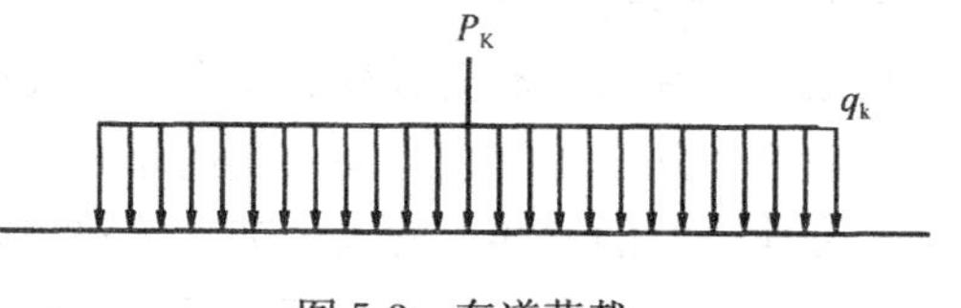

图 5-3 车道荷载

均布荷载均匀分布在 3.5m 宽的设计车道内。均布荷载应沿桥涵纵向按效应影响线分段作用以产生最不利的作用效应，但集中荷载仅作用在相应效应影响线的最大值处。对于多梁（板）式桥梁的汽车荷载的横向分布系数应根据行车道宽度和图 5-2（c）规定的横向布置设计车道数布置并计算。

桥梁结构的整体计算采用车道荷载；桥梁结构的局部加载、涵洞、桥台和挡土墙土压力等的计算采用车辆荷载。车辆荷载与车道荷载的作用不得叠加。

经可靠性理论分析，当桥梁计算跨径大于 150m 时，应考虑汽车荷载效应的纵向折减。当为多跨连续结构时，整个结构均应按最大的计算跨径考虑汽车荷载效应的纵向折减。纵向折减系数规定见表 5-2。

纵向折减系数 **表 5-2**

计算跨径（m）	纵向折减系数	计算跨径（m）	纵向折减系数
$150<L_0<400$	0.97	$800\leqslant L_0<1000$	0.94
$400\leqslant L_0<600$	0.96	$L_0\geqslant 1000$	0.93
$600\leqslant L_0<800$	0.95		

随着桥梁横向布置车辆的增加，各车道内同时出现最大荷载的概率减小。因此，当桥涵设计车道数等于或大于 2 时，应考虑汽车作用效应的横向折减，但折减后的效应不得小于设计车道数为 2 时的计算结果。作用于一个整体结构上的汽车荷载应按表 5-3 的规定取用横向折减系数。

横向折减系数　　　　表 5-3

横向布置设计车道数（条）	2	3	4	5	6	7	8
横向折减系数	1.00	0.78	0.67	0.60	0.55	0.52	0.50

2. 城市桥梁汽车荷载

我国城市桥梁的荷载设计，长期以来都是按照现行公路桥梁荷载标准进行设计，为了使桥梁荷载标准更符合我国城市市政建设的实际情况，住房和城乡建设部于 2011 年制定了《城市桥梁设计规范》CJJ 11—2011。该《规范》适用于城市道路上新建永久性桥梁和地下通道的设计，也适用于镇（乡）村道路上新建永久性桥梁和地下通道的设计。

《城市桥梁设计规范》CJJ 11—2011 中采用两级荷载标准，即城—A 级和城—B 级。城—A 级总轴重 700kN，城—A 级车辆荷载的立面、平面、横桥向布置见图 5-4。城—B 级车辆荷载的立面、平面布置及标准值应采用现行行业标准《公路桥涵设计通用规范》JTG D60—2004 车辆荷载的规定值。

根据城市道路的功能、等级和发展要求等具体情况按表 5-4 选用城市桥梁的设计汽车

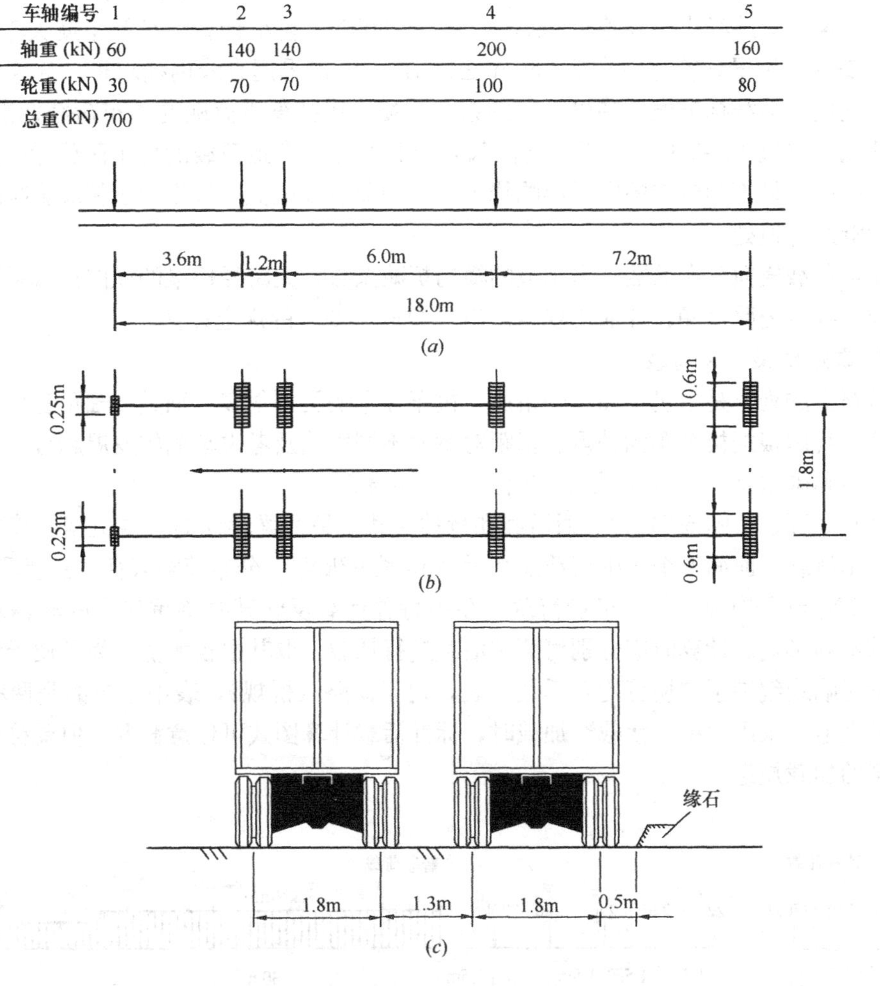

图 5-4　城—A 级车辆荷载立面、平面、横桥向布置

(a) 立面布置；(b) 平面布置；(c) 横桥向布置

荷载，并符合下列规定：快速路、次干路上如重型车辆行驶频繁时，设计汽车荷载应选用城—A级汽车荷载；小城市中的支路上如重型车辆较少时，设计汽车荷载采用城—B级车道荷载的效应乘以0.8的折减系数，车辆荷载的效应乘以0.7的折减系数；小型车专用道路，设计汽车荷载可采用城—B级车道荷载的效应乘以0.6的折减系数，车辆荷载的效应乘以0.5的折减系数。

城市桥梁设计汽车荷载等级 表5-4

城市道路等级	快速路	主干路	次干路	支路
设计汽车荷载等级	城—A级 或城—B级	城—A级	城—A级 或城—B级	城—B级

在城市桥梁设计中汽车荷载由车道荷载和车辆荷载组成；车道荷载由均布荷载和集中荷载组成如图5-3。城市桥梁结构的整体计算采用车道荷载；城市桥梁结构的局部加载、桥台和挡土墙压力等的计算采用车辆荷载。车辆荷载与车道荷载的作用不得叠加。

城—A级车道荷载的均布荷载标准值为$q_k=10.5$kN/m。集中荷载标准值按以下规定选取：桥梁计算跨径小于或等于5m时，$P_K=180$kN，桥梁计算跨径等于或大于50m时，$P_K=360$kN；桥梁计算跨径在5～50m之间时，P_K值采用直线内插求得。计算剪力效应时，上述集中荷载标准值应乘以1.2的系数。城—B级车道荷载的均布荷载标准值q_k和集中荷载标准值P_K按城—A级车道荷载的75%采用。车道荷载的均布荷载标准值应满布于使结构产生最不利效应的同号影响线上；集中荷载标准值应只作用于相应影响线中一个最大影响线峰值处。

车道荷载横向分布系数、多车道的横向折减系数、大跨径桥梁的纵向折减系数均按现行行业标准《公路桥涵设计通用规范》JTG D60—2004的规定计算。

3. 铁路桥梁列车荷载

铁路上的列车是由机车和车辆组成，机车和车辆类型很多，轴重、轴距各异。为了规范计算，我国根据机车车辆轴重、轴距对桥梁不同影响及考虑车辆的发展趋势，制订了中华人民共和国铁路标准活载图式（简称“中—活载”）。

“中—活载”（图5-5）分普通活载和特种活载，是桥梁设计的主要依据。普通活载则表征列车活载，前面五个集中荷载及其后30m长92kN/m分布荷载表征“双机联挂”。后面的80kN/m分布荷载代表车辆荷载。图中特种活载反映某些轴重较大的车辆对小跨度桥梁的不利影响。计算时应分别对两种活载进行加载，取其中较大值。为了便于计算，对三角形影响线编制了“换算均布活载”表，列于铁路《桥规》，表中记录的是两种活载加载的较大值。采用“中—活载”加载时，标准活载计算图式可任意截取，但要符合铁路标准活载的加载规定。

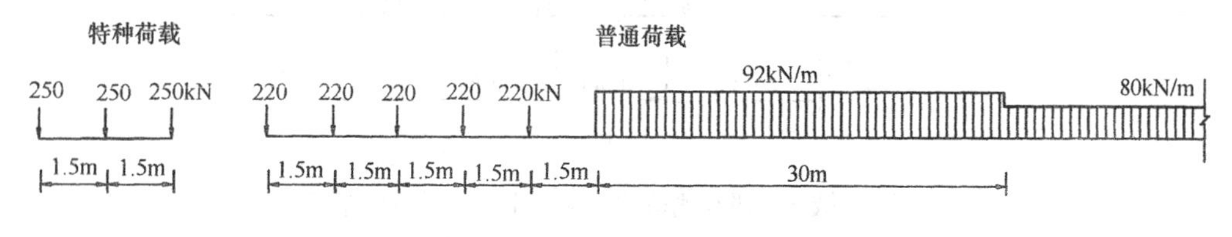

图5-5 中—活载图式

对铁路公路两用桥，考虑到铁路和公路同时出现最不利活载的可能性极小，故两种荷载同时作用时，对主桁杆件的公路活载可按75%折减，但对仅承受公路荷载的局部杆件，不应折减。同时承受多线列车活载的桥跨结构和墩台，其列车竖向活载对主要杆件双线应为两线列车活载总和的90%，三线及三线以上应为各线列车活载总和的80%。在用空车检算桥梁各部构件时，其空车竖向静活载每线路标准值采用10kN/m。

5.3.7 冲击力

车辆以较高速度驶过桥梁时，由于桥面（或轨面）的不平整以及车轮的不圆和发动机的抖动等原因，会引起桥梁结构的竖向振动，致使桥梁产生的应力与变形比相应的静荷载引起的要大，这种由于荷载的动力作用使桥梁发生竖向振动而造成内力加大的现象称为冲击作用。鉴于目前对冲击作用还不能从理论上作出符合实际的精确计算，一般引用一个冲击系数（或动力系数）来考虑荷载的动力效应。公路和城市《桥规》用μ表示冲击系数，铁路《桥规》则称（$1+\mu$）为动力系数。车辆荷载的冲击力标准值可用车辆荷载乘以冲击系数来计算。冲击系数（或动力系数）公式是根据在已建成的实桥上所作的振动试验结果及理论分析计算的统计分析基础上整理而确定的，它随荷载类型、结构类型和动力特性的不同而不同，是随跨径或荷载长度的增大而减小的。下面分别介绍公路、城市和铁路《桥规》中的冲击系数（动力系数）计算公式。

1. 公路桥、城市桥冲击系数

我国2004年公路桥梁规范中规定，钢桥、钢筋混凝土及预应力混凝土桥、圬工拱桥等的上部构造以及钢支座、板式橡胶支座、盆式橡胶支座及钢筋混凝土柱式墩台，应计算汽车的冲击力。

桥梁的冲击系数用基频f表示。桥梁结构的基频反映了结构的尺寸、类型、建材种类等动力特性内容，它最直接地反映了冲击系数与桥梁结构之间的关系。不管桥梁的建筑材料、结构类型是否有差别，也不管结构尺寸与跨径是否有差别，只要桥梁结构基频相同，在同样条件的汽车荷载流作用下，就能得到基本相同的冲击系数。因此，我国规范提出了以基频表示的公路桥梁冲击系数μ的计算公式，即

$$\begin{aligned}&\text{当 } f<1.5\text{Hz 时}, \mu=0.05\\&\text{当 } 1.5\text{Hz}\leqslant f\leqslant 14\text{Hz 时}, \quad \mu=0.1767\ln f-0.0157\\&\text{当 } f>14\text{Hz 时}, \mu=0.45\end{aligned} \tag{5-1}$$

式中 f——结构基频（Hz）；当无精确数据或实测数据时，可按附录五计算结构的基频。

另外，汽车荷载的局部加载及在T梁、箱梁悬臂板上的冲击系数采用1.3。

2. 铁路桥动力系数

铁路桥列车竖向活载等于列车竖向静活载乘以动力系数（$1+\mu$），其动力系数应按下列公式计算：

（1）简支或连续的钢桥跨结构和钢墩台

$$1+\mu=1+\frac{28}{40+l} \tag{5-2}$$

（2）钢与钢筋混凝土板的结合梁

$$1+\mu=1+\frac{22}{40+l} \tag{5-3}$$

（3）钢筋混凝土、混凝土、石砌的桥跨结构及涵洞、刚架桥，其顶上填土厚度 $h \geqslant 1m$（从轨底算起）时不计列车竖向动力作用。当 $h < 1m$ 时

$$1+\mu = 1+\alpha\left(\frac{6}{30+l}\right) \tag{5-4}$$

式中　$\alpha = 4(1-h) \leqslant 2$

式（5-2）～式（5-4）中的 l 以 m 计，除承受局部活载杆件为影响线加载长度外，其余均为桥梁跨度。

（4）空腹式钢筋混凝土拱桥的拱圈和拱肋

$$1+\mu = 1+\frac{15}{100+\lambda}\left(1+\frac{0.4l}{f}\right) \tag{5-5}$$

式中　l——拱桥的跨度（m）；

λ——计算桥跨结构的主要杆件时为计算跨度（m）；对于只承受局部活载的杆件，则按其计算图式为一个或数个节间的长度（m）；

f——拱的矢高（m）。

支座的动力系数计算公式与相应的桥跨结构计算公式相同。

5.3.8　离心力

桥梁离心力是一种伴随着车辆在弯道行驶时所产生的惯性力，其以水平力的形式作用于桥梁结构，是弯桥横向受力与抗扭设计计算所考虑的主要因素。

公路或城市桥上离心力相对较小，当曲率半径等于或小于 250m 时，才考虑离心力作用。离心力标准值为车辆荷载（不计冲击力）标准值乘以离心力系数 C，即

$$H = CP \tag{5-6}$$

$$C = \frac{v^2}{127R} \tag{5-7}$$

式中　v——设计速度（km/h），应按桥梁所在路线设计速度采用；

R——曲线半径（m）。

对于铁路荷载 C 不应大于 0.15。

为了计算方便，车辆重力可以采用均匀分布的等代荷载。计算多车道桥梁的汽车荷载离心力时也按规定折减。离心力的着力点在车辆的重心处，对于汽车荷载一般取在桥面以上 1.2m（为计算简便也可移至桥面上，不计由此引起的作用效应）；对于铁路列车荷载取在轨顶以上 2m。

5.3.9　车辆重力引起的土侧压力

汽车荷载以及铁路列车静活载在桥台或挡土墙后填土的破坏棱体上引起的土侧压力，可按换算的等效均布土层厚度来计算。有关土侧压力的计算见《土质学与土力学》教程，或根据桥梁规范的规定计算。

5.3.10　人群荷载

根据以往的设计经验，较大跨径桥梁上人群荷载满载的情况在桥梁使用期限内出现概率很少，所采用的人群荷载应按加载长度的增加而减小。因此，公路桥梁规范适当的考虑了桥梁跨径变化的因素，比较合理的确定人群荷载标准值。用车道荷载计算时，当桥梁计算跨径小于或等于 50m 时，人群荷载标准值为 3.0kN/m^2；当桥梁计算跨径等于或大于 150m 时，人群荷载标准值为 2.5kN/m^2；当桥梁计算跨径在 50～150m 之间时，可由线性

内插得到人群荷载标准值。对跨径不等的连续结构，以最大计算跨径为准。城镇郊区行人密集地区的公路桥梁，人群荷载标准值取上述规定的 1.15 倍。专用人行桥梁，人群荷载标准值为 3.5kN/ m^2。人群荷载在横向应布置在人行道的净宽度内，在纵向施加于使结构产生最不利荷载效应的区段内。

对于城市桥梁，当计算梁、桁架、拱及其他大跨结构的人群荷载 w，需根据加载长度及人行道宽度来确定，且 w 值在任何情况下不得小于 2.4kN/m^2。表 5-5 中列出了城市桥梁和专用人行桥的人群荷载的计算公式，参见《城市桥梁设计规范》CJJ 11—2011 和《城市人行天桥与人行地道技术规范》CJJ 69—1995。

城市桥梁和专用人行桥的人群荷载 w　　　表 5-5

结构种类	结构加载长度（m）	计算公式
城市桥梁	$l<20$	$w=4.5\times\left(\frac{20-w_P}{20}\right)$
	$l\geqslant20$	$w=\left(4.5-\frac{l-20}{40}\right)\times\left(\frac{20-w_P}{20}\right)$
专用人行桥	$l\leqslant20$	$w=5\times\left(\frac{20-w_P}{20}\right)$
	$l>20$	$w=\left(5-\frac{l-20}{40}\right)\times\left(\frac{20-w_P}{20}\right)$

表 5-5 中的 w 为单位面积上的人群荷载（kPa）；l 为加载长度（m）；w_P 为单边人行道宽度（m），在专用非机动车桥上时宜取 1/2 桥宽，当 1/2 桥宽大于 4m 时应按 4m 计；对于专用人行桥 w_P 为半桥宽（m），当大于 4m 时应按 4m 计。

铁路桥梁上的人行道只考虑维修人员通行，维修时放置钢轨枕木道碴等，故将人行道荷载列为其他可变荷载。因此，铁路桥梁设计人行道时只考虑维修时堆放道碴，故道碴桥面和明桥面人行道的竖向静活载按 4kPa 计，人工养护的道碴桥面尚应考虑养护时人行道上的堆碴荷载。

铁路桥梁当设计主梁时，人行道的竖向静活载，不与列车活载同时计算；但在特殊情况下，为了允许城镇居民通行而加宽的人行道部分，其竖向静活载应与列车活载同时计算，采用数值可按实际情况确定。

对于公路桥梁，当桥梁上人行道板采用钢筋混凝土板时，人行道板（局部构件）可以一块板为单元，按标准值 4.0kN/m^2 的均布荷载计算。而城市桥梁，人行道板的人群荷载按 5kPa 或 1.5kN 的竖向集中力作用在一块构件上，分别计算，取其不利者。检修道上设计人群荷载按 2kPa 或 1.2kN 的竖向集中荷载，作用在短跨小构件上，可分别计算，取其不利者。计算与检修道相连的构件，当计入车辆荷载或人群荷载时，可不计检修道上的人群荷载。

计算人行道栏杆时，公路和铁路桥梁，作用在栏杆立柱顶上的水平推力标准值取 0.75kN/m；作用在栏杆扶手上的竖向力标准值取 1.0kN/m。城市桥梁，由于人流量较大，计算栏杆时，作用在栏杆扶手上的竖向荷载采用 1.2kN/m，水平向外荷载采用 2.5kN/m，两者应分别计算。

5.3.11　制动力

在移动车辆作用下，通常把纵向动力效应称为车辆重力对桥梁结构的制动力。制动力实质上是为克服车辆在桥上刹车时的惯性力在车轮与路面（或轨面）之间而产生的滑动摩擦力。从理论上讲，桥上制动力等于车轮与桥面（或轨面）的滑动摩擦系数乘以同时参与制动的车辆重力总和。但是在桥上一列车车队同时刹车的概率极小，制动力的取值只为摩擦系数乘以桥上车列的车辆重力的一个部分。

我国公路桥梁规范规定：汽车荷载制动力按同向行驶的汽车荷载（不计冲击力）计算，并应按表 5-2 的规定，以使桥梁墩台产生最不利纵向力的加载长度进行纵向折减。一个设计车道上由汽车荷载产生的制动力标准值按车道荷载标准值在加载长度上计算的总重力的 10%计算，但公路—Ⅰ级汽车荷载的制动力标准值不得小于 165kN；公路—Ⅱ级汽车荷载的制动力标准值不得小于 90kN。同向行驶双车道的汽车荷载制动力标准值为一个设计车道制动力标准值的两倍；同向行驶三车道为一个设计车道的 2.34 倍；同向行驶四车道为一个设计车道的 2.68 倍。

城市桥梁汽车荷载的制动力按现行行业标准《公路桥涵设计通用规范》JTG D60—2004 的规定计算。

铁路桥梁的制动力按列车竖向静活载的 10%计算。但当与离心力或列车竖向动力作用（冲击力）同时计算时，制动力或牵引力按列车竖向静活载的 7%计算。双线桥采用一线的制动力或牵引力，三线或三线以上的桥采用两线的制动力或牵引力，按此计算的制动力不考虑对双线竖向活载进行折减。采用特种活载时，不计制动力。

制动力的方向为行车方向，汽车荷载着力点在桥面以上 1.2m 处，铁路列车活载着力点在轨顶以上 2m 处。在计算墩台时，可移至支座中心（铰或滚轴中心）或滑动、橡胶、摆动支座的底座面上；计算刚构桥、拱桥时，可移至桥面上，但不计因此而产生的竖向力和力矩。

传递至墩台上的制动力大小（即制动力的分配）与墩台刚度和支座类型有关。对于柔性墩台要考虑联合作用，刚性墩台则不考虑联合作用。公路桥梁设有板式橡胶支座的简支梁、连续桥面简支梁或连续梁排架式柔性墩台，应根据支座与墩台的抗推刚度的刚度集成情况分配和传递制动力；设有板式橡胶支座的简支梁刚性墩台，按单跨两端的板式橡胶支座的抗推刚度分配制动力；设有固定支座、活动支座（滚动或摆式支座，聚四氟乙烯板支座）的刚性墩台传递的制动力，按表 5-6 的规定采用。每个活动支座传递的制动力，其值不得大于其摩阻力，当大于摩阻力时，按摩阻力计算。

刚性墩台各种支座传递的制动力 **表 5-6**

桥梁墩台及支座类型		应计的制动力	符号说明
简支梁桥台	固定支座	T_1	T_1——当加载长度为计算跨径时的制动力； T_2——当加载长度为相邻两跨计算跨径之和时的制动力； T_3——当加载长度为一联长度或主孔加悬臂长度时的制动力
	聚四氟乙烯板支座	$0.30T_1$	
	滚动（或摆动）支座	$0.25T_1$	
简支梁桥墩	两个固定支座	T_2	
	一个固定支座，一个活动支座	注 1	
	两个聚四氟乙烯板支座	$0.30T_2$	
	两个滚动（或摆动）支座	$0.25T_2$	
连续梁桥墩	固定支座	T_3	
	聚四氟乙烯板支座	$0.30T_3$	
	滚动（或摆动）支座	$0.25T_3$	

注：固定支座按 T_4 计算，活动支座按 $0.30T_5$ 计算（聚四氟乙烯板支座）或 $0.25T_5$（滚动或摆动支座）计算，T_4 和 T_5 分别为固定支座和活动支座相应的单跨跨径或长度的制动力，桥墩承受的制动力为上述固定支座与活动支座传递的制动力之和。

5.3.12 风力

作用在桥梁上的风力是由迎风面的压力和背风面的吸力所组成。它可分为垂直桥轴方向的横桥向风荷载，顺桥轴方向的纵向风荷载以及竖向风荷载。铁路、公路规范关于风荷载计算公式实质是一样的，下面以公路桥梁规范为例，介绍风荷载标准值的计算。

1. 横桥向风荷载

横桥向风荷载假定水平地垂直作用于桥梁各部分迎风面积的形心上，其标准值可按下式计算：

$$F_{wh} = k_0 k_1 k_3 W_d A_{wh} \tag{5-8}$$

式中 F_{wh}——横桥向风荷载标准值（kN）；

A_{wh}——横向迎风面积（m^2），按桥跨结构各部分的实际尺寸计算；

W_d——设计基准风压（kN/m^2）；

k_0——设计风速重现期换算系数；

k_1——风载阻力系数；

k_3——地形地理条件系数。

（1）设计基准风压

设计基准风压值可按以下公式计算：

$$W_d = \frac{\gamma V_d^2}{2g}, W_0 = \frac{\gamma V_{10}^2}{2g} \tag{5-9}$$

$$V_d = k_2 k_5 V_{10} \tag{5-10}$$

$$\gamma = 0.012017 e^{-0.0001Z} \tag{5-11}$$

式中 W_0——基本风压（kN/m^2），全国各主要气象台站10年、50年、100年一遇的基本风压可按“全国各气象台站的基本风速和基本风压值”的有关数据经实地核实后采用；

V_{10}——桥梁所在地区的设计基本风速（m/s）；按平坦空旷地面，离地面10m高，重现期为100年10min平均最大风速计算确定；当桥梁所在地区缺乏风速观测资料时，V_{10}可按“全国基本风速图及全国各气象台站基本风速和基本风压值”的有关数据并经实地调查核实后采用；

V_d——高度z处的设计基准风速（m/s）；

z——距地面或水面的高度（m）；

γ——空气重力密度（kg/m^3）；

k_2——考虑地面粗糙度类别和梯度风的风速高度变化修正系数；

k_5——阵风风速系数，对A、B类地表$k_5 = 1.38$，对C、D类地表$k_5 = 1.70$。A、B、C、D地表类别对应的地表状况见表5-7；

g——重力加速度，$g = 9.81m/s^2$。

地 表 分 类 **表5-7**

地表粗糙度类别	地 表 状 况
A	海面、海岸、开阔水面
B	田野、乡村、丛林及低层建筑物稀少地区

续表

地表粗糙度类别	地 表 状 况
C	树木及低层建筑物等密集地区 中高层建筑物稀少地区、平缓的丘陵地
D	中高层建筑物密集地区、起伏较大的丘陵地

（2）设计风速重现期换算系数 k_0

对于单孔跨径指标为特大桥和大桥的桥梁，$k_0=1.0$；对其他桥梁，$k_0=0.90$；对施工架设期桥梁，$k_0=0.75$；当桥梁位于台风多发地区时，可根据实际情况适度提高 k_0 值。

（3）风载阻力系数 k_1

风载阻力系数是表示稳定风压在不同截面上的分布状态，实际上是风对结构表面的实际压力（或吸力）与依原始风速所算得的理论风压的比值，此值主要与结构物的体型、尺度有关。

①普通实腹桥梁上部结构的风载阻力系数 k_1 可按下式计算：

$$k_1=\begin{cases}2.1-0.1\left(\dfrac{B}{H}\right) & 1\leqslant\dfrac{B}{H}<8\\ 1.3 & 8\leqslant\dfrac{B}{H}\end{cases} \tag{5-12}$$

式中 B——桥梁宽度（m）；

H——梁高（m）。

②桁架桥梁上部结构的风载阻力系数 k_1 按表 5-8 取值。上部结构为两片或两片以上桁架时，所有背风桁架的风载阻力系数均取 ηk_1，η 为遮挡系数，按表 5-9 取值。桥面系构造的风载阻力系数取 $k_1=1.3$。

桁架的风载阻力系数 k_1 **表 5-8**

实面积比 ϕ	矩形与 H 形截面构件	圆柱形构件（D 为圆柱直径）	
		$D\sqrt{W_0}<5.8\text{m}^2/\text{s}$	$D\sqrt{W_0}\geqslant5.8\text{m}^2/\text{s}$
0.1	1.9	1.2	0.7
0.2	1.8	1.2	0.8
0.3	1.7	1.2	0.8
0.4	1.7	1.1	0.8
0.5	1.6	1.1	0.8

注：1. 实面积比 ϕ=桁架净面积/桁架轮廓面积；
2. 表中圆柱直径 D 以 m 计，基本风压以 kN/m^2 计。

桁架遮挡系数 η **表 5-9**

间距比 S	实面积比 ϕ				
	0.1	0.2	0.3	0.4	0.5
≤1	1.0	0.90	0.80	0.60	0.45
2	1.0	0.90	0.80	0.65	0.50
3	1.0	0.95	0.80	0.70	0.55
4	1.0	0.95	0.80	0.70	0.60
5	1.0	0.95	0.85	0.75	0.65
6	1.0	0.95	0.90	0.80	0.70

注：间距比 S=两桁架中心距 C/迎风桁架高度 h。

③桥墩或桥塔的风载阻力系数 k_1，可依据桥墩的断面形状、尺寸比及高宽比值的不同由表 5-10 查得。表中没有包括的断面，其 k_1 值宜由风洞实验确定。

桥墩或桥塔的阻力系数 k_1 表 5-10

平面形状	$\frac{t}{b}$	桥墩或桥塔的高宽比						
		1	2	4	6	10	20	40
风向→矩形（t，b）	$\leqslant\frac{1}{4}$	1.3	1.4	1.5	1.6	1.7	1.9	2.1
→矩形	$\frac{1}{3}$ $\frac{1}{2}$	1.3	1.4	1.5	1.6	1.8	2.0	2.2
→矩形	$\frac{2}{3}$	1.3	1.4	1.5	1.6	1.8	2.0	2.2
→矩形	1	1.2	1.3	1.4	1.5	1.6	1.8	2.0
→矩形	$1\frac{1}{2}$	1.0	1.1	1.2	1.3	1.4	1.5	1.7
→矩形	2	0.8	0.9	1.0	1.1	1.2	1.3	1.4
→矩形	3	0.8	0.8	0.8	0.9	0.9	1.0	1.2
→矩形（t，b）	$\geqslant4$	0.8	0.8	0.8	0.8	0.8	0.9	1.1
正方形或八角形		1.0	1.1	1.1	1.2	1.2	1.3	1.4
十二边形		0.7	0.8	0.9	0.9	1.0	1.1	1.3
光滑表面圆形且 $D\sqrt{W_0}\geqslant5.8$		0.5	0.5	0.5	0.5	0.5	0.6	0.6
1. 光滑表面圆形且 $D\sqrt{W_0}<5.8$ 2. 粗糙表面或带凸起的圆形		0.7	0.7	0.8	0.8	0.9	1.0	1.2

注：1. 上部结构架设后，应根据高度比为 40 计算 k_1 值；

2. 对于带圆弧角的矩形桥墩，其风载阻力系数应从表中查得 k_1 值后，再乘以折减系数（$1-1.5r/b$）或 0.5，取其二者之较大者，在此 r 为圆弧角的半径；

3. 对于沿桥墩高度有锥度变化的桥墩，k_1 应按桥墩高度分段计算；每段的 t 和 b 取该段的平均值；高度比则应以桥墩总高度对每段的平均宽度之比计之；

4. 对于带三角尖端的桥墩，其 k_1 应包括桥墩外边缘的矩形截面计算。

（4）风速高度变化修正系数 k_2

风速随高度变化的原因是由于气流贴近地面运动时，气流受地面摩擦的影响消耗了一定的功能，使风速降低，形成梯度风高度。离地愈高，这种影响愈小。因此，桥梁设计基准风速，要考虑地表粗糙度影响进行适当修正，其修正系数可按表 5-11 取用。位于山间盆地、谷地或峡谷、山口等特殊场合的桥梁上、下部结构的风速高度变化修正系数 k_2 按 B 类地表类别取值。

风速高度变化修正系数 k_2 **表 5-11**

离地面或水面高度（m）	地表类别			
	A	B	C	D
5	1.08	1.00	0.86	0.79
10	1.17	1.00	0.86	0.79
15	1.23	1.07	0.86	0.79
20	1.28	1.12	0.92	0.79
30	1.34	1.19	1.00	0.85
40	1.39	1.25	1.06	0.85
50	1.42	1.29	1.12	0.91
60	1.46	1.33	1.16	0.96
70	1.48	1.36	1.20	1.01
80	1.51	1.40	1.24	1.05
90	1.53	1.42	1.27	1.09
100	1.55	1.45	1.30	1.13
150	1.62	1.54	1.42	1.27
200	1.73	1.62	1.52	1.39
250	1.73	1.67	1.59	1.48
300	1.77	1.72	1.66	1.57
350	1.77	1.77	1.71	1.64
400	1.77	1.77	1.77	1.71
≥450	1.77	1.77	1.77	1.77

（5）地形、地理条件系数 k_3

由于我国幅员广大，地形、地理条件复杂，而风力又是随地形、地理条件变化的，故在计算风力时，应考虑地形、地理条件的影响。地形、地理条件系数 k_3 按表 5-12 取用。

地形、地理条件系数 k_3 **表 5-12**

地形、地理条件	地形、地理条件系数 k_3
一般地区	1.00
山间盆地、谷地	0.75～0.85
峡谷口、山口	1.20～1.40

2. 顺桥向风荷载

顺桥向的风荷载与横桥向风荷载的计算方法相同。但纵向风力因受上部构造、墩台和路堤的阻挡，较横向风力小，常按折减后的横向风压或风速来计算。桥梁顺桥向可不计桥面系及上承式梁所受的风荷载，下承式桁架顺桥向风荷载标准值按其所受横桥向风压的40%乘以桁架迎风面积计算。桥墩上的顺桥向风荷载标准值可按横桥向风压的70%乘以桥墩迎风面积计算。悬索桥、斜拉桥桥塔上的顺桥向风荷载标准值可按横桥向风压乘以迎风面积计算。桥台可不计算纵、横向风荷载。上部构造传至墩台的顺桥向风力，其在支座的着力点及其于墩台上的分配，可根据上部构造的支座条件，按本节 5.3.11 中汽车制动的规定处置。

3. 竖向风荷载

桥梁上部结构所承受的竖向风荷载，可假定其沿桥长成垂直地作用于结构水平投影面积的形心上，其值按下式计算：

$$F_{\mathrm{WV}} = k_0 k_4 k_3 \frac{\rho V_{\mathrm{d}}^2}{2} A_{\mathrm{WV}} \tag{5-13}$$

式中　k_4——风荷载升力系数，板式或桁架式桥梁上部结构超高角小于 1°时，风荷载升力系数由图 5-6 确定，超高角为 1°～5°时，取 $k_4=0.75$；T 形组合梁桥的上部结构超高角小于 5°时，取 $k_4=1.0$；上部结构超高角大于 5°时，风荷载升力系数 k_4 值应由风洞试验确定；对普通板式或桁架式桥梁，当斜向风荷载斜攻角达 5°时，$k_4=\pm 0.75$，此时，斜攻角为风速攻角与桥的超高角之和；斜攻角超过 5°时，k_4 值宜由风洞试验确定。

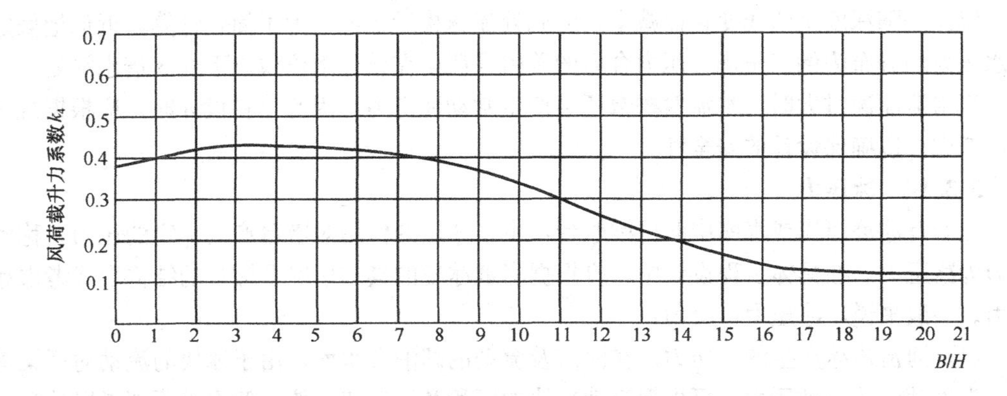

图 5-6　风荷载升力系数 k_4

桥梁上部结构竖向风荷载的受载面积 A_{wv}应取结构或构件以及桥面系的水平投影立面实体面积。

顺便指出，上述风力计算公式是在现有规范的基础上作进一步的修订。其中设计基准期基本风速的高度基准由原来的 20m 改为 10m 高，使得与我国建筑结构荷载规范相统一；将原来的风压高度变化系数改为风速高度变化修正系数，同时考虑了不同地表分类因素的影响，使风速更接近于实际情况；将原来的风载体形系数改为风载阻力系数，同时增加了桥梁上部结构的风载阻力系数，使得更为合理和完善；增加了竖向风荷载的计算，弥补了现有规范的不足之处。

5.3.13 流水压力

位于流水中的桥墩，其上游迎水面受到流水压力的作用。这种流体压力现象比较复杂，它与桥墩的平面形状、流速、水流形态、墩台表面粗糙率、水温及水的粘结性有关。

我国桥梁规范规定，作用在桥墩上的流水压力标准值可按下式计算：

$$F_w = KA\frac{\gamma V^2}{2g} \tag{5-14}$$

式中 F_w——流水压力标准值（kN）；

γ——水的重力密度（kN/m³）；

V——设计流速（m/s）；

A——桥墩阻水面积（m²），计算至一般冲刷线处；

g——重力加速度（9.81m/s²）；

K——桥墩形状系数，见表 5-13。

桥墩形状系数 K **表 5-13**

桥墩形状	公路桥梁规范	铁路桥梁规范
方形桥墩	1.5	1.47
矩形桥墩（长边与水流平行）	1.3	1.33
圆形桥墩	0.8	0.73
尖端形桥墩	0.7	0.67
圆端形桥墩	0.6	0.60

流速是随深度呈曲线变化而减小，河底处流速接近于零。为了简化计算，近似地假定流水压力的分布为倒三角形，压力合力的着力点假设在设计水位线以下 0.3 倍水深处。

当水流流速过大时，水流对桥墩还会产生脉动冲击力，因此，在设计时，应根据规定加以考虑，以确保设计的安全性。

5.3.14 冰压力

位于有冰凌河流或水库中的桥梁墩台，由于冰层的作用对墩台产生一定的压力，称此压力为冰压力。在具体工程设计中，应根据当地冰凌的具体情况及墩台的结构形式考虑冰压力。一般来说，冰压力可分为：

（1）河流流冰产生的动压力。在河流及流动的湖泊及水库，由于冰块的流动对桥梁墩台产生流动的冲击动压力，可根据流动冰块的面积及流动速度按一般力学原理予以计算。

（2）由于风和水流作用于大面积冰层产生的静压力。由于风和水流作用，推动大面积冰层移动对墩台产生静压力，可根据水流方向和风向，考虑冰层面积以及水流和风对冰层表面摩阻力来计算。

（3）冰覆盖层受温度影响膨胀时产生的静压力（在封闭空间）。冰盖层温度上升时，冰的自由膨胀（伸长）变形受到两岸或结构物的约束，因而产生作用力。在较低的负温骤然回升的剧烈变化条件下，冰的膨胀作用力会发生最大值。

（4）冰堆整体推移产生的静压力。当大面积冰层以缓慢的速度接触结构物时，受阻于结构而停滞，形成冰层或冰堆现象，结构物受到挤压，并在冰层破碎前的一瞬间对结构物产生最大压力。作用于桥梁墩台的冰堆整体推移静压力值可按极限冰压合力公式计算。

(5) 冰层因水位升降产生的竖向作用力。当冰覆盖层与墩台冻结在一起时，若水位升高，水通过冻结在墩台上的冰盖对墩台产生竖向上拔力。

冰压力的计算应根据上述冰荷载的分类区别对待，但任何一种冰压力都不得大于冰压力标准值。这里只介绍冰压力标准值的计算，而冰荷载中的撞击力、竖向力和膨胀力等，应结合工程实际情况经论证确定。我国公路桥梁规范规定：

对具有竖向前棱的桥墩，冰对桩或墩产生的冰压力标准值可按下式计算：

$$F_i = mC_t btR_{ik} \tag{5-15}$$

式中 F_i——冰压力标准值（kN）；

m——桩或墩迎冰面形状系数，可按表 5-14 取用；

C_t——冰温系数，可按表 5-15 取用；

b——桩或墩迎冰面投影宽度（m）；

t——计算冰厚（m），可取实际调查的最大冰厚；

R_{ik}——冰的抗压强度标准值（kN/m^2），可取当地冰温 0℃时的冰抗压强度；当缺乏实测资料时，对海冰可取 $R_{ik}=750kN/m^2$；对河冰，流冰开始时 $R_{ik}=750kN/m^2$，最高流冰水位时可取 $R_{ik}=450kN/m^2$。

桩或墩迎冰面形状系数 m 　　**表 5-14**

系数 \ 迎冰面形状	平面	圆形	尖角形的迎冰面角度				
			45°	60°	75°	90°	120°
m	1.00	0.90	0.54	0.59	0.64	0.69	0.77

冰温系数 C_t 　　**表 5-15**

冰温（℃）	0	−10 及以下
C_t	1.0	2.0

注：1. 表列冰温系数可直线内插；
2. 对海冰，冰温取结冰期最低冰温；对河冰，取解冻期最低冰温。

当冰快流向桥轴线的角度 $\varphi \leqslant 80°$时，桥墩竖向边缘的冰荷载应乘以 $\sin\varphi$ 予以折减。冰压力合力作用在计算结冰水位以下 0.3 倍冰厚处。

当流水范围内桥墩有倾斜表面时，冰压力应分解为水平分力和竖向分力，即

水平分力 $$F_{xi} = m_0 C_t R_{bt} t^2 \tan\beta \tag{5-16}$$

竖向分力 $$F_{yi} = \frac{F_{xi}}{\tan\beta} \tag{5-17}$$

式中 F_{xi}——冰压力的水平分力（kN）；

F_{yi}——冰压力的竖向分力（kN）；

β——桥墩倾斜的棱边与水平线的夹角（°）；

R_{bt}——冰的抗弯强度标准值（kN/m^2），取 $R_{bt}=0.7R_{ik}$；

m_0——系数，$m_0=0.2b/t$，但不小于 1.0。

为了减小冰压力的作用，建筑物受冰作用的部位宜采用实体结构。对于具有强烈流冰的河流中的桥墩、柱，其迎冰面宜做成圆弧形、多边形或尖角，并做成 3∶1～10∶1（竖∶横）的斜度，在受冰作用的部位宜缩小其迎冰面投影宽度。

对流水期的设计高水位以上 0.5m 到设计低水位以下 1.0m 的部位宜采取抗冻性混凝土、花岗岩镶面或包钢板等防护措施。同时，对建筑物附近的冰体采取适宜的使冰体减小对结构物作用力的措施。

5.3.15 温度影响力

固体的温度发生变化时，体内任一点（微小单元体）的热变形（膨胀或收缩）由于受到周围相邻单元体或固体的边界受其他构件的约束，使体内该点形成一定的应力，这个应力称为温度应力，也叫热应力。因而从广义上说，温度变化也是一种荷载作用。

桥梁结构是暴露在大气中的结构物，大气中的气温一方面随季节发生周期性的变化，另一方面由于日间太阳辐射和夜间热辐射发散使结构物周围气温随时间波动。因此，温度变化对桥梁结构的影响包括两部分，即年温差影响和局部温差影响。

年温差影响，一般假定温度沿结构截面高度方向以均值变化，对于无水平约束的结构，年温差只引起结构的均匀伸缩，并不产生结构的温度应力；对结构的均匀伸缩受到约束时，年温差将引起结构的温度内力。年温差引起结构的变形值主要与结构的线膨胀系数以及当地最高和最低气温有关。各种结构的线膨胀系数（材料每升高 1℃的相对变形）规定见表 5-16。

线膨胀系数 表 5-16

结构种类	线膨胀系数（以摄氏度计）
钢结构	0.000012
混凝土和钢筋混凝土及预应力混凝土结构	0.000010
混凝土预制块砌体	0.000009
石砌体	0.000008

当计算桥梁结构因均匀温度作用引起外加变形或约束变形时，应从受到约束时的结构温度开始，考虑最高和最低有效温度的作用效应。如缺乏实际调查资料，公路混凝土结构和钢结构的最高和最低有效温度标准值可按表 5-17 取用。

公路桥梁结构的有效温度标准值（单位：℃） 表 5-17

气温分区	钢桥面板钢桥		混凝土桥面板钢桥		混凝土、石桥	
	最高	最低	最高	最低	最高	最低
严寒地区	46	−43	39	−32	34	−23
寒冷地区	46	−21	39	−15	34	−10
温热地区	46	−9（−3）	39	−6（−1）	34	−3（0）

注：1. 气温分区见全国气温分区图；
2. 表中括弧内数据适用于昆明、南宁、广州、福州地区。

当进行正常使用极限状态设计时，公路桥梁结构的温度变化范围，应根据建桥地区的气温条件而定。钢结构可按当地最高和最低气温确定；圬工、钢筋混凝土及预应力混凝土结构，对温度变化的敏感性较差，导热慢，故一般按当地月平均最高和最低气温确定。我国多数地区最高月平均气温是七月，最低月平均气温是一月，因此如缺乏实际调查资料，可按我国一、七月份平均气温（℃）等值线图确定。在计算温差时，气温变化值应自结构合拢时的温度起算。对于超静定结构的温度作用效应，可根据变形协调条件，按结构力学方法计算。

局部温差影响，一般指日照温差影响。日照温差对桥梁结构的影响，因日辐射强度、桥梁方位、日照时间、地理位置、地形地貌等随机因素，使结构表面、内部温差因对流、热辐射和热传导等传热方式形成瞬时的不均匀分布，内部产生不均匀的温度场，使结构不仅产生纵向温度应力，而且在横向也产生温度应力。

要计算日照温差对结构的效应，温度场的确定是关键问题，桥梁结构的温度分布极其复杂，严格地说属三维热传导问题。公路桥梁一方面考虑到桥梁是一个狭长的结构物，可以认为沿长度方向温度变化是一致的；另一方面公路桥梁由于设置人行道，一般是桥面板直接受日照，而腹板因悬臂的遮阴，两侧温差变化不大，因此对梁式结构桥梁的三维热传导问题可以简化为以沿截面高度方向的一维热传导状态分析。对于铁路桥梁，因梁窄，梁的腹板直接受日照，导致两侧腹板日照温差，除了考虑竖向的日照温差影响外，还要考虑横向的影响。各国桥梁规范对梁式结构沿梁高方向的温度场（或温度梯度）的规定有各种不同形式（图 5-7），可归纳为线性变化和非线性变化两种。

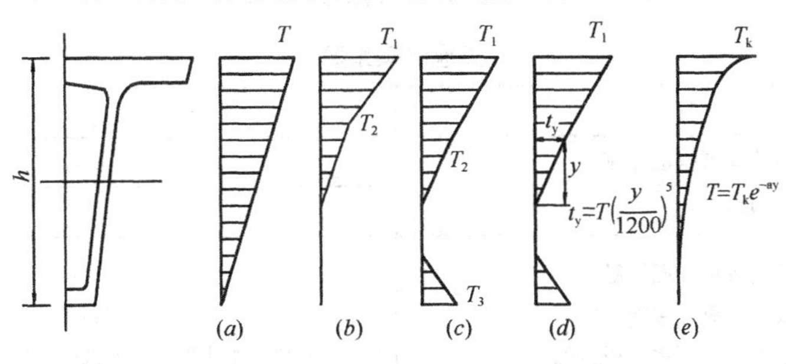

图 5-7　不同的温度梯度形式

(a) 法国；(b) 中国公路规范；(c) 英国；(d) 新西兰；(e) 中国铁路规范

我国公路桥梁规范，借鉴了各国规范中的规定，修正了我国公路桥梁的竖向温度梯度模式，混凝土上部结构和带混凝土桥面板的钢结构的竖向温度梯度曲线如图 5-8 所示。当混凝土上部结构高度小于 400mm 时，$A=H-100$（mm），H 为梁高，mm；当结构高度等于或大于 400mm 时，$A=300$mm；对带混凝土桥面板的钢结构，$A=300$mm。图中的 t 为混凝土桥面板的厚度，mm；图中竖向日照正温差计算的温度基数按表 5-18 取用。混凝土上部结构和带混凝土桥面板的钢结构的竖向日照反温差为正温差乘以 -0.5。计算圬工拱圈考虑徐变影响引起的温差作用效应时，计算的温差效应应乘以 0.7 的折减系数。

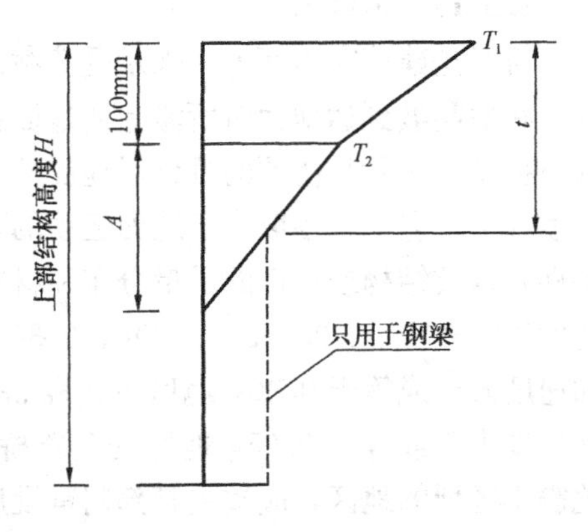

图 5-8　竖向梯度温度（尺寸单位：mm）

竖向日照正温差计算的温度基数　　表 5-18

结构类型	T_1（℃）	T_2（℃）
混凝土铺装	25	6.7
50mm 沥青混凝土铺装层	20	6.7
100mm 沥青混凝土铺装层	14	5.5

我国铁路桥梁规范中规定了竖向、横向及其组合的温差模式和应用范围，其中温度梯度分布曲线均采用指数函数形式，即 $T=T_{K}e^{-ay}$，如图 5-10（e）所示，其中 T_{K} 为控制温差标准值，a 为形常数标准值，y 为位置坐标。

需要指出，各国桥梁规范所采用的温度梯度的形式各有不同，但确定了温度场后，均可按一般结构力学方法进行内力或应力计算。

5.3.16 支座摩阻力

上部构造因温度变化引起的伸长或缩短以及受其他纵向力的作用，活动支座将产生一个方向相反的力，即支座摩阻力。摩阻力的大小取决于上部构造的竖向作用、支座类型以及材料等。支座摩阻力标准值可按下式计算：

$$F=\mu W \tag{5-18}$$

式中 W——作用于活动支座上由上部结构重力产生的效应；

μ——支座摩擦系数，无实测数据时可按表 5-19 取用。

支座摩擦系数 **表 5-19**

支 座 种 类	μ
滚动支座或摆动支座	0.05
橡胶支座	
支座与混凝土面接触	0.30
支座与钢板接触	0.20
聚四氟乙烯板与不锈钢板接触	0.06（加硅脂；温度低于－25℃时为 0.078） 0.12（不加硅脂；温度低于－25℃时为 0.156）

5.3.17 地震力

桥梁是建造在地面上用来承受荷载以跨越河流、湖海、道路、峡谷等路线障碍的建筑物，在地震波到达地面时所激起的地面强烈振动迫使桥梁墩台基础和墩台身以及梁体产生强迫振动，这就是所谓的桥梁对地震的反应。地震力是指地震时由于地面加速度引起结构的惯性力，它的大小取决于地面运动的强烈程度、结构的动力特性（如频率、振型及阻尼特性）以及结构或杆件的质量分布和材料性能等。我国公路桥梁规范规定，地震动峰值加速度等于 0.10g、0.15g、0.20g、0.30g 地区的公路桥涵，应进行抗震设计。地震动峰值加速度大于或等于 0.40g 地区的公路桥涵，应进行专门的抗震研究和设计。地震动峰值加速度小于或等于 0.05g 地区的公路桥涵，除有特殊要求者外，可采用简易设防。做过地震小区划的地区，应按主管部门审批后的地震动参数进行抗震设计。地震荷载作用时，桥梁结构可能产生过大的应力和变形，以致损坏。为了使桥梁结构能够抵抗地震荷载的作用，必须计算由于地震使桥梁产生的地震力，并验算相应荷载下桥梁结构与构件的强度、变形和稳定性等。桥梁地震作用的计算及结构的设计，应符合《公路工程抗震设计规范》和《铁路工程抗震设计规范》的规定。桥梁桥墩的地震作用计算公式见第 3 章。

5.3.18 撞击力

位于通航河流或有漂流物的河流中的桥梁墩台在使用中可能遭到船只、排筏或漂流物的撞击，该撞击力对桥梁安全、交通顺畅威胁很大。撞击过程是指从船只、排筏或漂流物以初速度与桥梁墩台相接触开始，到撞击双方脱离或不再有相互作用为止。整个撞击过程具有瞬时性（作用时间很短）、剧烈性（作用力、速度变化剧烈，幅度大）和复杂性（涉及能量转化、耗散，动量、冲量相互转化，结构变形、位移，材料破坏等物理力学现象）的特点。

船只或漂流物对桥梁墩台的撞击力，目前是按船只或漂流物作用于墩台上的有效动能转化为静力功的假定进行计算，一般称为“静力法”。对于如图 5-9 所示的墩台承受船只或漂流物的撞击力可按下式计算：

$$F=\gamma V\sin\alpha\sqrt{\frac{W}{C_1+C_2}} \qquad (5\text{-}19)$$

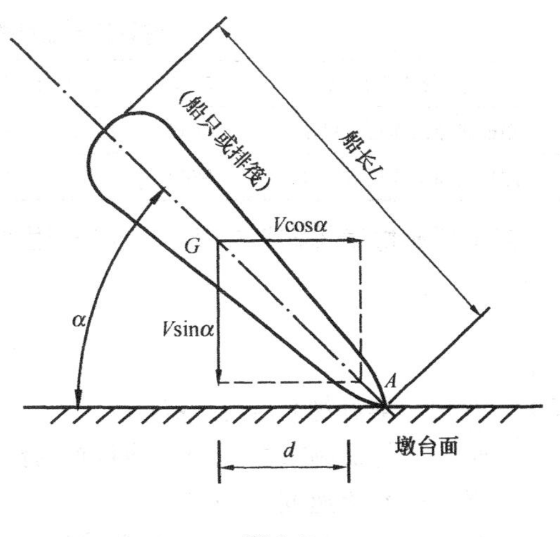

图 5-9

式中 F——撞击力（kN）；

γ——动能折减系数($s/m^{\frac{1}{2}}$)，当船只或排筏斜向撞击墩台（指船只或排筏驶近方向与撞击点处墩台面法线方向不一致）时可采用 0.2，正向撞击（指船只或排筏驶近方向与撞击点处墩台面法成方向一致）时可采用 0.3；

V——船只或排筏撞击墩台时的速度（m/s），此项速度对于船只采用航运部门提供的数据，对于排筏可采用筏运期的水流速度；

α——船只或排筏驶近方向与墩台撞击点处切线所成的夹角，应根据具体情况确定，如有困难，可采用 $\alpha=20°$；

W——船只重或排筏重（kN）；

C_1，C_2——船只或排筏的弹性变形系数和墩台圬工的弹性变形系数，缺乏资料时可假定 $C_1+C_2=0.0005$m/kN。

当无实测资料或缺乏实际调查资料时，内河上船舶撞击作用的标准值可按表 5-20 采用，对于四、五、六级航道内的钢筋混凝土桩墩，顺桥向撞击作用可按表 5-20 所列数值的 50%考虑。

内河上船舶撞击作用的标准值　　表 5-20

内河航通等级	船舶吨级 DWT（t）	横桥向撞击作用（kN）	顺桥向撞击作用（kN）
一	3000	1400	1100
二	2000	1100	900
三	1000	800	650
四	500	550	450
五	300	400	350
六	100	250	200
七	50	150	125

海轮的船舶撞击作用宜作专题研究确定，当无实测资料或缺乏实际调查资料时，通航海轮的船舶撞击作用的标准值可按表 5-21 采用。

海轮的船舶撞击作用的标准值 表 5-21

船舶吨级 DWT（t）	3000	5000	7500	10000	20000	30000	40000	50000
横桥向撞击作用（kN）	19600	25400	31000	35800	50700	62100	71700	80200
顺桥向撞击作用（kN）	9800	12700	15500	17900	25350	31050	35850	40100

对于漂流物横桥向撞击力，一般利用冲量定理来确定，其撞击力标准值可按下式计算：

$$F=\frac{WV}{gT} \tag{5-20}$$

式中 F——漂流物撞击力（kN）；

W——漂流物重力（kN）应根据河流中漂流物情况，按实际调查确定；

V——水流速度（m/s）；

T——撞击时间（s），应根据实际资料估计，在无实际资料时，一般用 1s；

g——重力加速度，9.81m/s^2。

上述内河船舶的撞击作用点，假定为计算通航水位线以上 2m 的桥墩宽度或长度的中点。海轮船舶撞击作用点需视实际情况而定。漂流物的撞击作用点假定在计算通航水位线上桥墩宽度的中点。

桥梁结构必要时可考虑汽车的撞击作用。汽车撞击力标准值在车辆行驶方向取 1000kN，在车辆行驶垂直方向取 500kN，两个方向的撞击力不同时考虑，撞击力作用于行车道以上 1.2m 处，直接分布于撞击涉及的构件上。对于设有防撞设施的结构构件，可视防撞设施的防撞能力，对汽车撞击力标准值予以折减，但折减后的汽车撞击力标准值不应低于上述规定值的 1/6。

5.4 荷载组合

上述介绍的各种荷载，在成桥运营或施工中不可能同时出现，因此，在设计中应分清哪些荷载是恒久存在的、经常出现的及偶尔出现的或只在特殊情况下才出现的。根据结构物的特性，考虑它们同时作用的可能性和荷载的重要性不同进行适当组合。下面主要介绍我国公路桥梁规范中关于荷载组合的一般规定和组合算式，铁路桥梁的荷载组合，可参照铁路桥梁设计规范的有关规定。

公路桥梁规范是以结构可靠性理论为基础，采用分项系数表示的概率极限状态设计法。对于有两种或两种以上可变荷载参与组合情况，引入荷载效应的组合系数对荷载标准值进行折减，以使按极限状态设计表达式设计的各种结构构件所具有的可靠指标与桥梁设计采用可靠指标有最佳的一致性。

规范中规定，公路桥涵结构设计应考虑结构上可能同时出现的作用，按承载能力极限状态和正常使用极限状态，进行荷载效应组合，取其最不利组合进行设计。只有在结构上可能同时出现的作用，才进行其效应的组合。当结构或结构构件需做不同受力方向的验算时，则应以不同方向的最不利的作用效应进行组合。当可变作用的出现对结构或结构构件产生有利影响时，该作用不应参与组合。实际不可能同时出现的作用或同时参与组合概率很小的作用，按表 5-22 规定不考虑其作用效应的组合。多个偶然作用不同时参与组合。

对于承载能力极限状态，应考虑荷载效应的基本组合或偶然组合。对于正常使用极限状态，按荷载的持久性应考虑荷载短期效应组合或长期效应组合。荷载效应设计值的一般组合算式如下：

可变作用不同时组合表 **表 5-22**

作用名称	不与该作用同时参与组合的可变作用	作用名称	不与该作用同时参与组合的可变作用
汽车制动力	流水压力、冰压力、支座摩阻力	冰压力	汽车制动力、流水压力
流水压力	汽车制动力、冰压力	支座摩阻力	汽车制动力

（1）基本组合

基本组合是永久荷载的设计值效应与可变荷载设计值效应相组合，其效应组合表达式为：

$$\gamma_0 S_{ud} = r_0 \left(\sum_{i=1}^{m} r_{Gi} S_{Gik} + r_{Q1} S_{Q1k} + \psi_C \sum_{j=2}^{r} r_{Qj} S_{Qjk} \right) \tag{5-21}$$

或：

$$\gamma_0 S_{ud} = r_0 \left(\sum_{i=1}^{m} S_{Gid} + S_{Q1d} + \psi_C \sum_{j=2}^{n} S_{Qjd} \right) \tag{5-22}$$

式中 S_{ud}——承载能力极限状态下荷载基本组合的效应组合设计值；

r_0——结构重要性系数，按表 5-23 公路桥涵结构的设计安全等级采用，对应于设计安全等级一级、二级、三级分别取 1.1、1.0 和 0.9；

r_{Gi}——第 i 个永久荷载效应的分项系数，应按表 5-24 的规定采用；

公路桥涵结构的设计安全等级 **表 5-23**

安全等级	桥涵结构	安全等级	桥涵结构
一级	特大桥、重要大桥	三级	小桥、涵洞
二级	大桥、中桥、重要小桥		

永久作用效应的分项系数 **表 5-24**

编号	作用类别		永久作用效应分项系数	
			对结构的承载力不利时	对结构的承载力有利时
1	混凝土和圬工结构重力（包括结构附加重力）		1.2	1.0
	钢结构重力（包括结构附加重力）		1.1 或 1.2	
2	预加力		1.2	1.0
3	土的重力		1.2	1.0
4	混凝土的收缩和徐变作用		1.0	1.0
5	土侧压力		1.4	1.0
6	水的浮力		1.0	1.0
7	基础变位作用	混凝土和圬工结构	0.5	0.5
		钢结构	1.0	1.0

注：本表编号 1 中，当钢桥采用钢桥面板时，永久作用效应分项系数取 1.1；当采用混凝土面板时，取 1.2。

S_{Gik}、S_{Gid}——第 i 个永久荷载效应的标准值和设计值；

r_{Q1} ——汽车荷载效应（含汽车冲击力、离心力）的分项系数，取 $r_{Q1}=1.4$；当某个可变荷载在效应组合中其值超过汽车荷载效应时，则该作用取代汽车荷载，其分项系数应采用汽车荷载的分项系数；对专为承受某作用而设置的结构或装置，设计时该作用的分项系数取与汽车荷载同值；计算人行道板和人行道栏杆的局部荷载，其分项系数也与汽车荷载取同值；

S_{Q1k}、S_{Q1d} ——汽车荷载效应（含汽车冲击力、离心力）的标准值和设计值；

r_{Qj} ——在荷载效应组合中除汽车荷载效应（含汽车冲击力、离心力）、风荷载外的其他第 j 个可变荷载效应的分项系数，取 $r_{Qj}=1.4$，但风荷载的分项系数取 $r_{Qj}=1.1$；

S_{Qjk}、S_{Qjd} ——在荷载效应组合中除汽车荷载效应（含汽车冲击力、离心力）外的其他第 j 个可变荷载效应的标准值和设计值；

ψ_C ——在作用效应组合中除汽车荷载效应（含汽车冲击力、离心力）外的其他可变作用效应的组合系数，当永久作用与汽车荷载和人群荷载（或其他一种可变作用）组合时，人群荷载（或其他一种可变作用）的组合系数取 $\psi_C=0.80$；当除汽车荷载（含汽车冲击力、离心力）外尚有两种其他可变作用参与组合时，其组合系数取 $\psi_C=0.70$；尚有三种可变作用参与组合时，其组合系数取 $\psi_C=0.60$；尚有四种及多于四种的可变作用参与组合时，取 $\psi_C=0.50$。

设计弯桥时，当离心力与制动力同时参与组合时，制动力标准值或设计值按 70% 取用。

（2）偶然组合

偶然组合是永久荷载标准值效应与可变荷载某种代表值效应、一种偶然荷载标准值效应相组合。偶然荷载的效应分项系数取 1.0；与偶然荷载同时出现的可变荷载，可根据观测资料和工程经验取用适当的代表值。

（3）荷载短期效应组合

荷载短期效应组合是指永久荷载标准值效应与可变荷载频遇值相组合，其效应组合表达式为

$$S_{sd}=\sum_{i-1}^{m}S_{Gik}+\sum_{j-1}^{n}\psi_{1j}S_{Qjk} \tag{5-23}$$

式中 S_{sd} ——荷载短期效应组合设计值；

ψ_{1j} ——第 j 个可变荷载效应的频遇值系数，汽车荷载（不计冲击力）$\psi_1=0.7$，人群荷载 $\psi_1=1.0$，风荷载 $\psi_1=0.75$，温度梯度作用 $\psi_1=0.8$，其他作用 $\psi_1=1.0$；

$\psi_{1j}S_{Qjk}$ ——第 j 个可变荷载效应的频遇值。

（4）荷载长期效应组合

荷载长期效应组合是指永久荷载标准值效应与可变荷载标准永久值效应相组合，其效应组合表达式为

$$S_{ld}=\sum_{i=1}^{m}S_{Gik}+\sum_{j=1}^{n}\psi_{2j}S_{Qjk} \tag{5-24}$$

式中　S_{ld}——荷载长期效应组合设计值；

ψ_{2j}——第 j 个可变荷载效应的准永久系数，汽车荷载（不计冲击力）$\psi_2=0.4$，人群荷载 $\psi_2=0.4$，风荷载 $\psi_2=0.75$，温度梯度作用 $\psi_2=0.8$，其他作用 $\psi_2=1.0$；

$\psi_{2j}S_{Qjk}$——第 j 个可变荷载效应的准永久值。

思 考 题

1. 桥梁荷载是如何分类的？直接荷载与间接荷载有何区别？
2. 桥梁荷载有哪些代表值？有何意义？
3. 土侧压力一般分哪几种？有何特点？
4. 试解释混凝土的收缩和徐变变形作用。
5. 现行公路桥涵规范将车辆荷载分为哪几种？每种有何等级？各级车辆荷载有哪些技术标准？
6. 横桥向风力受到哪些主要因素影响？
7. 温度变化对桥梁结构的影响包括哪些？各有什么特点？
8. 桥梁荷载有哪些组合？

第6章 水工建筑物的荷载

6.1 荷载的类型

水工建筑物的荷载也称作用，即外界环境对水工建筑物的影响。作用于水工建筑物上的荷载可按作用随时间的变异为永久作用、可变作用和偶然作用；按随空间位置的变异分为固定作用和可动作用。其中，按随时间变异的分类为主要分类，包括：

（1）永久作用

① 结构自重和永久设备自重；

② 土压力；

③ 泥沙压力（有排沙设施时可列为可变作用）；

④ 地应力；

⑤ 围岩压力；

⑥ 预应力。

（2）可变作用

① 静水压力；

② 扬压力（包括渗透压力和浮托力）；

③ 动水压力（包括水流离心力水流冲击力脉动压力等）；

④ 水锤压力；

⑤ 浪压力；

⑥ 外水压力；

⑦ 风荷载；

⑧ 雪荷载；

⑨ 冰压力（包括静冰压力和动冰压力）；

⑩ 冻胀力；

⑪楼面（平台）活荷载；

⑫桥机门机荷载；

⑬温度作用；

⑭土壤孔隙水压力；

⑮灌浆压力。

（3）偶然作用

① 地震作用；

② 校核洪水位时的静水压力。

本章仅介绍与水利水电及港口水工建筑物有关的作用。在工程实际中，不同行业有其不同的规范，因此其作用的取值和计算应参照各自的规范。

6.2 水工建筑物荷载取值和计算方法

6.2.1 建筑物自重及永久设备自重

水工建筑物的自重，可按结构设计尺寸与其材料重度计算确定：

$$G = \gamma V \tag{6-1}$$

式中 V——建筑物的体积（m^3）；

γ——材料重度（kN/m^3）。

水工建筑物常用材料的重度可参照表2-1选用。

建筑物上一些永久设备的自重也应计算在内，其值采用设备的铭牌重量。

6.2.2 静水压力

静水压力可按水力学的原理计算，垂直作用于建筑物表面任意一点的静水压强为：

$$p = \gamma_w H \tag{6-2}$$

式中 H——计算点处的作用水头，即该点至水面的高差（m）；

γ_w——水的重度（kN/m^3）；一般采用9.81kN/m^3，对于多泥沙河流应根据实际情况选用。

6.2.3 扬压力

扬压力是由水工建筑物上、下游水位差产生的渗透水压力和下游水深产生的浮托力两部分组成，其大小是根据建筑物计算截面上的扬压力分布图形计算确定。作用于建筑物计算截面上的扬压力分布图形，应根据不同的水工结构形式、上下游计算水位（应与计算静水压力的水位一致）、地基地质条件及防渗、排水措施等情况进行选用。下面分别列出一些常用的结构形式在不同条件下的扬压力分布图形。

1. 混凝土坝的扬压力

（1）坝基面上的扬压力

①当坝基设有防渗帷幕和排水孔时，由于防渗帷幕和排水孔使渗透压力大为降低，此时扬压力分布图形见图6-1（*a*）、（*b*）、（*c*）、（*d*）。图中矩形部分为下游水深H_2产生的浮托力；折线部分是上下游水位差$H=(H_1-H_2)$产生的渗透压力，上游为H，下游为零，排水孔处为αH，α为渗透压力强度系数，可在表6-1中查得。

坝基面的渗透压力、扬压力强度系数 **表6-1**

部位	坝型	坝基处理情况		
		（A）设置防渗帷幕和排水孔	（B）设置防渗帷幕和主、副排水孔并抽排	
		渗透压力强度系数 α	主排水孔前的扬压力强度系数 α_1	残余扬压力强度系数 α_2
河床坝段	实体重力坝	0.25	0.20	0.50
	宽缝重力坝	0.20	0.15	0.50
	大头支墩坝	0.20	0.15	0.50
	空腹重力坝	0.25	—	—
	拱坝	0.25	0.20	0.50

续表

部位	坝　　型	坝基处理情况		
		(A) 设置防渗帷幕和排水孔	(B) 设置防渗帷幕和主、副排水孔并抽排	
		渗透压力强度系数 α	主排水孔前的扬压力强度系数 α_1	残余扬压力强度系数 α_2
岸坡坝段	实体重力坝	0.35	—	—
	宽缝重力坝	0.30	—	—
	大头支墩坝	0.30	—	—
	空腹重力坝	0.35	—	—
	拱坝	0.35	—	—

注：1. 当坝基仅设排水孔而未设防渗帷幕时，渗透压力强度系数 α 可按表中 (A) 项适当提高。

2. 拱坝拱座侧面排水孔处的渗透压力强度系数 α 可按表中"岸坡坝段"采用 0.35，但对于地质条件复杂的高拱坝，则应经三向渗流计算或试验验证。

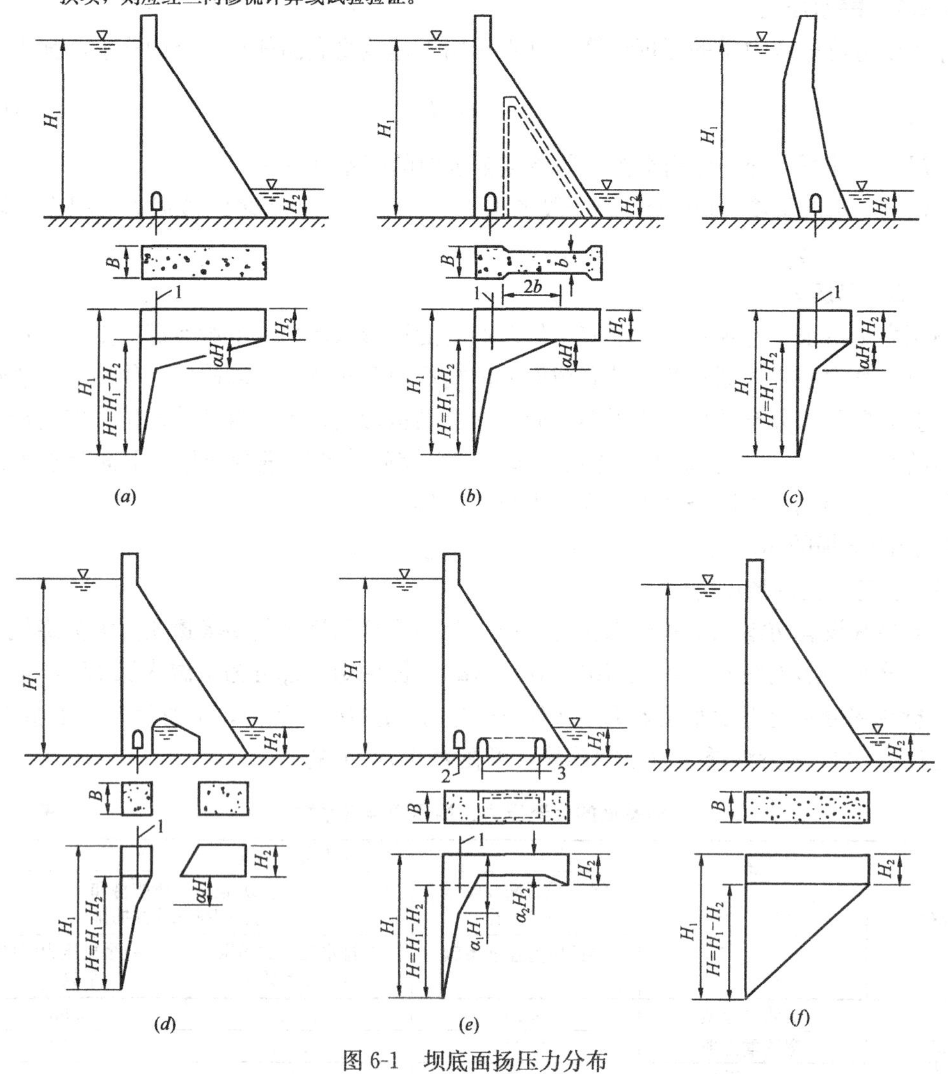

图 6-1　坝底面扬压力分布

(a) 实体重力坝；(b) 宽缝重力坝及大头支墩坝；(c) 拱坝；
(d) 空腹重力坝；(e) 坝基设有抽排水系统；(f) 未设帷幕及排水孔
1—排水孔中心线；2—主排水孔；3—副排水孔

②当坝基设有防渗帷幕和上游主排水孔，并设有下游副排水孔及抽排系统时，不仅渗透压力得到减小，而且由于抽排措施使得浮托力也得到减小，此时扬压力分布图形见图6-1（*e*）。图中 α_1 为主排水孔处扬压力强度系数，α_2 为坝基面上残余扬压力强度系数，均可在表6-1中查得。

③当坝基未设防渗帷幕和上游排水孔时，扬压力分布图形见图6-1（*f*）。此时上游处的扬压力作用水头为 H_1，下游处为 H_2，其间以直线连接。

（2）坝体内部的扬压力

渗透水流除在坝基面产生渗透压力外，渗入坝体内部的水流也会产生渗透压力。为了减小坝内渗透压力，通常设置坝内排水管，此时扬压力按图6-2所示的分布图形进行计算。图中 α_3 常取0.2；当在宽缝重力坝、大头支墩坝的宽缝部位则取0.15。

如果坝体未设置排水管，则渗透压力为三角形分布。

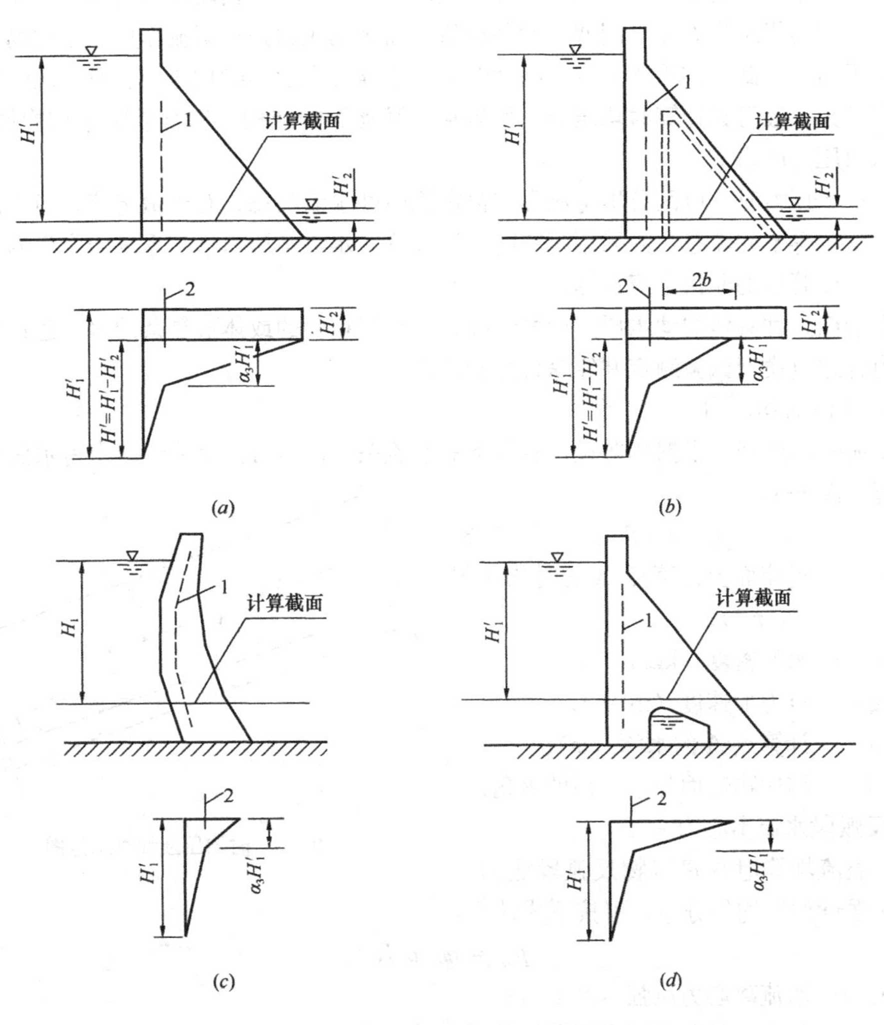

图6-2　坝体计算截面扬压力分布

（*a*）实体重力坝；（*b*）宽缝重力坝；（*c*）拱坝；（*d*）空腹重力坝

1—坝内排水管；2—排水管中心线

2. 水闸的扬压力

（1）岩基上水闸底面的扬压力分布图形，可采用图 6-1 中实体重力坝情况。

（2）软基上水闸底面的扬压力分布图形，与上下游计算水位、闸底板地下轮廓线的布置情况、地基土质分布及其渗透特性等条件有关。一般采用改进阻力系数法或流网法进行闸基渗流计算，再由其结果绘出扬压力分布图形。

（3）软基上水闸两岸墩墙侧向渗透压力的分布图形可按下列情况确定：

①当墙后土层的渗透系数小于地基渗透系数时可近似地采用相应部位的闸底渗透压力分布图形；

②当墙后土层的渗透系数大于地基渗透系数时应按侧向绕流计算确定；

③对于大型水闸应经三向电拟试验或数值计算验证。

6.2.4 动水压力

动水压力是水流流动时对水工建筑物过流面的作用，它包括时均压力和脉动压力两部分。时均压力是指水压力随时间变化的平均值，而脉动压力是指紊流作用在结构物表面的动水脉动压力，因此，作用于某点上的瞬时动水压强可表示为时均压强和脉动压强之和。

动水压力一般可只计算时均压力，但当水流脉动影响结构的安全或引起结构振动时，应计算脉动压力的影响。

计算动水压力时，应区分恒定流和非恒定流两种水流状态。对于恒定流，尚应区别渐变流或急变流等不同流态，并采用相应的方法计算。水电站压力水道系统内产生的水锤压力，应按有压管道的非恒定流计算。

下面给出几种具体的动水压力计算情况，但对于重要的或体形复杂的水工建筑物，其动水压力宜通过模型试验测定并经综合分析确定。

1. 渐变流时均压力

渐变流时均压强可根据相应设计状况下的水流条件，通过计算或试验求得水面线后按下式计算（图 6-3）：

$$p_{tr} = \rho_w g h \cos\theta \tag{6-3}$$

式中 p_{tr}——过流面上计算点 A 的时均压强（N/m²）；

ρ_w——水的密度（kg/m³）；

g——重力加速度（m/s²）；

h——计算点 A 的水深（m）；

θ——结构物底面与水平面的夹角。

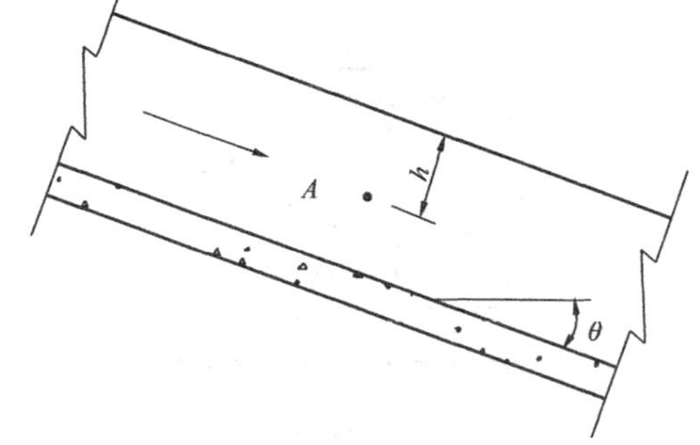

图 6-3 时均压强计算示意图

2. 反弧段水流离心力

（1）溢流坝等泄水建筑物反弧段底面上的动水压强近似取均匀分布，可按下式计算：

$$p_{cr} = q\rho_w v/R \tag{6-4}$$

式中 p_{cr}——水流离心力压强（N/m²）；

q——相应设计状况下反弧段上的单宽流量［m³/（s·m）］；

v——反弧段最低点处的断面平均流速（m/s）；

R——反弧半径（m）。

（2）溢流坝等泄水建筑物反弧段上离心力合力的水平及垂直分力可根据水力学的动量方程求得，计算公式如下：

$$P_{xr}=q\rho_w v(\cos\theta_2-\cos\theta_1) \tag{6-5}$$

$$P_{yr}=q\rho_w v(\sin\theta_2+\sin\theta_1) \tag{6-6}$$

式中 P_{xr}——单位宽度上离心力合力的水平分力（N/m）；

P_{yr}——单位宽度上离心力合力的垂直分力（N/m）；

θ_2、θ_1——如图 6-4 中所示的角度，取其绝对值。

（3）作用于反弧段边墙上的水流离心力压强，沿径向剖面在水面处为零，在墙底处为 p_{cr}，其间近似采用线性分布。p_{cr} 可按式（6-4）计算，并垂直作用于墙面。

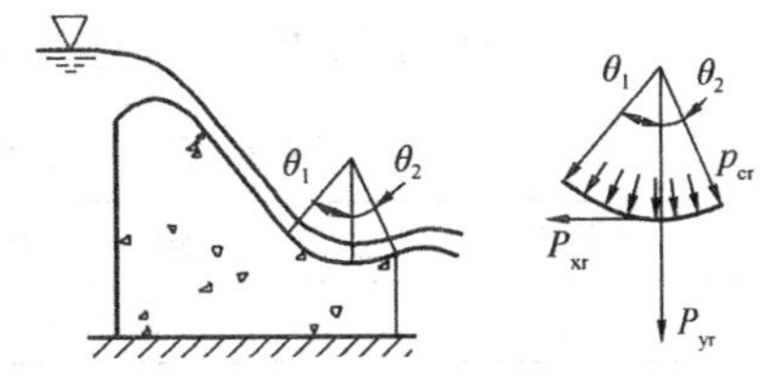

图 6-4　反弧段离心力示意图

3. 水流对尾槛的冲击力

水流对消力池尾槛的冲击力可按下式计算：

$$P_{ir}=K_d A_0\frac{\rho_w v^2}{2} \tag{6-7}$$

式中 P_{ir}——作用于消力池尾槛的水流冲击力（N）；

A_0——尾槛迎水面在垂直于水流方向上的投影面积（m^2）；

v——水跃收缩断面的流速（m/s）；

K_d——阻力系数。对于消力池中未形成水跃、水流直接冲击尾槛的情况，可取 $K_d=0.6$；对于消力池中已形成水跃且 $3\leqslant F_r\leqslant 10$ 的情况，可取 $K_d=0.1\sim0.5$（弗氏数 F_r 大者 K_d 取小值，反之取大值）。

4. 脉动压力

（1）作用于一定面积上的脉动压力可按下式计算：

$$P_{fr}=\pm\beta_m p_{fr}A \tag{6-8}$$

式中：P_{fr}——脉动压力（N）；

p_{fr}——脉动压强（N/m^2）；

A——作用面积（m^2）；

β_m——面积均化系数，可按表 6-2 选用。

式中正、负号应按不利设计条件选定。

面积均化系数　　　**表 6-2**

结构部位	溢流式厂房顶部、溢洪道泄槽、鼻坎		平底消力池底板									
结构分块尺寸	$L_m>5m$	$L_m\leqslant5m$	L_m/h_2	0.5			1.0			1.5		
			b/h_2	0.5	1.0	1.5	0.5	1.0	1.5	0.5	1.0	1.5
β_m	0.10	0.14	—	0.55	0.46	0.40	0.44	0.37	0.32	0.37	0.31	0.27

注：L_m——结构块顺流向的长度（m）；

b——结构块垂直流向的长度（m）；

h_2——第二共轭水深（m）。

（2）脉动压强可按下式计算：

$$P_{fr} = 2.31K_p \frac{\rho_w v^2}{2} \tag{6-9}$$

式中 K_p——脉动压强系数。泄水建筑物不同部位的脉动压强系数可按表6-3及表6-4选用。对于重要工程，宜根据专门试验确定。

v——相应设计状况下水流计算断面的平均流速（m/s）；可根据水流条件确定。对于消力池水流，可取收缩断面的平均流速；对于泄槽水流，可取计算断面的平均流速；对于反弧鼻坎挑流，可取反弧最低处的断面平均流速。

溢流厂房顶部、溢洪道泄槽、鼻坎的脉动压强系数 K_p **表6-3**

结构部位	溢流式厂房顶部	溢洪道泄槽	鼻　坎
K_p	0.010～0.015	0.010～0.025	0.010～0.020

平底消力池底板的脉动压强系数 K_p **表6-4**

结　构　部　位		$F_{r1}>3.5$	$F_{r1}\leqslant 3.5$
所在位置	$0.0<x/L\leqslant 0.2$	0.03	0.03
	$0.2<x/L\leqslant 0.6$	0.05	0.07
	$0.6<x/L\leqslant 1.0$	002	0.04

注：F_{r1}——收缩断面的弗氏数；

x——计算断面离消力池起点的距离（m）；

L——消力池长度（m）。

5. 水锤压力

（1）当水电站水轮发电机组的负荷突然变化时，相应设计状况下压力水道（包括蜗壳、尾水管及压力尾水道）内产生的水锤压力可按下式计算：

$$\Delta H_r = K_y \xi H_0 \tag{6-10}$$

式中 ΔH_r——水锤压力（水头）（m）；

ξ——水锤压力相对值，可用解析法或数值积分法求得；对于简单管路发生间接水锤时，可用解析公式计算；

H_0——静水头，即相应设计状况下上、下游计算水位之差（m）；

K_y——修正系数，根据计算方法与水轮机形式而定。当采用数值积分等方法时，采用1.0；当采用解析法计算时，对于冲击式水轮机可采用1.0；对于反击式水轮机，应根据其转速经试验确定，当无试验数据时，混流式水轮机可采用1.2，轴流式水轮机可采用1.4。

（2）上、下游压力管道中各计算截面的水锤压力水头值可按下列公式计算：

$$\Delta H_i = \frac{\sum l_i v_i}{L v_m} \Delta H_r \tag{6-11}$$

$$\Delta H_j = \frac{\sum l_j v_j}{L v_m} \Delta H_r \tag{6-12}$$

式中 ΔH_i——上游压力管道某计算截面的水锤压力水头值（m）；

ΔH_j——下游压力管道某计算截面的水锤压力水头值（m）；

$\Sigma l_i v_i$ ——自上游进水口（调压室）至计算截面处各段压力水道长度（m）与流速（m/s）的乘积之和；

$\Sigma l_j v_j$ ——自下游出口至计算截面处各段压力水道长度（m）与流速（m/s）的乘积之和；

Lv_m ——自上游进水口（调压室）至下游出口的压力管道长度 L（m）与流速 v_m（m/s）的乘积。管道平均流速 v_m 可按下式计算：

$$v_m = \frac{\Sigma lv}{L} \tag{6-13}$$

Σlv ——压力管道的各段长度（m）与其流速（m/s）的乘积之和。

上游压力水道末端采用的水锤压力升高值，应不小于正常蓄水位下压力水道静水头的10%。对于设置调压室的压力水道，应根据具体情况考虑调压室涌波对水锤压力的影响。

6.2.5 浪压力

水面在风的作用下产生波浪，波浪对建筑物的冲击力称为浪压力。计算波浪压力时，首先要计算波浪要素，即波浪高度、波浪长度和波浪中心线超出静水面的高度。由于影响波浪的因素很多，目前一般采用已建水库的长期观测资料所建立的经验公式进行计算。

1. 波浪要素的计算

波浪要素一般根据拟建水库的具体条件，按下述 3 种情况进行计算：

（1）对于平原、滨海地区水库，推荐采用莆田试验站公式计算：

$$\frac{gh_m}{v_0^2} = 0.13\tanh\left[0.7\left(\frac{gH_m}{v_0^2}\right)^{0.7}\right]\tanh\left\{\frac{0.0018\,(gD/v_0^2)^{0.45}}{0.13\tanh\left[0.7\,(gH_m/v_0^2)^{0.7}\right]}\right\} \tag{6-14}$$

$$\frac{gT_m}{v_0} = 13.9\left(\frac{gh_m}{v_0^2}\right)^{0.5} \tag{6-15}$$

式中 h_m——平均波高（m）；

T_m——平均波周期（s）；

v_0——计算风速（m/s）；设计情况采用 50 年一遇风速，校核情况采用多年平均最大风速；

D——风吹长度，即计算点至对岸的直线距离（m）；当水域特别狭长时，以 5 倍平均水面宽为限；

H_m——水域平均水深（m），水深取值应与计算工况对应；

g——重力加速度（9.81m/s^2）。

（2）对于丘陵、平原地区水库，推荐采用鹤地水库公式计算：

$$\frac{gh_{2\%}}{v_0^2} = 0.00625 v_0^{1/8}\left(\frac{gD}{v_0^2}\right)^{1/3} \tag{6-16}$$

$$\frac{gL_m}{v_0^2} = 0.0386\left(\frac{gD}{v_0^2}\right)^{1/2} \tag{6-17}$$

式中 $h_{2\%}$——累积频率为 2%的波高（m）；

L_m——平均波长（m）。

鹤地公式的适用条件为库水较深，$v_0 < 26.5\text{m/s}$ 及 $D < 7.5\text{km}$。

（3）对于山区峡谷水库，推荐采用官厅水库公式计算：

$$\frac{gh}{v_0^2} = 0.0076 v_0^{-1/12} \left(\frac{gD}{v_0^2}\right)^{1/3} \tag{6-18}$$

$$\frac{gL_m}{v_0^2} = 0.331 v_0^{-1/2.15} \left(\frac{gD}{v_0^2}\right)^{1/3.75} \tag{6-19}$$

式中 h——当 $gD/v_0^2 = 20 \sim 250$ 时，为累积频率 5%的波高 $h_{5\%}$；当 $gD/v_0^2 = 250 \sim 1000$ 时，为累积频率 10%的波高 $h_{10\%}$。

官厅水库公式适用于 $v_0 < 20\text{m/s}$ 及 $D < 20\text{km}$ 的情况。

不同累积频率的波高之间的换算可按表 6-5 进行。

平均波长 L_m 与平均波周期 T_m 可按下式换算：

$$L_m = \frac{gT_m^2}{2\pi} \tanh \frac{2\pi H}{L_m} \tag{6-20}$$

对于深水波，即当 $H \geqslant 0.5L_m$ 时，式（6-20）可简化为：

$$L_m = \frac{gT_m^2}{2\pi} \tag{6-21}$$

累积频率为 p（%）的波高与平均波高的比值（%） **表 6-5**

$\frac{h_m}{H_m}$	p									
	0.1	1	2	3	4	5	10	13	20	50
0	2.97	2.42	2.23	2.11	2.02	1.95	1.71	1.61	1.43	0.94
0.1	2.70	2.26	2.09	2.00	1.92	1.87	1.65	1.56	1.41	0.96
0.2	2.46	2.09	1.96	1.88	1.81	1.76	1.59	1.51	1.37	0.98
0.3	2.23	1.93	1.82	1.76	1.70	1.66	1.52	1.45	1.34	1.00
0.4	2.01	1.78	1.68	1.64	1.60	1.56	1.44	1.39	1.30	1.01
0.5	1.80	1.63	1.56	1.52	1.49	1.46	1.37	1.33	1.25	1.01

2. 浪压力的计算

浪压力的计算有多种情况，本节仅介绍直墙式闸、坝等挡水建筑物上的浪压力计算。其余情况可参阅各建筑物的设计规范。

作用于铅直迎水面建筑物上的浪压力，根据建筑物迎水面前的水深情况，可按以下 3 种波浪形态分别计算：

（1）深水波，即 $H \geqslant H_{cr}$ 和 $H \geqslant \frac{L_m}{2}$；浪压力分布如图 6-5（$a$）所示，单位长度上的

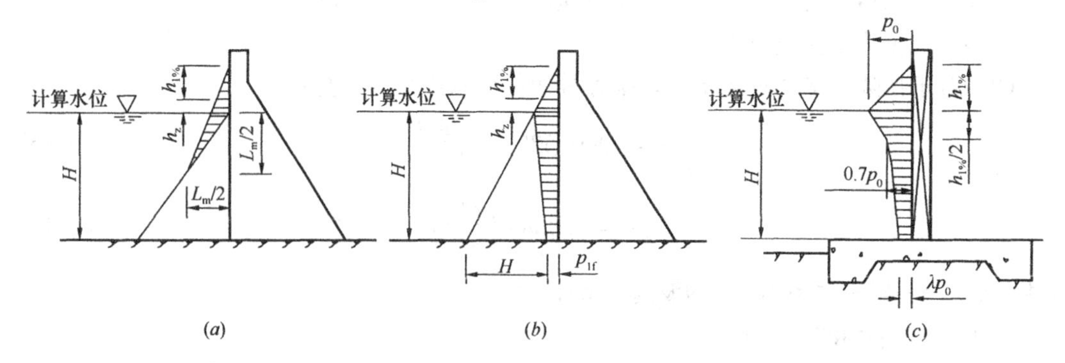

图 6-5 直立式挡水建筑物的浪压力分布

（a）深水波；（b）浅水波；（c）破碎波

浪压力按下式计算：

$$P_{wk}=\frac{1}{4}\gamma_w L_m\ (h_{1\%}+h_z) \tag{6-22}$$

式中 P_{wk}——单位长度迎水面上的浪压力（kN/m）；

γ_w——水的重度（kN/m^3）；

L_m——平均波长（m）；

$h_{1\%}$——累积频率为1%的波高（m）；

H——挡水建筑物迎水面前的水深（m）；

h_z——波浪中心线至计算水位的高度（m）；按下列计算：

$$h_z=\frac{\pi h_{1\%}^2}{L_m}\coth\frac{2\pi H}{L_m} \tag{6-23}$$

H_{cr}——使波浪破碎的临界水深（m）；按下式计算：

$$H_{cr}=\frac{L_m}{4\pi}\ln\frac{L_m+2\pi h_{1\%}}{L_m-2\pi h_{1\%}} \tag{6-24}$$

（2）浅水波，即 $H\geqslant H_{cr}$，但 $H<\frac{L_m}{2}$，浪压力分布如图 6-5（b）所示，单位长度上的浪压力按下式计算：

$$P_{wk}=\frac{1}{2}\left[(h_{1\%}+h_z)\ (\gamma_w H+p_{lf})+Hp_{lf}\right] \tag{6-25}$$

式中 p_{lf}——建筑物底面处的剩余浪压力强度（kN/m^2）；按下式计算：

$$p_{lf}=\gamma_w h_{1\%}\operatorname{sech}\left(\frac{2\pi H}{L_m}\right) \tag{6-26}$$

（3）破碎波，即 $H<H_{cr}$，浪压力分布如图 6-5c 所示，单位长度上的浪压力按下式计算：

$$p_{wk}=\frac{1}{2}p_0\left[(1.5-0.5\lambda)h_{1\%}+(0.7+\alpha\lambda)H\right] \tag{6-27}$$

式中 λ——建筑物底面的浪压力强度折减系数。当 $H\leqslant 1.7h_{1\%}$ 时，取 0.6；当 $H>1.7h_{1\%}$ 时，取 0.5。

p_0——计算水位处的浪压力强度（kN/m^2）；按下式计算：

$$p_0=K_i\gamma_w h_{1\%} \tag{6-28}$$

K_i——底面影响系数，按表 6-6 采用。

底坡影响系数 K_i **表 6-6**

底坡 i	1/10	1/20	1/30	1/40	1/50	1/60	1/80	<1/100
K_i 值	1.89	1.61	1.48	1.41	1.36	1.33	1.29	1.25

注：底坡 i 采用建筑物迎水面前一定距离内的平均值。

6.2.6 土压力及淤沙压力

当建筑物背后有填土或淤沙时，随着建筑物相对于土体的位移状况不同，建筑物将受到不同的土压力作用。建筑物受土压力作用而向前侧移动时，承受主动土压力；建筑物受其他荷载（如水压力等）作用向填土一侧产生移动时，承受被动土压力；当建筑物受土压力作用变形很小时，可按静止土压力计算。

水库蓄水后，流速减缓，水流携带的泥沙在水库中逐渐淤积，对挡水建筑物形成淤沙压力。淤沙的重度和内摩擦角与淤积物的颗粒组成及沉积过程有关。淤沙逐渐固结，重度与内摩擦角也逐年变化，而且各层不同，使得淤沙压力难于准确计算。作用在闸、坝等挡水建筑物单位长度上的水平淤沙压力一般可按下式计算：

$$P_{sk}=\frac{1}{2}\gamma_{sb}h_s^2\tan^2\left(45°-\frac{\varphi_s}{2}\right) \tag{6-29}$$

式中 P_{sk}——单位长度上的水平淤沙压力（kN/m^2）；

γ_{sb}——淤沙的浮重度（kN/m^3）；$\gamma_{sb}=\gamma_{sd}-(1-n)\gamma_w$；

γ_{sd}——淤沙的干重度（kN/m^3）；

γ_w——水的重度（kN/m^3）；

n——淤沙的孔隙率；

h_s——挡水建筑物前泥沙淤积厚度（m）；

φ_s——淤沙的内摩擦角（°）。

淤沙的浮重度和内摩擦角，一般可参照类似工程的实测资料分析确定；对于淤沙严重的工程宜通过试验确定。

挡水建筑物前的泥沙淤积厚度，应根据河流水文泥沙特性和枢纽布置情况经计算确定；对于多泥沙河流上的工程，宜通过物理模型试验或数学模型计算，并结合已建类似工程的实测资料综合分析确定。

当结构挡水面倾斜时，应计及竖向淤沙压力。

6.2.7 冰压力和冻胀力

1. 静冰压力

寒冷地区的冬季，水库表面会结冰。当气温升高，冰层膨胀时，对建筑物产生的压力为静冰压力。静冰压力的大小与冰层厚度、开始升温时的气温及温升率有关。作用于坝面或其他宽长建筑物单位长度上的静冰压力可参照表 6-7 确定。静冰压力作用点取冰面以下1/3 冰厚处。

静 冰 压 力 **表 6-7**

冰层厚度（m）	0.4	0.6	0.8	1.0	1.2
静冰压力标准值（kN/m）	85	180	215	245	280

注：1. 冰层厚度取多年平均年最大值；
2. 对于小型水库应将表中静冰压力标准值乘以 0.87 后采用，对于库面开阔的大型平原水库应乘以 1.25 后采用；
3. 表中静冰压力标准值适用于结冰期内水库水位基本不变的情况，结冰期内水库水位变动情况下的静冰压力应作专门研究；
4. 静冰压力数值可按表列冰厚内插。

作用于独立墩柱上的静冰压力可按式（6-31）计算。

2. 动冰压力

冰块破裂后，受风及流水作用而漂流，冰块撞击到建筑物时，将产生动冰压力。

作用于铅直的坝面或其他宽长建筑物上的动冰压力可按下式计算：

$$F_{bk}=0.07vd_i\sqrt{Af_{ic}} \tag{6-30}$$

式中　F_{bk}——冰块撞击建筑物时产生的动冰压力（MN）；

v——冰块流速（m/s）；宜按实测资料确定，当无实测资料时，对于河（渠）冰可采用水流流速；对于水库冰可采用历年冰块运动期内最大风速的3%，但不宜大于0.6m/s；对于过冰建筑物可采用该建筑物前流冰的行近流速；

A——冰块面积（m^2），可由当地或邻近地点的实测或调查资料确定；

d_i——流冰厚度（m），可采用当地最大冰厚的0.7～0.8倍，流冰初期取大值；

f_{ic}——冰的抗压强度（MPa）；宜由试验确定，当无试验资料时，对于水库可采用0.3MPa；对于河流，流冰初期可采用0.45MPa，后期可采用0.3MPa。

作用于独立墩柱上的动冰压力，可按下列情况计算确定：

（1）作用于前沿铅直的三角形独立墩柱上的动冰压力，可分别按式（6-31）、式（6-32）计算冰块切入和撞击两种情况下的冰压力，并取其中的小值：

$$F_{p1} = mf_{ib}d_ib \tag{6-31}$$

$$F_{p2} = 0.04vd_i\sqrt{mAf_{ib}\tan\gamma} \tag{6-32}$$

式中　F_{p1}——冰块切入三角形墩柱时产生的动冰压力（MN）；

F_{p2}——冰块撞击三角形墩柱时产生的动冰压力（MN）；

m——墩柱前沿的平面形状系数，按表6-8采用；

γ——三角形夹角的一半（°）；

f_{ib}——冰的抗挤压强度（MPa）；流冰初期可取0.75MPa，后期可取0.45MPa；

b——在冰作用高程处的墩柱前沿宽度（m）。

形状系数 m 值　　　　**表6-8**

平面形状	夹角为2γ的三角形					矩形	多边形或圆形
	45°	60°	75°	90°	120°		
m	0.54	0.59	0.64	0.69	0.77	1.0	0.9

（2）作用于前沿铅直的矩形、多边形或圆形独立墩柱上的动冰压力可按式（6-31）计算。

3. 冻胀力

严寒使地基土中的水分结冰，并使地基土成为冻土，冻土层内的土体冻胀，受到建筑物和下面未冻土层的约束，即产生冻胀力，此冻胀力将对建筑物或其保护层产生作用，使之变位，甚至失稳、破坏。冻土融化时，强度骤减，严重时可使建筑物受到破坏。因此，在设计寒冷地区的水工建筑物时，要遵循有关规范的规定。

6.2.8　围岩压力

围岩压力也称山岩压力，是围岩变形或塌落而作用在地下结构上的力。影响围岩压力的因素很多，如围岩的地质条件和力学特性，洞室的断面形状、尺寸和埋置深度，施工方法和时间以及结构形式、刚度等。因此确定围岩压力是一个很复杂的问题，对于重要的、地质条件复杂的工程，应尽可能通过现场试验和观测确定。

一般围岩压力可按下列情况确定：

（1）当洞室在开挖过程中，采取了喷锚支护或钢架支撑等施工加固措施，已使围岩处于基本稳定的情况，则设计时宜少计或不计作用在永久支护结构上的围岩压力。

(2) 对于块状、中厚层至厚层状结构的围岩，可根据围岩中不稳定块体的重力作用确定围岩压力。

(3) 对于薄层状及碎裂、散体结构的围岩，垂直均布压力可按式（6-33）计算，并根据开挖后的实际情况进行修正。

$$q_{vk} = (0.2 \sim 0.3)\gamma_R B \tag{6-33}$$

式中 q_{vk}——垂直均布压力（kN/m^2）；

B——洞室开挖宽度（m）；

γ_R——岩体重度（kN/m^3）。

(4) 对于碎裂、散体结构的围岩，水平均布压力可按式（6-34）计算，并根据开挖后的实际情况进行修正。

$$q_{hk} = (0.05 \sim 0.10)\gamma_R H \tag{6-34}$$

式中 q_{hk}——水平均布压力（kN/m^2）；

H——洞室开挖高度（m）。

(5) 对于不能形成稳定拱的浅埋洞室，宜按洞室拱顶上覆岩体的重力作用计算围岩压力，并根据施工所采取的措施予以修正。

6.2.9 水流力

水流力是水流对结构物的作用，是内河墩式码头及其他透空式码头的主要荷载之一。作用在结构物上的水流力可按下式计算：

$$F_w = C_w \frac{\rho}{2} v^2 A \tag{6-35}$$

式中 F_w——水流力（kN）；

v——水流设计流速（m/s）；

C_w——水流阻力系数，与结构几何形状有关，按《港口工程荷载规范》（JTJ 215—98）选用；

ρ——水的密度（t/m^3）；淡水取 1.0，海水取 1.025；

A——计算构件在与流向垂直平面上的投影面积（m^2）。

6.2.10 船舶荷载

船舶荷载是指船舶直接或间接（通过系船缆等）作用在码头建筑物上的荷载。直接作用的荷载主要有船舶挤靠力和撞击力；间接作用的荷载主要指船舶系缆力。

1. 船舶系缆力

由于风和水流等的作用使船舶通过系船缆而作用在系船柱（或系船环）上的力称为系缆力。

(1) 风和水流对船舶的作用

①作用于船舶的风荷载

作用在船舶上的计算风压力的垂直于码头前沿线的横向分力 F_{xw}（kN）和平行于码头前沿线的纵向分力 F_{yw}（kN）可按下式计算：

$$F_{xw} = 73.6 \times 10^{-5} A_{xw} v_x^2 \zeta \tag{6-36}$$

$$F_{yw} = 49.0 \times 10^{-5} A_{yw} v_y^2 \zeta \tag{6-37}$$

式中 A_{xw}、A_{yw}——分别为船体水面以上横向和纵向受风面积（m^2）；

v_x、v_y——分别为设计风速的横向和纵向分量（m/s）；

ζ——风压不均匀折减系数。

A_{xw}、A_{yw}、v_x、v_y、ζ根据《港口工程荷载规范》JTJ 215—98确定。

②作用于船舶的水流力

随着港口的大型化和现代化，已有不少码头建于无掩护的开敞海域，码头常处于强潮流或海流区。一些内河码头受到的水流作用也较强，水流的作用不能忽略。水流对船舶的作用产生的荷载比较复杂，可根据水流条件和靠船建筑物形式按《港口工程荷载规范》JTJ 215—98附录E确定。

（2）风和流产生的系缆力

系靠在码头上的船舶，在风和流共同作用所产生的横向分力总和ΣF_x和纵向分力总和ΣF_y的作用下产生系缆力，作用在每个系船柱上的系缆力可按下式进行计算（图6-6）：

$$N=\frac{K}{n}\left(\frac{\Sigma F_x}{\sin\alpha\cos\beta}+\frac{\Sigma F_y}{\cos\alpha\cos\beta}\right) \tag{6-38}$$

式中 N——系缆力；

ΣF_x、ΣF_y——分别为可能同时出现的风和水流对船舶作用产生的横向分力总和（kN）与纵向分力总和（kN）；

K——系船柱受力不均匀系数，当实际受力的系船柱数目$n=2$时，$K=1.2$；$n>2$时，$K=1.3$；

n——计算船舶同时受力的系船柱数目，根据不同船长按表6-9确定；

α、β——系船缆的倾角，α为系船缆的水平投影与码头前沿线所成的夹角，β为系船缆与水平面的夹角；实际计算中，对海船码头取$\alpha=30°$、$\beta=15°$；对河船码头取$\alpha=30°$、$\beta=0°$；系船柱布置在孤立墩柱上时，取$\alpha=30°$、$\beta=30°$。

不同船长的受力系船柱数目及间距 **表6-9**

船舶总长L（m）	≤100	120～150	150～200	200～250	250～300
受力系船柱数目n	2	3	4	5～6	7～8
系船柱间距（m）	20	25	30	30	30

注：实际受力系船柱少于上列数目时，按实际受力数目计算。

根据系缆力N可计算出垂直于码头前沿线的分力N_x，平行于码头前沿线的分力N_y和垂直于码头面的分力N_z（图6-6）：

$$\begin{aligned}N_x&=N\sin\alpha\cos\beta\\N_y&=N\cos\alpha\cos\beta\\N_z&=N\sin\beta\end{aligned} \tag{6-39}$$

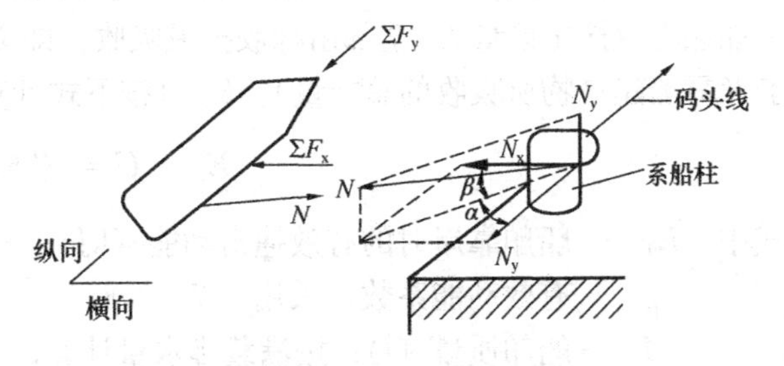

图6-6 系缆力计算图示

（3）系缆力的取值

除了上述风和水流作用产生的系缆力外，船舶操作等因素也会产生系缆力。《港口工程荷载规范》JTJ 215—98规定计算系缆力不应大于缆绳的破断力。对于聚丙烯尼龙绳，当缺乏资料时，其破断力可按下式计算：

$$N_p = 0.16D^2 \tag{6-40}$$

式中 N_p——聚丙烯尼龙缆绳的破断力（kN）；

D——缆绳直径（mm）。

计算的系缆力不应低于《港口工程荷载规范》JTJ 215—98 所规定的数值。

2. 船舶挤靠力

船舶挤靠力的计算分两种情况。

（1）防冲设施连续布置

挤靠力 F_j（kN/m）按下式计算：

$$F_j = \frac{K_j \Sigma F_x}{L_n} \tag{6-41}$$

式中 K_j——挤靠力分布不均匀系数，采用 1.1；

ΣF_x——可能同时出现的风和流对船舶作用产生的横向分力总和（kN）；

L_n——船舶直线段与防冲设施接触长度（m）。

（2）防冲设施间断布置

作用与一组（或一个）防冲设施上的挤靠力 F'_j(kN/m) 按下式计算：

$$F'_j = \frac{K'_j \Sigma F_x}{n} \tag{6-42}$$

式中 K'_j——挤靠力不均匀系数，采用 1.3；

n——与船舶接触的防冲设施组数或个数。

3. 船舶撞击力

船舶撞击力根据产生的原因不同，分为船舶靠岸时对码头产生的撞击力和在系泊中船舶受横向波浪作用对码头产生的撞击力。前者是一般码头的一项设计荷载，后者则是外海开敞式码头的主要设计荷载。

（1）船舶靠岸时对码头产生的撞击力

船舶靠岸碰撞码头时，其动能转化为防冲设施、船体结构、码头结构的弹性变形能和船舶转动、横摇以及船与码头之间水体的挤升、振动、摩擦、发热等所吸收的能量。被防冲设施、船体和码头结构变形所吸收的能量为有效动能 E_0。对于装设橡胶护舷的靠船建筑物，橡胶护舷吸收的能量 E_s 比靠船建筑物的吸能量 E_j 大很多，当 $E_s \geqslant 10E_j$ 时，可考虑船舶有效撞击能量 E_0 全部由橡胶护舷吸收，即 $E_0 = E_s = U$（U 为与船舶接触的橡胶护舷及靠船建筑物所吸收的总能量）。E_0 可按下式计算：

$$E_0 = U = \frac{\rho}{2} M v_n^2 \tag{6-43}$$

式中 E_0——船舶靠岸时的有效撞击动能（kJ）；

ρ——有效动能系数，采用 0.7～0.8；

M——船舶质量（t）；按满载排水量计算；

v_n——船舶靠岸时的法向速度（m/s）；根据船舶满载排水量由《港口工程荷载规范》JTJ 215—98 确定。

当 $E_s < 10E_j$ 时，有效撞击能量按护舷和靠船建筑物的刚度进行分配。

制造橡胶护舷的厂家一般均提供橡胶护舷的 F_x-U 曲线。由式（6-43）求得 U 后，根据 F_x-U 曲线查得 F_x 值，即橡胶防冲设施的反力 F_x，也为船舶对码头的撞击力的法向分力。

船舶撞击力沿码头长度方向的分力按下式计算：

$$H = F_x \mu \tag{6-44}$$

式中　H——船舶撞击力沿码头长度方向的分力（kN）；

　　F_x——船舶撞击力法向分力（kN）；

　　μ——船舶与橡胶护舷之间的摩擦系数，可采用 0.3～0.4。

（2）系泊于系靠船建筑物的船舶在波浪作用下的撞击力

这种撞击力主要由横向波浪引起，是大型船舶码头的重要船舶荷载之一，在某些情况下，可能大于靠船时的船舶撞击力。由于情况比较复杂，一般均应通过模型实验确定。《港口工程荷载规范》JTJ 215—98 附录 F 提供的经验公式仅供缺乏实验资料时（例如在可行性研究阶段）使用。

6.2.11　温度作用

建筑物温度发生变化会产生膨胀或收缩，当变形受到约束时，将产生温度应力。结构由于温度变化产生的应力、变形、位移等，称为温度作用效应。本节适用于计算混凝土结构的温度作用，该作用系指可能出现且对结构产生作用效应的温度变化（包括温升和温降）。

针对不同的结构形式及计算方法，宜按下述 3 种情况计算结构的温度作用：

（1）杆件结构，假定温度沿截面厚度方向呈线性分布，并以截面平均温度 T_m 和截面内外温差 T_d 表示：

$$T_m = (T_e + T_i)/2 \tag{6-45}$$

$$T_d = T_e - T_i \tag{6-46}$$

式中　T_i、T_e——杆件内、外表面计算温度。

结构的温度作用即指 T_m、T_d 的变化。

（2）可简化为杆件结构计算的平板结构或 $\frac{L}{R} < 0.5$ 的壳体结构，如图 6-7 所示，可将沿结构厚度方向实际分布的计算温度 $T(x)$ 分解为 3 部分，即截面平均温度 T_m 等效线性温差 T_d 和非线性温差 T_n，并按下列公式计算：

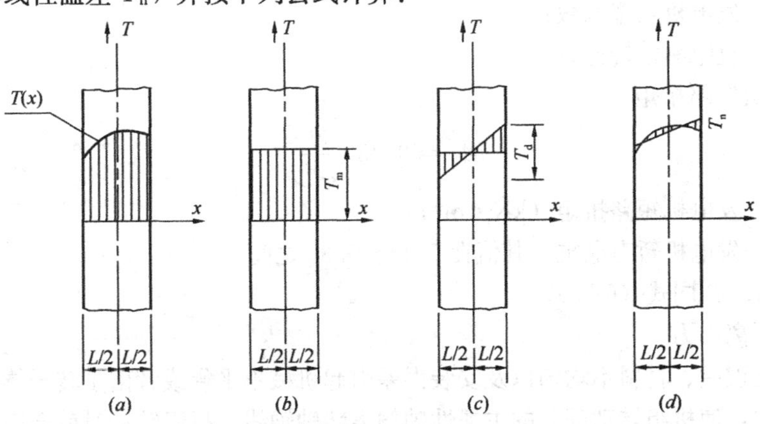

图 6-7　结构温度分布

（a）截面实际温差；（b）截面平均温度；（c）等效线性温差；（d）非线性温差

$$T_m = \frac{1}{L}\int_{-L/2}^{L/2} T(x)\mathrm{d}x \tag{6-47}$$

$$T_d = \frac{12}{L^2}\int_{-L/2}^{L/2} xT(x)\mathrm{d}x \tag{6-48}$$

$$T_n = T(x) - T_m - xT_d/L \tag{6-49}$$

式中 L——平板或壳体厚度（m）；

R——壳体的曲率半径（m）。

结构的温度作用可仅计算 T_m 和 T_d 的变化，T_n 一般可不予考虑。

（3）大体积混凝土结构和其他空间形状复杂的非杆件结构，应根据其温度边值条件，按连续介质热传导理论计算其温度场。温度作用即指其温度场的变化。

温度作用的计算，即 T_m 和 T_d 的变化值 ΔT_m 和 ΔT_d 或温度场的变化值的计算，是由结构所处环境的气温、水温、日照等边界条件以及结构材料的有关热学特性指标等因素来计算确定；设计时可参见各水工建筑物的设计规范。

温度作用对不同时期的各种结构有着不同的影响，如重力坝在运用期可不计温度作用，但对于拱坝却是一个非常重要的荷载，因为拱坝是一个多次超静定的结构。

6.2.12 作用在机墩上的动荷载

水轮发电机的机墩（支承结构）除承受机组和有关辅助设备的重量外，要承受机组正常运行时的扭矩、水平推力以及水轮机轴向水推力，还要承担机组事故、飞逸和制动时的各种荷载，下面列出几个主要荷载的计算方法。

（1）扭矩

机组运行时转子旋转磁场对定子磁场的引力使定子受到切向力的作用，该切向力通过定子机座基础板固定螺栓传给机墩形成扭矩。

① 发电机正常扭矩

$$M_n = 9.75\frac{N\cos\varphi}{n_0} \tag{6-50}$$

式中 M_n——发电机正常扭矩（kN・m）；

N——发电机容量（kVA）；

$\cos\varphi$——发电机功率因数；

n_0——机组额定转速。

② 发电机短路扭矩

$$M_k = 9.75\frac{N}{n_0 x_{sk}} \tag{6-51}$$

式中 M_k——发电机短路扭矩（kN・m）；

x_{sk}——发电机暂态电抗，其值在 0.18～0.33 之间；

N、$\cos\varphi$、n_0 同式（6-50）。

（2）水平离心力

由于加工误差、材料不均匀以及安装误差引起机械不平衡或者由于转子体不均匀温升引起的轴弯曲，使机组转动部分的主惯性轴偏离转轴轴线，机组转动时就会产生径向水平离心力，该力通过导轴承传给机墩，方向周期性变化，大小可按下式计算：

$$P_e = em\omega^2 \tag{6-52}$$

式中 P_e——水平离心力（t）；

e——转动部分质量中心与旋转轴心的差距（m）；由制造及安装条件确定；

m——转动部分的质量（$t \cdot s^2/m$）；

ω——角速度。

6.2.13 灌浆压力

在地下结构的混凝土衬砌顶拱与围岩之间的回填灌浆、钢衬与外围混凝土之间的接触灌浆和混凝土坝坝体施工缝的接缝灌浆的施工过程中均存在灌浆压力对结构的作用。

灌浆压力的大小与施工方法、工序、地质条件等因素有关；它的取值可采用设计规定的灌浆压力值，一般可按以下范围取值：

（1）回填灌浆压力，0.2～0.4MPa（一序灌浆孔取小值，二序灌浆孔取大值）；

（2）接触灌浆压力，0.1～0.2MPa；

（3）接缝灌浆压力，0.2～0.5MPa。

灌浆压力为施工过程中出现的临时性可变作用，故仅作为短暂设计状况计算的一种作用。

例 6-1 某混凝土重力坝，其断面如图 6-8 所示，基本资料如下：

设计洪水位：上游：144.8m；下游：77.5m；吹程：$D=1.0$km；50 年一遇风速 18m/s；淤沙的重度为 $\gamma_s=9\text{kN/m}^3$，内摩擦角 $\varphi=18°$；混凝土重度 $\gamma_c=24\text{kN/m}^3$；帷幕及排水孔中心线距上游坝脚分别为 5m 和 6.5m。

试计算该情况下重力坝上的荷载。

解：荷载计算简图如图 6-7，荷载分别计算如下：

（1）坝体自重

$$W_1=0.5\times5.25\times35\times24=2205(\text{kN})$$

$$W_2=6\times70\times24=10080(\text{kN})$$

$$W_3=0.5\times44.1\times63\times24=33339.6(\text{kN})$$

$$W=W_1+W_2+W_3=45624.6\ (\text{kN})$$

（2）水平水压力

上游水平水压力：$P_1=0.5\times9.81\times69^2=23352.71(\text{kN})$

下游水平水压力：$P_2=0.5\times9.81\times2.5^2=30.66(\text{kN})$

（3）垂直水压力

上游垂直水压力：$Q_1=0.5\times(69+34)\times5.25\times9.81=2652.38(\text{kN})$

下游垂直水压力：$Q_2=0.5\times2.5\times2.5\times0.7\times9.81=21.46(\text{kN})$

（4）扬压力

排水处渗透压力强度系数：$\alpha=0.25$，强度为：$\alpha H=0.25\times(69-2.5)=16.63(\text{m})$

$$U_1=2.5\times55.35\times9.81=1357.46(\text{kN})$$

$$U_2=0.5\times16.63\times48.85\times9.81=3984.70(\text{kN})$$

$$U_3=0.5\times(16.63+66.5)\times6.5\times9.81=2650.39(\text{kN})$$

$$U=U_1+U_2+U_3=1357.46+3984.70+2650.39=7992.55(\text{kN})$$

（5）浪压力

设计洪水位时采用 50 年一遇的风速 $v_0=18\text{m/s}$；吹程 $D=1.0\text{km}$。

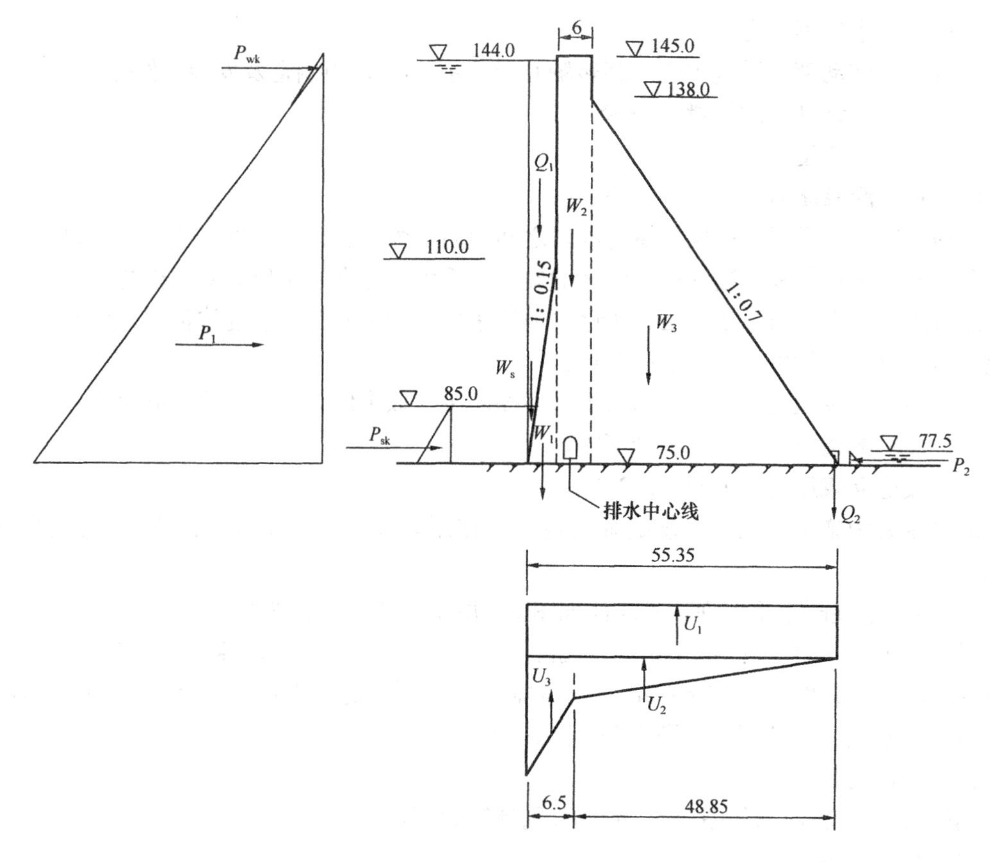

图 6-8 荷载计算简图

首先计算波浪要素，按官厅水库公式。

$$\frac{gh}{v_0^2}=0.0076v_0^{-1/12}\left(\frac{gD}{v_0^2}\right)^{1/3}=0.0076\times18^{-1/12}\left(\frac{9.81\times1000}{18^2}\right)^{1/3}=0.019$$

即
$$h=0.019\times v_0^2/g=0.63(\mathrm{m})$$

因 $gD/v_0^2=30.28$，在 20～250 之间，故查表 6-5 可得：

$$h_{1\%}=1.24\times0.63=0.78(\mathrm{m})$$

$$\frac{gL_m}{v_0^2}=0.331v_0^{-1/2.15}\left(\frac{gD}{v_0^2}\right)^{1/3.75}=0.331\times18^{-1/2.15}\left(\frac{9.81\times1000}{18^2}\right)^{1/3.75}=0.214$$

$$L_m=0.214\times v_0^2/g=7.07(\mathrm{m})$$

$$h_z=\frac{\pi h_{1\%}^2}{L_m}\coth\frac{2\pi H}{L_m}=\frac{3.14\times(1.24\times0.63)^2}{7.07}\coth\frac{2\times3.14\times69}{7.07}=0.27(\mathrm{m})$$

因 $H=69\mathrm{m}>L_m/2=3.54\mathrm{m}$，则浪压力按深水波计算：

$$P_{wk}=\frac{1}{4}\gamma_w L_m(h_{1\%}+h_z)=0.25\times9.81\times7.07\times(0.78+0.27)=18.21(\mathrm{kN})$$

（6）淤沙压力

水平淤沙压力：

$$P_{sk}=\frac{1}{2}\gamma_{sb}h_s^2\tan^2\left(45^\circ-\frac{\varphi_s}{2}\right)=\frac{1}{2}\times9\times10^2\tan^2\left(45^\circ-\frac{20}{2}\right)=220.63(\mathrm{kN})$$

垂直淤沙压力：

$$W_s = 0.5 \times 9 \times 10^2 \times 0.15 = 67.5(\text{kN})$$

例 6-2 某码头的设计船型为 5 万吨级集装箱船；船长 280m，船宽 39.8m，型深 25 m，满载吃水 12.5m；橡胶护舷 16 组间断布置，护舷间距 10.5m，水流设计流速为 1m/s，流向与船舶纵轴接近平行；按九级风设计，风速 20m/s，试计算其船舶荷载。

解：(1) 作用于船舶上的风荷载

根据《港口工程荷载规范》可求得本例题的设计船型船体水面以上横向受风面积 $A_{xw}=5002\text{m}^2$，纵向受风面积 $A_{yw}=933.15\text{m}^2$；设计风速 $v_x=v_y=20\text{m/s}$；风压不均匀折减系数 $\zeta_x=0.6, \zeta_y=1$。

由式 (6-36)、式 (6-37) 可得：$F_{xw} = 73.6 \times 10^{-5} \times 5002 \times 20^2 \times 0.6 = 883.55(\text{kN})$

$$F_{xy} = 49.0 \times 10^{-5} \times 933.15 \times 20^2 \times 1 = 182.90\ (\text{kN})$$

(2) 作用于船舶上的水流力

水流对船舶作用产生的水流力分为船首横向分力 F_{wxs}、船尾横向分力 F_{wxw}和纵向分力 F_{wy}。

由船型按《港口工程荷载规范》查表计算可得水流阻力系数 $C_{wxs}=0.1$，$C_{wxw}=0.05$，$C_{wy}=0.0105$；与流向垂直平面上的投影面积 $A_{wxs}=A_{wxw}=2290\text{m}^2$，$A_{wy}=12915\text{m}^2$，因此由式 (6-35) 得：

$$F_{wxs} = 0.1 \times 1.025 \times 1^2 \times 2290/2 = 117.36(\text{kN})$$

$$F_{wxw} = 0.05 \times 1.025 \times 1^2 \times 2290/2 = 58.68(\text{kN})$$

$$F_{wy} = 0.0105 \times 1.025 \times 1^2 \times 12915/2 = 69.50(\text{kN})$$

(3) 系缆力

由表 6-9 查得 $n=7$，$k=1.3$，$\alpha=30°$，$\beta=15°$，代入式 (6-38) 得：

风向为横向时 $\Sigma F_x = 883.55 + 117.36 + 58.68 = 1059.59(\text{kN})$

$$\Sigma F_y = 69.50(\text{kN})$$

$$N = \frac{1.3}{7}\left[\frac{1059.59}{\sin 30°\cos 15°} + \frac{69.50}{\cos 30°\cos 15°}\right] = 422.88(\text{kN})$$

风向为纵向时 $\Sigma F_x = 117.36 + 58.68 = 176.04(\text{kN})$

$$\Sigma F_y = 182.90 + 69.50 = 252.40(\text{kN})$$

$$N = \frac{1.3}{7}\left[\frac{176.04}{\sin 30°\cos 15°} + \frac{252.40}{\cos 30°\cos 15°}\right] = 123.73(\text{kN})$$

根据《港口工程荷载规范》可查得本例题设计船型的系缆力最小值为 650kN，以上计算值均小于此值，故取系缆力为 650kN。

系缆力 N 的横向投影 N_x，纵向投影 N_y，竖向投影 N_z 为：

$$N_x = N\sin\alpha\cos\beta = 650 \times \sin 30°\cos 15° = 313.93(\text{kN})$$

$$N_y = N\cos\alpha\cos\beta = 650 \times \cos 30°\cos 15° = 543.74(\text{kN})$$

$$N_z = N\sin\beta = 650 \times \sin 15° = 168.23(\text{kN})$$

(4) 挤靠力

按 16 组间距 10.5m 橡胶护舷，由式 (6-42) 得：

$$F'_j = \frac{K'_j \Sigma F_x}{n} = \frac{1.3 \times 1059.59}{16} = 86.09(\text{kN})$$

(5) 船舶靠岸的撞击力

取 $\rho=0.75$，按该船型由《港口工程荷载规范》查表并计算得：$v_n=0.1\text{m/s}, M=68183\text{t}$，代入式（6-43）：

$$E_0=0.75\times68183\times0.1^2/2=255.69(\text{kJ})$$

6.3 荷载组合

作用在水工建筑物上的各种荷载都有一定的变化范围。如大坝在正常运行、放空水库、设计或校核洪水等情况下其上下游水位各不相同，当水位发生变化时，相应的水压力、扬压力都随之发生变化。又如当水库水面结冰时，坝面要受到冰压力的作用，而浪压力就不存在。因此，在进行设计时，应把各种荷载根据它们同时出现的概率，合理地组合成不同的设计状况进行安全核算，以达到既安全又经济的目的。

根据结构在施工、安装、运行和检修等不同阶段可能出现的不同结构、作用体系和环境条件等，结构设计状况可分为下列3种：

(1) 持久状况——在结构正常使用过程中一定出现且持续期很长，一般与结构设计基准期为同一数量级的设计状况；

(2) 短暂状况——在结构施工（安装)、检修或使用过程中短暂出现的设计状况；

(3) 偶然状况——在结构使用过程中出现概率很小、持续期很短的设计状况。

在上述3种设计状况中，持久状况和短暂状况下的作用效应组合称为基本组合，它仅考虑永久作用和可变作用的效应组合；偶然状况下的作用效应组合称为偶然组合，它是永久作用和可变作用与一种偶然作用的效应组合。由于偶然作用在设计基准期内出现的概率很小，两种偶然作用同时出现的概率必然更小，因此在偶然组合中只考虑一种偶然作用。如校核洪水位时，静水压力就不应与地震作用同时参与组合。

现行规范中安全核算均采用概率极限状态设计原则，而本章计算所得的各作用力未考虑随时间和空间的变异性，是作用的标准值（或代表值)，因此，在安全核算时应乘以各自对应的分项系数后再计算。

有关各作用组合下的荷载情况及其相应的分项系数可参见各水工建筑物的设计规范。

思 考 题

1. 扬压力可分为哪几部分？它们是如何产生的？
2. 为什么浪压力要分成几种情况来计算？
3. 码头的船舶荷载如何确定？试分析其产生的原因及影响因素。

第 7 章　工程结构设计方法的发展

土木工程中，一幢建筑物或一个构筑物要依据使用者的要求建造起来，开始必须进行结构设计与计算。建筑物或构筑物的安全可靠性，使用期间的适用性与经济性，在很大程度上取决于工程结构的设计计算方法。合理的结构设计方法应是以最经济的手段来实现上述建筑物或构筑物的安全可靠性及适用性。

7.1　工程结构设计方法的发展

在土木工程日新月异的发展中，随着生产实践的经验积累和科学研究的不断深入，工程结构的设计方法和理论也在不断地发展和完善，在结构理论上经历了从弹性理论到极限状态理论的转变，在设计方法上经历了从定值法到概率法的发展，主要表现为以下几个阶段。

7.1.1　容许应力设计法

土木工程结构最早采用以弹性理论为基础的容许应力法。这种方法是将材料视为弹性体，要求在规定的标准荷载作用下，用材料力学或弹性力学方法计算得到的构件截面任一点的应力应不大于结构设计规范规定的材料的容许应力。其表达式为：

$$\sigma \leqslant [\sigma] \tag{7-1}$$

式中　σ——构件在使用阶段截面上的最大应力；

$[\sigma]$——材料的容许应力，由材料的极限强度（如混凝土）或者屈服强度（如钢材）除以经验安全系数 k 得到。

可见，材料的容许应力主要凭经验确定。土木工程中常用的材料，如钢材，混凝土和钢筋等是非线性材料（弹塑性材料），而不是完全的弹性匀质材料，所以这种以弹性理论为基础的计算方法并不能如实地反映构件截面的应力状态和正确地计算构件的承载能力。

7.1.2　破损阶段设计法

破损阶段设计法以构件破坏时的受力状态为依据，并且考虑了材料的塑性性能，其表达式为

$$kM \leqslant M_u \tag{7-2}$$

式中　M——构件在正常使用阶段由使用荷载产生的截面内力；

M_u——构件破坏时截面的承载力；

k——经验安全系数。

和容许应力法相比，破损阶段设计法无疑是一大进步，它考虑了结构材料的塑性性能，即反映了构件截面的实际工作情况；但仍存在着一些缺点，如安全系数凭经验确定，只考虑构件的承载力问题，没有考虑其在正常使用情况下的变形和裂缝问题。

7.1.3 半概率、半经验极限状态设计法

20 世纪 50 年代，苏联设计规范首先采用了多系数的极限状态设计法。20 世纪 60 年代以后，我国一些结构设计规范也开始采用极限状态设计法，这种方法将结构的极限状态分为承载能力极限状态和正常使用极限状态两类，正常使用极限状态包括变形极限状态和裂缝极限状态。两种极限状态的表达式分别如下：

(1) 承载能力极限状态

一般表达式为

$$M(\sum n_i q_{ik} \cdots) \leqslant M(m, k_c f_{ck}, k_s f_{sk}, a \cdots) \tag{7-3}$$

式中 n_i——荷载系数；

q_{ik}——荷载标准值；

m——结构工作条件系数；

k_s, k_c——钢筋和混凝土的匀质系数；

f_{sk}, f_{ck}——钢筋和混凝土的强度标准值；

a——截面几何尺寸。

上述表达式中，采用了 3 个系数：工作条件系数、荷载系数和材料匀质系数。在 20 世纪 70 年代的规范中，又将 3 个系数统一为单一安全系数 k。

(2) 正常使用极限状态

进行变形验算时要求：

$$f_{max} \leqslant [f_{max}] \tag{7-4}$$

式中 f_{max}——构件在荷载标准值作用下考虑荷载长期作用影响后的最大挠度值；

$[f_{max}]$——规范允许的挠度最大值。

进行裂缝验算时，对于使用阶段不允许出现裂缝的钢筋混凝土构件，应进行抗裂度验算；对于使用阶段允许开裂的构件，需进行裂缝开展宽度的验算，要求：

$$\omega_{max} \leqslant [\omega_{max}] \tag{7-5}$$

式中 ω_{max}——构件在荷载标准值作用下的最大裂缝宽度；

$[\omega_{max}]$——规范允许的裂缝宽度最大值。

极限状态设计法是结构设计的重大发展，这一方法明确提出了结构极限状态的概念，不仅考虑了构件的承载力问题，而且考虑了构件在正常使用阶段的变形和裂缝问题，因此比较全面地考虑了结构的不同工作状态。极限状态设计法在确定荷载和材料强度取值时，引入了数理统计的方法，但对于保证率的确定、系数的取值等方面仍凭工程经验确定，因此属于半概率、半经验方法。

容许应力设计法、破损阶段设计法和半概率、半经验的极限状态设计法，虽然一个比一个有所改进，特别是后者，在确定设计参数时已部分应用了数理统计，然而这些方法大多是将各类设计参数看做固定值，用以经验为主的安全系数来度量结构的可靠性，因此均属于定值设计法。这些方法往往使人们误认为，只要设计中采用了某一规定的安全系数，结构就百分之百的可靠。

7.1.4 近似概率的极限状态设计方法

20 世纪 80 年代中期，我国颁布了《建筑结构设计统一标准》GBJ 68—84，20 世纪 90 年代，颁布了《工程结构可靠度设计统一标准》GB 50152—92。接着，工程技术各部

门陆续颁布了相应的可靠度设计统一标准。21 世纪后，《建筑结构设计统一标准》GBJ 68—84 重新修订，改为《建筑结构可靠度设计统一标准》GB 50068—2001，《工程结构可靠度设计统一标准》GB 50152—92 重新修订后改为《工程结构可靠度设计统一标准》GB 50153—2008。这些标准提出了国际上先进的以概率理论为基础的极限状态设计法。这种新的设计方法将设计参数看做随机变量，并且以统计分析确定的结构失效概率或可靠指标来度量结构构件的可靠性。结构的极限状态是通过与结构可靠度有直接关系的极限状态方程来描述。该方法在计算可靠指标时考虑了基本变量的概率分布类型和采用了线性化的近似手段，在截面计算时一般采用分项系数的实用设计表达式，因此称为近似概率的极限状态设计方法。

目前，近似概率法已进入了实用阶段，成为许多国家制定标准规范的基础。国际“结构安全度联合委员会”（JCSS）提出的《结构统一标准规范国际体系》的第一卷——《对各类结构和材料的共同统一规则》，以及国际标准化组织（ISO）编制的《结构可靠度总原则》ISO 2394 等，都是以近似概率法为基础。

国际上将以概率理论为基础的极限状态设计方法按发展阶段和精确程度不同分为三个水准：

水准Ⅰ——半概率、半经验极限状态设计法。

水准Ⅱ——近似概率极限状态设计法。

水准Ⅲ——全概率极限状态设计法。

对结构各种基本变量分别采用随机变量或随机过程描述，要求对整个结构采用精确的概率分析，求得结构最优失效概率作为可靠度的直接度量。但由于目前对结构基本变量客观统计规律了解的信息不足，不论在理论上还是实际应用上都存在一定的困难，所以目前尚处于研究阶段。

7.2 我国目前各种土木工程结构设计方法简介

近年来，我国工程技术部门陆续编制和颁布了第一层次的《工程结构可靠度设计统一标准》GB 50153—2008 以及属第二层次的建筑结构、铁路工程结构、公路工程结构、港口工程结构和水利水电工程结构的可靠度设计统一标准。这些统一标准的共同特点是采用了国际上先进的以概率理论为基础的极限状态设计方法，统一了各工程结构设计的基本原则，规定了适用于各种材料结构的可靠度分析和设计表达式，并对材料和构件的质量控制和验收提出了相应的要求，是各工程结构专业设计规范的编制和修订应遵循的准则依据。

目前，现行的建筑结构设计规范，其中包括混凝土结构、钢结构（除疲劳计算外）、薄壁型钢结构、砌体结构、木结构等设计规范，以及荷载规范、地基基础设计规范和建筑抗震设计规范等，都采用了近似概率极限状态设计方法，并遵循《建筑结构可靠度设计统一标准》GB 50068—2001 的基本设计原则。

然而，钢结构中的疲劳计算仍采用容许应力法，即按弹性状态进行计算。

现行的公路桥涵设计规范中，公路桥涵通用规范，公路砖石及混凝土桥涵设计规范，公路钢筋混凝土及预应力混凝土桥涵设计规范等均采用半概率、半经验的“三系数”极限状态设计法。而公路桥涵钢结构及木结构设计规范仍采用容许应力法。现行的《公路桥涵设计通用规范》JTG D60—2004 是按照《公路工程结构可靠度设计统一标准》GB/T 50283—1999 制定的，以可靠度为基础，采用分项系数表示的概率极限状态设计法。随着《公路工程结构可靠度设计统一标准》的制定，上述各种公路工程专业设计规范都将按其规定的原则进行修订。

对铁路工程结构，现行铁路工程设计规范所规定的设计方法很不一致。如在桥涵设计规范中，钢结构和混凝土、钢筋混凝土结构均采用容许应力法，预应力混凝土结构按弹性理论分析，采用破损阶段设计法进行截面验算；在隧道设计规范中，衬砌按破损阶段设计法设计截面，而洞门则采用容许应力设计法；在路基设计规范中，路基（土工结构）和重力式支挡结构及这些工程结构的地基基础都采用容许应力法。总的看来，容许应力法仍然是现行铁路工程设计规范采用的主要方法。随着《铁路工程结构可靠度设计统一标准》GB/T 50216—94 的制定，今后制定各类铁路工程结构标准都将采用概率极限状态设计法，以逐步形成新的结构标准体系。

现行的各种港口工程结构设计规范已根据《港口工程结构可靠度设计统一标准》GB 50158—92 完成修订和编制，即采用了以分项系数表达的近似概率极限状态设计方法。

现行的水利水电工程结构设计规范中，《水工混凝土结构设计规范》SL191—2008 已根据《水利水电工程结构可靠度设计统一标准》GB 50199—94 的规定，对水利水电工程中素混凝土、钢筋混凝土及预应力混凝土结构采用概率极限状态设计原则和分项系数设计方法。另外，首次编制的《水工建筑物荷载设计规范》DL 5077—97 统一了水利水电工程结构设计的作用（荷载）标准，以利于按照《水利水电工程可靠度设计统一标准》的原则和方法进行水工结构设计。然而，考虑到一些实际情况，原规范《水工钢筋混凝土结构设计规范》SDJ 20—78（现改号为 SL 192—96）仍可继续使用。这本规范主要适用于水利水电工程中素混凝土及钢筋混凝土结构按容许应力法进行设计。

尽管目前各种土木工程结构设计方法还没有完全统一，但《工程结构可靠度设计统一标准》规定新修订的各种结构设计规范都必须采用国际上先进的以概率理论为基础的极限状态设计法，这样可以使土木工程中各种结构构件具有统一的可靠度水平。

思 考 题

1. 工程结构设计方法的发展经历了哪几个阶段？每个阶段的特点是什么？

2. 《工程结构可靠度设计统一标准》GB 50152—92 规定的各种土木工程结构须采用哪种设计方法？其优点是什么？

第8章　结构可靠度的基本概念

8.1　结构的功能及其极限状态

8.1.1　结构的功能

任何结构在规定的时间内，在正常条件下，均应满足预定的功能要求。这里所说的“规定时间”，一般是指设计使用年限。工程结构的设计使用年限，是指设计规定的结构或结构构件不需进行大修即可按其预定目的使用的时期。各类工程结构的设计使用年限是不统一的，例如，从总体来看，桥梁结构应比房屋结构的设计使用年限长，大坝的设计使用年限更长。各类工程结构的设计使用年限可按各类工程结构的统一标准确定。我国《工程结构可靠度设计统一标准》GB 50153—2008（以下简称工程《统一标准》）规定了各类工程结构的设计使用年限，例如房屋结构设计使用年限按表8-1采用，其中一般的建筑结构设计使用年限为50年。铁路桥涵结构的设计使用年限均为100年；公路桥涵结构的设计使用年限按表8-2采用；港口工程结构的设计使用年限按表8-3采用。上述所说的“正常条件”，一般是指正常设计、正常施工、正常使用条件，不考虑人为的过失。工程《统一标准》对工程结构在规定的设计使用年限内应满足的功能要求作了规定，可概括为：

1. 安全性。工程结构应能承受正常施工和正常使用时可能出现的各种作用（包括荷载及引起外加变形、约束变形的原因）。以及应能在设计规定的偶然事件（如地震和爆炸）发生时及发生后保持必需的整体稳定性，防止出现结构的连续倒塌。

2. 适用性。工程结构在正常使用过程中应具有良好的工作性能。

3. 耐久性。工程结构在正常维护条件下应具有足够的耐久性能，即能完好地使用到设计规定的年限。

当工程结构满足了以上要求时，我们说这样设计的结构是安全可靠的。一般说结构可靠性，就是结构在规定的时间内，在规定的条件下，满足预定功能的能力，也就是结构安全性、适用性和耐久性的总称。

房屋建筑结构设计使用年限　　**表8-1**

类　别	设计使用年限（年）	示　　例
1	5	临时性结构
2	25	易于替换的结构构件
3	50	普通房屋和构筑物
4	100	纪念性建筑和特别重要的建筑结构

公路桥涵结构设计使用年限　　**表8-2**

类　别	设计使用年限（年）	示　　例
1	30	小桥、涵洞
2	50	中桥、重要小桥
3	100	特大桥、大桥、重要中桥

港口工程结构设计使用年限 **表 8-3**

类　别	设计使用年限（年）	示　例
1	5～10	临时性港口建筑物
2	50	永久性港口建筑物

工程《统一标准》在计算结构可靠度时，所依据的时间参数为结构的设计基准期，设计基准期是为确定可变作用及与时间有关的材料性能取值而选用的时间参数，它不等同于结构的设计使用年限。对各种工程结构，都有其规定的设计基准期。《建筑结构可靠度设计统一标准》和《港口工程结构可靠度设计统一标准》规定的各自结构设计基准期均为50年；《铁路工程结构可靠度设计统一标准》规定的铁路工程结构的设计基准期为100年；《公路工程结构可靠度设计统一标准》及《水利水电工程可靠度设计统一标准》针对不同的结构采用不同的设计基准期，从15～100年不等。

8.1.2 结构的功能函数

设 X_i（$i=1, 2, \cdots, n$）表示影响结构某一功能的基本变量（如结构上的各种作用、材料性能，几何参数，计算公式精确性等），则与此功能对应的结构功能函数可表示为：

$$Z = g(x_1, x_2, \cdots, x_n) \tag{8-1}$$

考虑结构功能仅与作用效应 S（作用引起的结构内力，位移等）和结构抗力 R（结构承受荷载效应的能力，如承载能力，刚度，抗裂度等）两个综合的基本变量有关的最简单情况。此时，结构的功能函数可表示为：

$$Z = g(R, S) = R - S \tag{8-2}$$

上述基本变量一般可认为是相互独立的随机变量。

8.1.3 结构功能的极限状态

当结构处于满足其功能要求的状态，若用功能函数来描述，则有：

$$Z = g(x_1, x_2, \cdots, x_n) > 0 \tag{8-3}$$

当结构处于未能满足其功能要求的状态，若用功能函数来描述，则有：

$$Z = g(x_1, x_2, \cdots, x_n) < 0 \tag{8-4}$$

当结构的一部分或整个结构超过某一特定状态（如构件截面即将破坏或开裂）就不能满足设计指定的某一功能要求，此特定状态称为该功能的极限状态。若用功能函数来描述，则有：

$$Z = g(x_1, x_2, \cdots, x_n) = 0 \tag{8-5}$$

上式为结构的极限状态方程，若仅考虑荷载效应 S 和结构抗力 R 两个基本变量的简单情况，结构极限状态方程可表示为：

$$Z = R - S = 0 \tag{8-6}$$

在图 8-1 中的直角坐标系里表示了结构所处的上述 3 种状态。可见，通过结构的功能函数 Z 可以判断结构所处的状态。显然，结构的极限状态是一种临界状态，是判别结构是否满足预定功能要求的标志。

极限状态方程是当结构处于极限状态时各有关基本变量的关系式。当结构设计问题中仅包含两个基本变量时，在以基本变量为坐标的平面上，极限状态方程为直线（线性问题）（图 8-1）或曲线（非线性问题）；当结构设计问题中包含多个基本变量时（式 8-5），

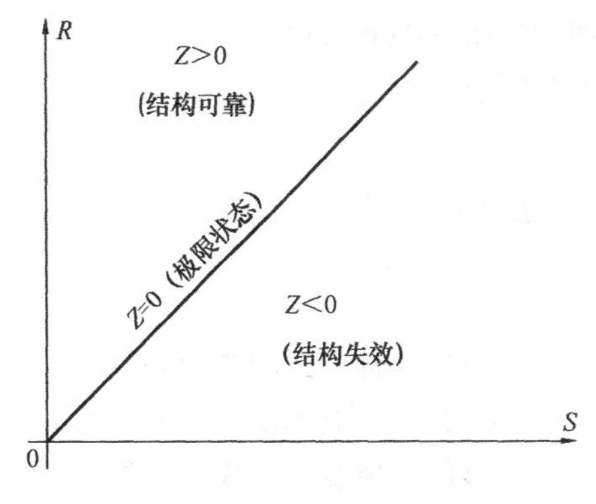

图 8-1 结构所处的状态

在以基本变量为坐标的空间中，极限状态方程为平面（线性问题）或曲面（非线性问题）。

我国工程《统一标准》把结构功能的极限状态分为以下两类：

1. 承载能力极限状态

主要考虑关于结构安全性的功能。结构或结构构件达到最大承载能力或不适于继续承载的变形状态，为承载能力极限状态。当结构或结构构件出现下列状态之一时，即认为超过了承载能力极限状态：

①结构构件或连接因材料强度被超过而破坏（包括疲劳破坏），或因过度的塑性变形而不适于继续承载（图 8-2*a*）；

②整个结构或结构的一部分作为刚体失去平衡，如倾覆、滑移等（图 8-2*b*）；

③结构转变为机动体系（图 8-2*c*）；

④结构或结构构件丧失稳定，如柱子被压屈等（图 8-2*d*）；

⑤结构因局部破坏而发生连续倒塌；

⑥地基丧失承载能力而破坏，如失稳等；

⑦结构或结构构件的疲劳破坏。

结构或结构构件一旦出现甚至超过承载能力极限状态，后果十分严重，会造成人身伤亡和重大经济损失。因此，在设计中应严格地控制出现超过承载能力极限状态的概率。

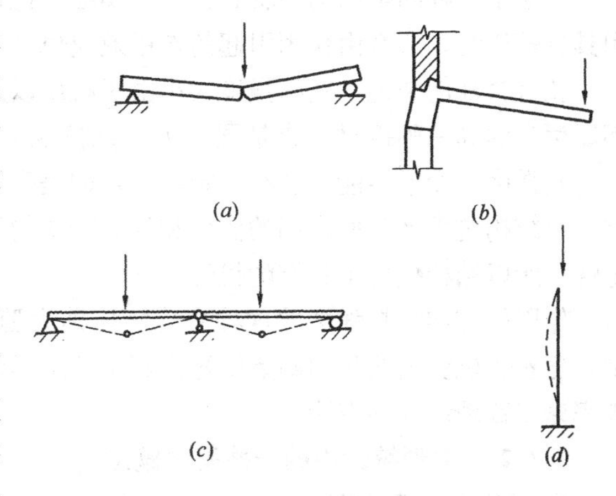

图 8-2 结构超过承载能力极限状态的例子

2. 正常使用极限状态

主要考虑有关结构适用性和耐久性的功能。结构和结构构件达到正常使用和耐久性能的某项规定限值的状态，为正常使用极限状态。当结构或构件出现下列状态之一时，即被认为超过了正常使用极限状态，而失去了正常使用和耐久性功能：

①影响正常使用和外观的变形；

②影响正常使用或耐久性能的局部损坏，包括裂缝；

③影响正常使用的振动；

④影响正常使用的其他特定状态。

虽然正常使用极限状态的后果一般不如超过承载能力极限状态那样严重，但是也不可忽视。例如过大的变形会造成房屋内粉刷剥落，门窗变形，填充墙和隔断墙开裂及屋面积水等后果；在多层精密仪表车间中，过大的楼面变形还可能影响产品质量；水池和油罐等结构开裂会引起渗漏；混凝土构件等过大的裂缝会影响到使用寿命；过大的变形和裂缝将引起用户心理上的不安全感。当然，由于正常使用极限状态被超越后，其后果的严重程度比承载能力极限状态被超越要轻一些，因而对其出现的概率的控制可以放宽一些。

对于结构的各种极限状态，均应规定明确的标志及限值。

8.2 荷载和结构抗力的统计分析

8.2.1 影响结构可靠性的因素（变量）及其随机性

影响结构可靠性的因素很多，主要有两个方面。一方面是结构受到的各种外界作用即作用效应 S。施加在结构上的各种作用将在支座处产生反力，同时使结构产生内力、变形、倾覆和滑移。内力包括弯矩、轴力、剪力与扭转。变形包括挠度、侧移和转角。另一方面是结构本身对各种作用效应的抵抗能力，即结构的抗力 R。影响结构抗力的主要因素是材料性能、构件的几何参数以及计算模式的精确性等。

如果要定量地描述上述各个因素的大小和影响程度是比较复杂的。就引起结构作用效应的作用而言，任何一类作用都具有不同性质的变异性，不仅随地而异，而且随时而异。例如地震作用具有随机性，处于地震区的某一城市，在未来一定时期内可能发生地震，但按目前的地震预报技术，还不能肯定这个城市将在某日某时发生地震以及地震的震级和烈度有多大。活荷载的变异性也是显而易见，例如风压有强弱，积雪有厚薄，楼面上的人群有集散等等，这些都具有随机性。即使是恒载也有一定的变异性，由于材料差异和尺寸误差，即使是某种同类结构的材料自重，实际上也存在着某种程度的变异。由于结构上的作用具有随机性，那么由作用引起的作用效应也具有随机性。

就材料性能来说，它的强度大小由于材质以及生产工艺等因素的影响，即使是同一个钢厂生产的同一种钢材，或是同一个工地按照一定的配合比制作的某一强度等级的混凝土，其强度和变形性能都会有一定差异，即是变量而不是定值。另外，结构制作和安装误差以及结构抗力计算所采用的假设和计算公式的不精确性等因素，都会引起结构抗力的不定性，所以结构抗力也具有随机性

作用效应和材料强度的这种变化性能称为随机性，具有这种随机性的量称为随机变量；随着随机变量变化的函数则称为随机变量函数。对随机变量的描述和分析处理应采用概率论和数理统计的方法。

8.2.2 数理统计中的一些基本概念

1. 强度分布直方图

对随机现象的一次观测或试验，其结果是分散的，但是大量的重复观测或试验，则其结果会呈统计的规律性。下面以混凝土的强度试验为例，说明数理统计中的一些基本概念和主要的统计参数。为了了解某施工单位生产的强度等级为 C25 的混凝土强度变化规律，通过大量实测，获得了 216 个混凝土立方体试块的抗压强度数据，现将其分为 14 组填入表 8-4 中。

混凝土试块的抗压强度统计 **表 8-4**

抗压强度区段 (N/mm^2)	频数（块数）	抗压强度区段 (N/mm^2)	频数（块数）
20～22	1	34～36	34

续表

抗压强度区段（N/mm²）	频数（块数）	抗压强度区段（N/mm²）	频数（块数）
22～24	3	36～38	26
24～26	5	38～40	21
26～28	12	40～42	16
28～30	16	42～44	6
30～32	30	44～46	5
32～34	40	46～48	1

由表可见，同一种材料，强度在很大的范围内变化。如果将表 8-4 的调查结果用统计图形表示，横坐标表示混凝土试块抗压强度，纵坐标表示落在某一强度区段（或称组距）的试块数（或称频数），则其强度分布图形如图 8-3 所示。这种图形又称为强度分布直方图。由此图可以直观地看出：材料强度在一个较大的范围内变化，而且大多数试块的强度接近平均值，少数试块的强度偏离平均值。

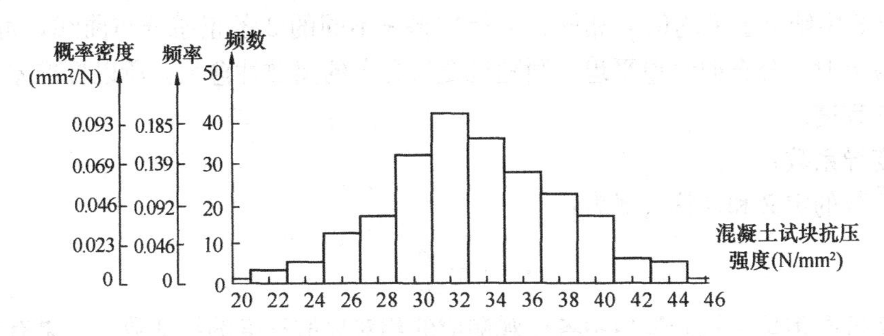

图 8-3 混凝土试块抗压强度直方图

另外，图 8-3 的纵坐标也可用频率（频数除以试块总数）和概率密度（频率除以组距，单位为 mm^2/N）表示。

2. 正态分布曲线

结构上的作用、作用效应和结构抗力的实际分布各不相同，而且有的分布比较复杂，在结构可靠性分析讨论中为了简便起见，常假定他们服从图 8-4 所示的经过处理可以用于运算的正态分布，或先进行当量正态化处理后按正态分布计算。例如图 8-3 中混凝土试块的抗压强度直方图常常近似地用图 8-4 所示的正态分布曲线代替。

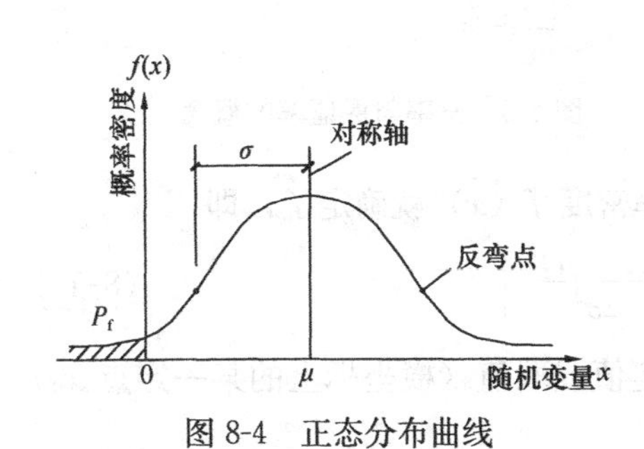

图 8-4 正态分布曲线

正态分布曲线具有以下几个特点：

(1) 曲线有一个峰值，而且只有一个；

(2) 有一个对称轴；

(3) 当随机变量 x 趋于 $+\infty$ 或 $-\infty$ 时，曲线的纵坐标趋向于零；

(4) 对称轴左右两边各有一个反弯点，它们也对称于对称轴。

3. 正态分布曲线的特征值及保证率

当已知一批测量值的下列 3 个数字特征中的两个以后，表征这群测量值的正态分布曲线就被确定了。

(1) 平均值 μ

平均值由下式计算：

$$\mu=\frac{1}{n}\sum_{i=1}^{n}x_i \tag{8-7}$$

式中 x_i——第 i 个随机变量的值；

n——随机变量值的总个数。

在正态分布曲线中，平均值反映了随机变量取值的集中位置。平均值 μ 愈大，分布曲线的峰值距纵坐标愈远。

(2) 标准差 σ

标准差的定义和计算公式为：

$$\sigma=\sqrt{\frac{1}{n-1}\sum_{i=1}^{n}(x_i-\mu)^2} \tag{8-8}$$

从几何意义上说，标准差 σ 表示分布曲线峰值到曲线反弯点之间的水平距离（图 8-4）。在图 8-5 中给出了平均值 μ 相同，但标准差 σ 不同的 3 条正态分布曲线，可以看出，当标准差愈大时，分布曲线愈平坦，则随机变量分布的离散性愈大，所以标准差表示随机变量的离散程度。

(3) 变异系数 δ

变异系数的定义和计算公式为：

$$\delta=\frac{\sigma}{\mu} \tag{8-9}$$

变异系数是衡量一批测量值中各个观测值的相对离散程度的特征数。如果有两批测量值，它们的标准差相同，但平均值不同，在这种情况下，哪一组数据的离散性大呢？利用变异系数很容易知道，平均值 μ 较小的这一组测量值的 δ 大，因而相对离散程度较大。

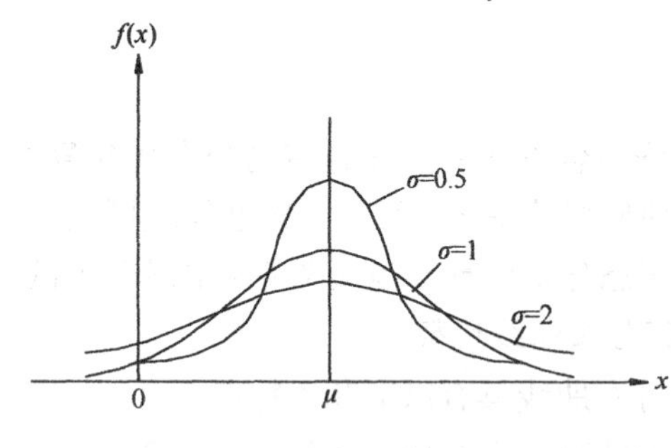

图 8-5 标准差对离散性的影响

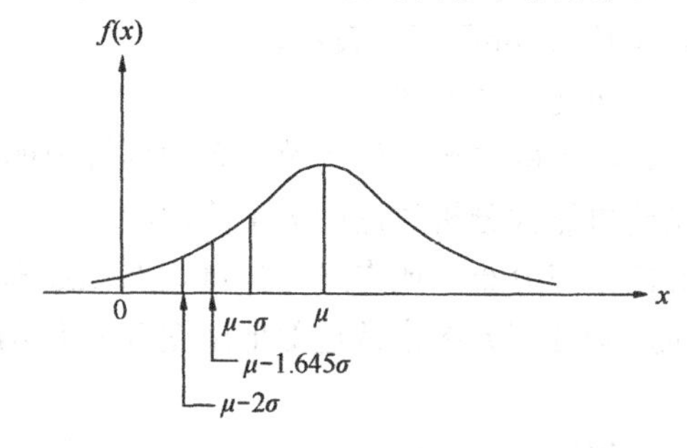

图 8-6 概率与保证率的概念

有了上述的特征数以后，正态分布曲线中的概率密度 $f(x)$ 就确定了，即：

$$f(x)=\frac{1}{\sqrt{2\pi}\sigma}\exp\left[-\frac{(x-\mu)^2}{2\sigma^2}\right] \tag{8-10}$$

根据这个函数可以算出随机变量在大于某个指定值或取值（横坐标上的某一定点 x_0）的概率为：

$$P(x > x_0) = \int_{x_0}^{+\infty} f(x)\mathrm{d}x \tag{8-11}$$

而且，当 $x_0 = -\infty$时，这个积分就是分布曲线下的面积，它等于1。如果横坐标上 x_0 取几个特殊点（图 8-6）：$\mu-\sigma$、$\mu-1.645\sigma$ 和 $\mu-2\sigma$，则随机变量大于这些值的概率可由式（8-11）分别算出为 84.13%、95%和 97.73%。如果这里的随机变量指的是材料强度，则当材料的标准强度取值为 $\mu-\sigma$、$\mu-1.645\sigma$ 和 $\mu-2\sigma$ 时，实际强度高于这些标准强度的概率（又称为超值保证率）分别为 84.13%、95%和 97.73%，这时把标准差前面的系数 1、1.645 和 2 称为保证率系数。此外，工程《统一标准》则用“分位值”定义这些特殊点，例如当材料强度取 $\mu-1.645\sigma$ 时，实际强度低于该强度的概率为 5%，就把 $\mu-1.645\sigma$ 称为 0.05 分位值。

4. 随机变量函数的特征值

一般来说，随机变量的函数也是一个随机变量，它的特征值可按概率论的运算法则近似计算。

设随机变量 Z 为随机自变量 x_i（$i=1, 2, \cdots, n$）的函数，即 $Z=\varphi(x_1, x_2, \cdots, x_n)$，则 Z 的特征值为：

平均值
$$\mu_z = \varphi(\mu_{x_1}, \mu_{x_2}, \cdots, \mu_{x_n}) \tag{8-12}$$

标准差
$$\sigma_z^2 = \sum_{i=1}^{n}\left[\frac{\partial \varphi}{\partial x_i}\Big|_{\mathrm{m}}\right]^2 \sigma_{x_i}^2 \tag{8-13}$$

变异系数
$$\delta_z = \frac{\sigma_z}{\mu_z} \tag{8-14}$$

式（8-13）中，下标 m 表示偏导数中的随机变量 x_i 均以其平均值赋值。

特殊地，当 $Z=x_1 \pm x_2, \cdots, \pm x_n$ 时，其平均值和标准差为：

$$\mu_z = \mu_{x_1} \pm \mu_{x_2} \pm \cdots \pm \mu_{x_n} \tag{8-15}$$

$$\sigma_z = \sqrt{\sigma_{x_1}^2 + \sigma_{x_2}^2 + \cdots + \sigma_{x_n}^2} \tag{8-16}$$

8.2.3 荷载的统计分析

1. 荷载的概率模型

工程《统一标准》指出：施加在结构上的荷载宜采用随机过程概率模型描述。

除永久荷载外，其他荷载是一个随时间变化的随机变量，在数学上可采用随机过程概率模型来描述。将任意时点荷载记为 Q，《建筑结构可靠度设计统一标准》（以下简称建筑《统一标准》）将几种常遇的荷载统一模型化为平稳二项随机过程 $\{Q(t), t\in[0, T]\}$，即假定：

（1）建筑结构的设计基准期 T 为 50 年；

（2）荷载一次持续施加于结构上的时段长度为 τ，而荷载设计基准期 T 内可分为 r 个相等的时段，即 $r = T/\tau$；

（3）在每一个时段 τ 内，荷载 Q 出现的概率为 p，不出现的概率为 $q=1-p$；

（4）在每一时段 τ 内，当荷载出现时，其幅值是非负的随机变量，且在不同时段上其概率分布函数 $F_i(x)$ 相同；

（5）不同时段 τ 上的荷载幅值随机变量相互独立，且与在时段上荷载是否出现无关。

上述假定将荷载平稳二项随机过程 $Q(t)$ 的样本函数模型化为等时段的矩形波函数

(图 8-7)。对于这种模型，每种荷载必须给出 τ、p 和 F_i（x）3 个统计要素，即荷载在 T 内变动次数 r 或变动一次时间 τ；在每个时段 τ 内荷载出现的概率 p；以及荷载任意时点概率分布 F_i（x）。

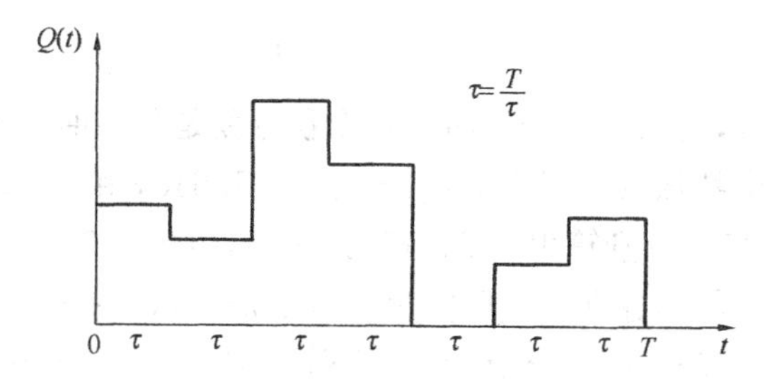

图 8-7　荷载的样本函数

对结构设计来说，最有意义的是结构设计基准期 T 内的荷载最大值 Q_T，不同的 T 时间内统计得到的 Q_T 值可能不同，即 Q_T 为一随机变量。将上述荷载随机过程 Q（t）转换为设计基准期最大荷载随机变量：

$$Q_T = \max_{0\leqslant t\leqslant T} Q(t) \tag{8-17}$$

现需推导出设计基准期最大荷载 Q_T 的概率分布函数。根据上述（3）、（4）两项假定，在任一时段 τ 上荷载的概率分布函数为

$$\begin{aligned} F_\tau(x) &= P[Q(t)\leqslant x, t\in\tau] \\ &= P[Q(t)\neq 0]P[Q(t)\leqslant x, t\in\tau \mid Q(t)\neq 0] + \\ &\quad P[Q(t)=0]P[Q(t)\leqslant x, t\in\tau \mid Q(t)=0] \\ &= p\cdot F_i(x) + (1-p)\cdot 1 \\ &= 1-p[1-F_i(x)] \qquad (x\geqslant 0) \end{aligned} \tag{8-18}$$

再根据（1）、（2）和（5）项假定，可得设计基准期最大荷载 Q_T 的概率分布函数为：

$$\begin{aligned} F_T(x) &= P[Q_T\leqslant x] \\ &= P[\max_{0\leqslant t\leqslant T} Q(t)\leqslant x] \\ &= \prod_{j=1}^{r} P[Q(t)\leqslant x, t\leqslant \tau_j] \\ &= \prod_{j=1}^{r} \{1-p[1-F_i(x)]\} \\ &= \{1-p[1-F_i(x)]\}^r \qquad (x\geqslant 0) \end{aligned} \tag{8-19}$$

式中　r——设计基准期内的总时段数。

对于在每一时段上必然出现的荷载，例如永久荷载和持久性楼面活荷载，$p=1$，则式（8-19）可写成：

$$F_T(x) = [F_i(x)]^m \tag{8-20}$$

式中　m——在设计基准期 T 内荷载的平均出现次数，$m=pr$；显然，当 $p=1$ 时，$m=r$。

对于一般情况下，$p<1$ 的临时楼面活荷载、风荷载、雪荷载等，当利用近似数学关系式时，也可以采用公式（8-20）来确定设计基准期最大荷载的概率分布函数 F_T（x），得到的结果是近似而偏安全的，具体推导可见本书参考文献［24］。

从式（8-20）来看，只要确定任意时点荷载概率分布函数 F_i（x）及统计参数——平均值及变异系数，就可以得到设计基准期最大荷载的概率分布函数 F_T（x）及统计参数。

2. 荷载的统计特性

建筑《统一标准》对恒荷载、民用楼面活荷载（办公楼、住宅、商店）、风荷载、雪荷载进行了大量的调查和实测工作。对所取得的资料应用数理统计方法加以处理，以经过

处理的实测数据为基础，根据统计推断原理，选择正态、对数正态、伽马、极限Ⅰ型、极限Ⅱ型、极限Ⅲ型等概率分布类型作为假设检验对象，在检验的显著性水平统一取 0.05 前提下，通过 K-S 检验或 χ^2 检验，确定任意时点荷载（或规定时段内最大荷载）的概率分布 F_i （x），并通过矩法估计确定其统计参数——平均值和变异系数。

对于恒载，在设计基准期 T 内必然出现，且基本不随时间变化，故 $p=1$，$r=1$，$m=pr=1$，其模型为一条与时间轴平行的直线，如图 8-8 所示。根据式（8-20）可得：

$$F_{\mathrm{T}}(x)=F_i(x) \tag{8-21}$$

设计基准期最大恒荷载的概率分布函数与任意时点恒荷载的概率分布函数相同。经统计假设检验，认为恒荷载服从正态分布，可得出 F_i （x） 的正态分布函数表达式：

$$F_{\mathrm{G}i}(x)=\frac{1}{0.074G_{\mathrm{k}}\sqrt{2\pi}}\int_{-\infty}^{x}\exp\left[-\frac{(u-1.060G_{\mathrm{k}})^2}{0.011G_{\mathrm{k}}^2}\right]\mathrm{d}u \tag{8-22}$$

式中　平均值 $\mu_{\mathrm{G}}=1.06G_{\mathrm{k}}$，标准差 $\sigma_{\mathrm{G}}=0.074G_{\mathrm{k}}$。

G_{k}——建筑结构荷载规范规定的恒载标准值，可取为设计尺寸乘标准重度。

对于建筑楼面活荷载，调查统计表明一般约 10 年变动一次，即 $\tau=10$，若 $T=50$ 年，则 $r=\dfrac{T}{\tau}=5$，对于持久性活荷载，$p=1$，则 $m=pr=5$，其模型如图 8-9 所示。根据式（8-20）可得：

$$F_{\mathrm{T}}(x)=[F_i(x)]^5 \tag{8-23}$$

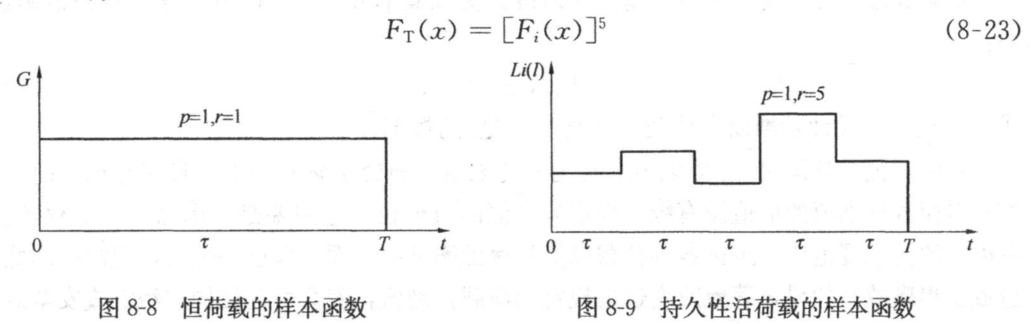

图 8-8　恒荷载的样本函数　　　　图 8-9　持久性活荷载的样本函数

经统计假设检验，任意时点持久性活荷载的概率分布服从极值Ⅰ型：

办公楼
$$F_{\mathrm{L}i}(x)=\exp\left\{-\exp\left[-\frac{x-0.204L_{\mathrm{k}}}{0.092L_{\mathrm{k}}}\right]\right\} \tag{8-24}$$

其中平均值 $\mu_{\mathrm{L}i}=0.257L_{\mathrm{k}}$，标准差 $\sigma_{\mathrm{L}i}=0.119L_{\mathrm{k}}$。式中 L_{k} 为《建筑结构荷载规范》规定的活荷载标准值。

住宅
$$F_{\mathrm{L}i}(x)=\exp\left\{-\exp\left[-\frac{x-0.287L_{\mathrm{k}}}{0.084L_{\mathrm{k}}}\right]\right\} \tag{8-25}$$

其中平均值 $\mu_{\mathrm{L}i}=0.336L_{\mathrm{k}}$，标准差 $\sigma_{\mathrm{L}i}=0.108L_{\mathrm{k}}$。

对于短时荷载，如楼面临时性活荷载、风荷载、雪荷载等，为了利用平稳二项随机过程模型，可人为假定一 τ 值，此时 F_i （x） 按 τ 时段内出现的短时荷载的最大值统计确定（图 8-10）；例如对于风荷载，年最大风压接近每年出现一次，可取 $\tau=1$ 年，在 τ 时段内，按一年内风荷载最大值统计确定，而 $p=1$，$T=50$，则 $r=50$，$m=50$，公式（8-20）化为：

$$F_{\mathrm{T}}(x)=[F_i(x)]^{50} \tag{8-26}$$

经统计假设检验，可认为短时荷载（楼面临时性活荷载、风荷载、雪荷载）的任意时点的概率分布 $F_i(x)$ 也服从极值Ⅰ型，其表达式及特征值参见本书参考文献［24］。

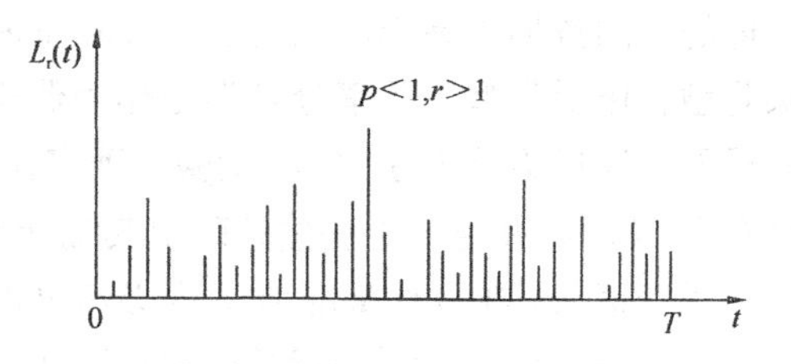

图 8-10　临时性活荷载的样本函数

3. 荷载的代表值

由前面讨论可知，各种荷载的最大值一般为一随机变量，如果在设计中采用反映这种随机性质的复杂概率设计表达式，直接引入反映荷载变异性的各种参数，将会给设计造成许多困难。因此，工程《统一标准》在设计中对荷载仍赋予一个规定的量值，这个量值称为荷载的代表值。

永久荷载（恒载）仅有一个代表值，即标准值。一般可变荷载（活载）的代表值有：标准值、频遇值、准永久值和组合值。

（1）标准值

荷载标准值 Q_K 是设计基准期内在结构上可能出现的最大荷载值。它是结构设计时采用的荷载基本代表值。对结构进行承载能力极限状态和正常使用极限状态验算时均要使用荷载标准值。

荷载标准值可以统一由设计基准期内最大荷载概率分布 F_T（x）的某一分位值确定，即：

$$F_T(Q_K) = p_K \tag{8-27}$$

式中　p_K——设计基准期内荷载最大值小于 Q_K 的概率。

目前，世界各国对 p_K 的取值没有统一的规定，尚处于研究之中。我国建筑《统一标准》对荷载标准值的取值没有统一规定分位值的百分位，这主要是考虑已有的工程经验。在以往的荷载规范中，虽然各种荷载取值的保证率不同，而且保证率偏低，但没有因此而造成工程事故。如果显著地改变过去规定的荷载标准值，就会引起结构在经济或安全效果上的较大改变，是不合适的。目前建筑《统一标准》在确定荷载标准值时，是以荷载规范规定的荷载标准值为基础来计算有关数据的，对其中个别不合理者作了适当调整。

（2）频遇值

频遇值是设计基准期内在结构上时而出现的较大可变荷载值，即为作用期限较短的可变荷载值。它是对结构进行正常使用极限状态按频遇组合设计时所采用的可变荷载代表值。其大小可按下列两种方法确定：

①根据可变荷载超越频遇值的持续期来确定：

$$\frac{T_1}{T} \leqslant 0.1 \tag{8-28}$$

式中　T——设计基准期；

T_1——可变荷载达到或超过频遇值的总持续时间。

②根据可变荷载超越频遇值的频率或以基准期 T 时间的平均超越次数（跨阈率）$\omega=\frac{n}{T}$（n——超越次数）不超过规定值来确定：

$$\omega \leqslant \omega_s \tag{8-29}$$

式中　ω_s——跨阈率限值（或超越频率限值）；

ω——平均跨阈率（或超越频率）。

跨阈率可通过直接观察确定，一般也可应用随机过程的某些特性间接确定。

频遇值与标准值之间存在下述关系：

$$频遇值 = \psi_f Q_k \tag{8-30}$$

式中　ψ_f—— 频遇值系数，取值参见本书第 4 章。

（3）准永久值

准永久值是设计基准期内在结构上经常作用的可变荷载值，即为总作用期限较长的可变荷载值。它是对结构进行正常使用极限状态按准永久组合和频遇组合设计时所采用的可变荷载值。其确定方法为：

$$\frac{T_2}{T} = 0.5 \tag{8-31}$$

式中　T_2——可变荷载达到和超过准永久值的总持续时间。

准永久值与标准值之间存在下述关系：

$$准永久值 = \psi_q Q_k \tag{8-32}$$

式中　ψ_q——准永久值系数，取值参见本书第 4 章。

（4）组合值

组合值是当结构承受两种或两种以上可变荷载时，对结构进行承载能力极限状态按基本组合设计与正常使用极限状态按标准组合设计时所采用的可变荷载代表值。可变荷载组合值与其标准值之间存在下述关系：

$$组合值 = \psi_c Q_k \tag{8-33}$$

式中　ψ_c——可变荷载组合值系数，取值参见本书第 4 章。

8.2.4　结构构件抗力的统计分析

在结构设计中，变形验算可能针对结构构件，也可能针对整体结构；而承载力的验算一般针对结构构件。影响结构构件抗力的主要因素是材料性能 f，几何参数 a 和计算模式的精确性 P。它们都是随机变量，因此结构构件的抗力是多元随机变量的函数。

直接对各种结构构件的抗力进行统计，并确定其统计参数和分布类型非常困难。因此，通常先对影响结构构件抗力的各种主要因素分别进行统计分析，确定其统计参数，然后通过抗力与各有关因素的函数关系，推求出结构构件抗力的统计参数。

1. 结构构件材料性能的不确定性

由于材料本身品质的差异，以及制作工艺，环境条件，加荷方式，尺寸等因素变异引起的材料性能的变异，导致了材料性能的不定性。通常结构材料的力学性能是采用标准小试件并按标准试验方法求得的，这与实际结构中的材料性能会有相当大的差别且存在尺寸效应。例如，试件的加荷速度远超过结构实际的受荷速度，致使试件的材料强度比实际结构中的高；试件的尺寸远小于结构的尺寸，以致试件的材料强度因尺寸效应的影响而与结构中的不同。

结构构件材料性能的不定性可采用随机变量 X_f 表达：

$$X_f = \frac{f_c}{f_k} = \frac{f_c}{f_s} \cdot \frac{f_s}{f_k} \tag{8-34}$$

式中　f_c，f_s——分别为结构构件中材料性能值及标准试件材料性能值；

f_k——规范规定的标准试件材料性能标准值。

令
$$X_0 = \frac{f_c}{f_s}, X_1 = \frac{f_s}{f_k} \tag{8-35}$$

则
$$X_f = X_0 \cdot X_1 \tag{8-36}$$

上式中，X_0 反映了结构构件材料性能与标准试件材料性能的差异，X_1 则反映了标准试件材料性能的不定性，X_0 和 X_1 均为随机变量，则 X_f 为两个随机变量之积。根据式（8-12）～式（8-14），X_f 的平均值 μ_{X_f} 和变异系数 δ_{X_f} 为：

$$\mu_{X_f} = \mu_{X_0} \cdot \mu_{X_1} \tag{8-37}$$

$$\delta_{X_f} = \sqrt{\delta_{X_0}^2 + \delta_{X_1}^2} \tag{8-38}$$

式中，μ_{X_0}、μ_{X_1}——分别为随机变量 X_0、X_1 的平均值；

δ_{X_0}、δ_{X_1}——分别为随机变量 X_0、X_1 的变异系数。

在全国范围内对各种结构材料的性能进行统计分析，通过实测得到 X_0、X_1 的统计参数，利用式（8-37）及式（8-38），就可以得到 X_f 的统计参数。表 8-5 给出了常用结构材料的强度性能统计参数。

各种结构构件材料强度性能 X_f 的统计参数　　　　**表 8-5**

结构材料种类	材料品种和受力情况		μ_{X_f}	δ_{X_f}
型　钢	受　拉	Q235 钢	1.08	0.08
		16Mn 钢	1.09	0.07
薄壁型钢	受　拉	Q235F 钢	1.12	0.10
		Q235 钢	1.27	0.08
		20Mn 钢	1.05	0.08
钢　筋	受　拉	Q235F 钢	1.02	0.08
		20MnSi	1.14	0.07
		25MnSi	1.09	0.06
混凝土	轴心受压	C20	1.66	0.23
		C30	1.41	0.19
		C40	1.35	0.16
砖 砌 体	轴心受压		1.15	0.20
	小偏心受压		1.10	0.20
	齿缝受弯		1.00	0.22
	受剪		1.00	0.24
木　材	轴心受拉		1.48	0.32
	轴心受压		1.28	0.22
	受　弯		1.47	0.25
	顺纹受剪		1.32	0.22

2. 结构构件几何参数的不定性

结构构件几何参数指构件截面的几何特征，如高度、宽度、面积、惯性矩、抵抗矩等，以及结构构件的长度、跨度等。由于制作和安装方面的原因，结构构件的尺寸会出现偏差，制作安装后的实际结构与设计中预期的构件几何特征会有差异，这种差异为构件几何参数不定性。

结构构件几何参数的不定性可用随机变量 X_A 表达

$$X_A = \frac{a}{a_k} \tag{8-39}$$

式中 a——结构构件几何参数的实际值；

a_k——结构构件几何参数的标准值，一般取为设计值。

X_A 的统计参数为：

$$\mu_{X_A} = \frac{\mu_a}{a_k} \tag{8-40}$$

$$\delta_{X_A} = \delta_a \tag{8-41}$$

式中 μ_a——结构构件几何参数的平均值；

δ_a——结构构件几何参数的变异系数。

结构构件几何参数的统计参数，可根据正常生产情况下结构构件尺寸的实测数据，经统计分析得到。在全国范围内通过大量实测得到的各类结构构件几何特征 X_A 的统计参数如表 8-6 所示。

各种结构构件几何特征 X_A 的统计参数 **表 8-6**

结构构件种类	项目	μ_{X_A}	δ_{X_A}
型钢构件	截面面积	1.00	0.05
薄壁型钢构件	截面面积	1.00	0.05
钢筋混凝土构件	截面高度 宽度	1.00	0.02
	截面有效高度	1.00	0.03
	纵筋截面面积	1.00	0.03
	纵筋重心到截面近边距离（混凝土保护层厚度）	0.85	0.30
	箍筋平均间距	0.99	0.07
	纵筋锚固长度	1.02	0.09
砖砌体	单向尺寸（37cm）	1.00	0.02
	截面面积（37cm×37cm）	1.01	0.02
木构件	单向尺寸	0.98	0.03
	截面面积	0.96	0.06
	截面模量	0.94	0.08

3. 结构构件计算模式的不定性

结构构件计算模式的不定性，主要是指构件抗力计算中采用的基本假设常常不完全符合实际以及设计计算公式具有一定的近似性等因素引起的变异性。它反映了结构构件计算抗力与实际抗力之间的差异。一般可通过与精确模式的计算结果比较或与试验结果比较来确定。结构构件计算模式的不定性可采用随机变量 X_p 表达：

$$X_p = \frac{R_0}{R_c} \tag{8-42}$$

式中 R_0——结构构件的实际抗力值，可取试验实测值或精确计算值；

R_c——按规范公式计算的结构构件抗力值，计算时应采用材料性能和几何尺寸的实测值。

通过对各类构件的 X_p 进行统计分析，可求得其平均值 μ_{X_p} 和变异系数 δ_{X_p}。表 8-7 列出了我国建筑结构各类规范中各种结构构件承载力计算模式的 X_p 的统计参数。

各种结构构件计算模式 X_p 的统计参数 **表 8-7**

结构构件种类	受力状态	μ_{X_p}	δ_{X_p}
钢结构构件	轴心受拉	1.05	0.07
	轴心受压（Q235F）	1.03	0.07
	偏心受压（Q235F）	1.12	0.10
薄壁型钢结构构件	轴心受压	1.08	0.10
	偏心受压	1.14	0.11
混凝土结构构件	轴心受拉	1.00	0.04
	轴心受压	1.00	0.05
	偏心受压	1.00	0.05
	受 弯	1.00	0.04
	受 剪	1.00	0.15
砖结构构件	轴心受压	1.05	0.15
	小偏心受压	1.14	0.23
	齿缝受弯	1.06	0.10
	受剪	1.02	0.13
木结构构件	轴心受拉	1.00	0.05
	轴心受压	1.00	0.05
	受弯	1.00	0.05
	顺纹受剪	0.97	0.08

4. 结构构件抗力的统计参数和概率分布

通常结构构件可能由几种材料组成，如钢筋混凝土，配筋砖砌体等构件，在考虑上述 3 种影响结构构件抗力的主要因素后，其抗力采用下列形式：

$$R = X_p R_p = X_p R(f_{ci} \cdot a_i) \ (i = 1, 2, \cdots, n) \tag{8-43}$$

式中 X_p——表示结构构件计算模式不定性的随机变量，见 8.2.4 节中第 3 点；

R_p——由设计计算公式确定的结构构件抗力；$R_p = R(\cdot)$，其中 $R(\cdot)$ 为抗力函数；

f_{ci}——结构构件中第 i 种材料的材料特性；

a_i——与第 i 种材料相应的结构构件几何参数。

按随机变量函数统计参数的运算法则，可写出结构构件抗力 R 的统计参数：

$$\mu_R = \mu_{X_p} \cdot \mu_{R_p} \tag{8-44}$$

$$\delta_R = \sqrt{\delta_{X_p}^2 + \delta_{R_p}^2} \tag{8-45}$$

对于钢、木等由单一材料构成的构件，式（8-43）可简化为：

$$R = X_p \cdot (X_f f_K) \cdot (X_a \cdot a_k) = X_p \cdot X_f \cdot X_a \cdot f_K \cdot a_K \tag{8-46}$$

R 的统计参数可写为：

$$\mu_R = \mu_{X_p} \cdot \mu_{X_f} \cdot \mu_{X_a} \cdot f_k \cdot a_k \tag{8-47}$$

$$\delta_R = \sqrt{\delta_{X_p}^2 + \delta_{X_f}^2 + \delta_{X_a}^2} \tag{8-48}$$

根据 X_p、X_f、X_a 的统计参数，即可求得各种结构构件抗力的统计参数。

从上述分析可知，结构构件抗力 R 是多个相互独立的随机变量的函数，由概率论中心极限定理可知，R 近似服从对数正态分布。表 8-8 给出了按建筑结构各类规范计算出的各种材料的结构构件在不同受力情况下的抗力统计参数 μ_R 和 δ_R。

各种结构构件抗力 R 的统计参数 **表 8-8**

结构构件种类	受力状态	$K_R = \mu_R / R_K$	δ_R
钢结构构件	轴心受拉（Q235F）	1.13	0.12
	轴心受压（Q235F）	1.11	0.12
	偏心受压（Q235F）	1.21	0.15
薄壁型钢结构构件	轴心受压（Q235F）	1.21	0.15
	偏心受压（16Mn）	1.20	0.15
钢筋混凝土结构构件	轴心受拉	1.10	0.10
	轴心受压（短柱）	1.33	0.17
	小偏心受压（短柱）	1.30	0.15
	大偏心受压（短柱）	1.16	0.13
	受弯	1.13	0.10
	受剪	1.24	0.19
砖结构砌体	轴心受压	1.21	0.25
	小偏心受压	1.26	0.30
	齿缝受弯	1.06	0.24
	受剪	1.02	0.27
木结构构件	轴心受拉	1.42	0.33
	轴心受压	1.23	0.23
	受弯	1.38	0.27
	顺纹受剪	1.23	0.25

注：表中 R_K 为结构构件抗力标准值。

8.3 结构的可靠度

所谓结构的可靠度，是指结构在规定的时间内，在规定的条件下，完成预定功能的概率。可见，结构可靠度是结构可靠性的概率度量，即对结构可靠性的一种定量描述。

在各种随机因素的影响下，结构完成预定功能的能力不能事先确定，只能用概率来描述。结构能够完成预定功能的概率称为"可靠概率"，用 P_s 表示。而结构不能完成预定功能的概率则称为"失效概率"，用 P_f 表示。

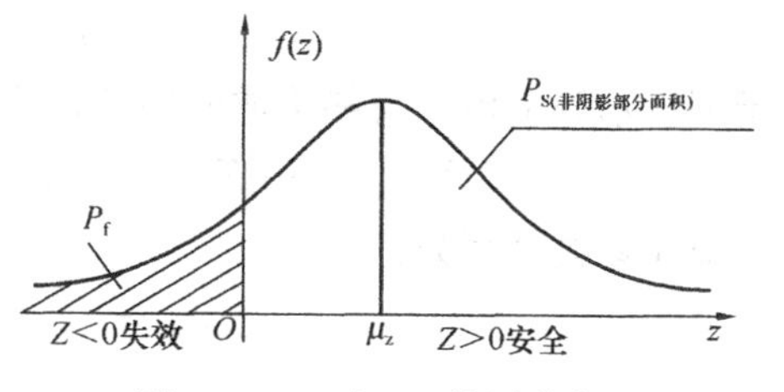

图 8-11　P_f 与 P_s 的图形表示

若已知结构功能函数 Z 的概率密度函数为 $f(z)$，则结构可靠度可表示为（图 8-11）

$$P_s = P(z \geqslant 0) = \int_0^{\infty} f(z)\mathrm{d}z \tag{8-49}$$

结构的失效概率可表示为（图 8-11）：

$$P_f = P(z < 0) = \int_{-\infty}^{0} f(z)\mathrm{d}z \tag{8-50}$$

由概率论可知，P_s 与 P_f 之间存在互补关系：

$$P_s + P_f = 1 \tag{8-51}$$

因此既可以采用可靠度 P_s 也可以采用失效概率 P_f 来度量结构的可靠性。由于结构失效一般为小概率事件，失效概率对结构可靠度的把握更为直观，因此习惯于采用失效概率 P_f 来度量结构的可靠性。

由于影响结构可靠性的诸因素均为随机变量，因此绝对可靠的结构（$P_s=1$ 和 $P_f=0$）是不存在的。从概率的观点，结构设计的目标就是保证结构可靠度 P_s 足够大或失效概率 P_f 足够小，达到人们可以接受的程度。

8.4　结构的可靠指标

8.4.1　正态随机变量的情况

设结构功能函数 Z 仅与荷载效应 S 与结构抗力 R 两个变量有关，且 R 与 S 为两个相互独立的正态随机变量。现以极限状态方程为线性方程的简单情况为例导出结构可靠指标的计算公式。

此时，结构的功能函数为：

$$Z = R - S \tag{8-52}$$

结构可靠性的条件可写成：

$$Z \geqslant 0 \text{ 或 } R \geqslant S \tag{8-53}$$

确定失效概率 P_f 的一般方法是积分法。设结构极限状态函数 Z 的分布密度函数 $f(r, s)$ 已知，$f(r, s)$ 是某一组随机变量 $R=r$，$S=s$ 发生的概率，则结构所处的状态和对应的分布密度函数关系或发生的概率可用图 8-12 直观地表示出来。

结构的失效概率，应该是 $Z<0$ 状态内图形的体积，即：

$$P_f = P(Z < 0) = \iint_{Z<0} f(r,s)\mathrm{d}r\mathrm{d}s \tag{8-54}$$

应当指出，用 P_f 来度量结构的可靠性具有明确的物理意义，能够较好的反映客观实

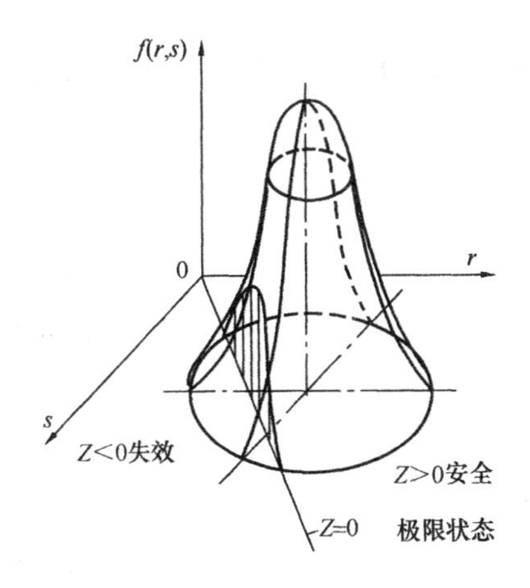

图 8-12　结构的分布密度函数

际，因而近年来已为国际公认。但是，要直接计算 P_f 是相当复杂的。其原因在于分布密度函数 f（r，s）的确定比较困难，在一般情况下，还要作多维积分。因而，除了特别重要和新型结构以外，并不直接采用计算 P_f 的设计方法。一些外国标准和我国的工程《统一标准》都是以可靠指标 β 代替 P_f，以便于一般工程设计中具体度量结构的可靠性。

为了找出可靠指标 β 与 P_f 的关系，现在采用极限状态函数 Z 的分布曲线 f（z）（图 8-13a）求失效概率。

假设 Z 服从正态分布 N（μ_Z，σ_Z），故由图 8-13（a）得：

$$P_f = P(Z < 0) = \int_{-\infty}^{0} \frac{1}{\sqrt{2\pi}\sigma_Z} \exp\left[-\frac{(Z-\mu_Z)^2}{2\sigma_Z^2}\right] dz \tag{8-55}$$

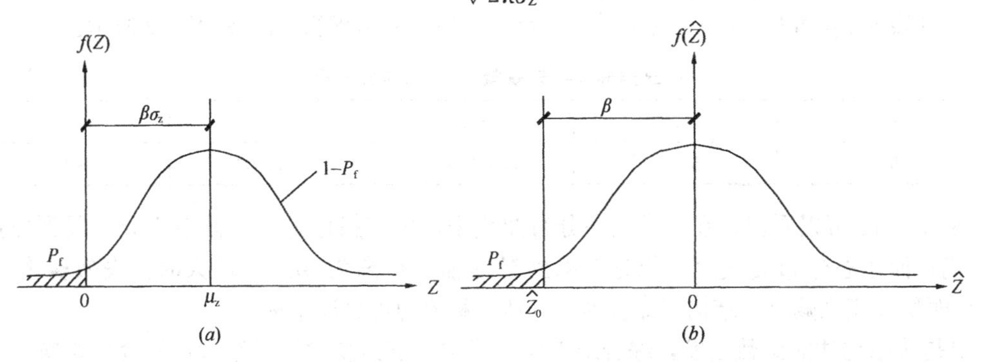

图 8-13　Z 的分布曲线和失效概率

为了更简单起见，我们把 Z 化成标准正态分布，如图 8-13（b）所示，根据概率论，这时要用新的变量坐标 $\hat{Z} = \frac{Z-\mu_z}{\sigma_z}$ 去代替 Z，并注意标准正态服从 N（0，1），则得：

$$P_f = P\left(\hat{Z} = \frac{Z-\mu_z}{\sigma_z} < \hat{Z}_0 = -\frac{\mu_z}{\sigma_z}\right)$$

$$= \int_{-\infty}^{\hat{Z}_0} \frac{1}{\sqrt{2\pi}} \exp\left(-\frac{\hat{Z}^2}{2}\right) d\hat{Z} \tag{8-56}$$

这就是根据标准正态分布计算失效概率的公式，可以看出，P_f的大小取决于积分上限 $\hat{Z}_0$：

$$\hat{Z}_0 = -\frac{\mu_z}{\sigma_z} \tag{8-57}$$

按式（8-56）计算 P_f是相当简单的，而且还可以利用现成的标准正态分布的函数 Φ（$\hat{Z}_0$），由 $\hat{Z}_0$ 直接查出 P_f。在这里：

$$\Phi(\hat{Z}_0) = \int_{-\infty}^{\hat{Z}_0} \frac{1}{\sqrt{2\pi}} \exp\left(-\frac{\hat{Z}^2}{2}\right) d\hat{Z} \tag{8-58}$$

在结构可靠度理论中，把 $\hat{Z}_0$ 的绝对值$\frac{\mu_z}{\sigma_z}$，即在标准正态分布中积分上限到原点的距离（图 8-13b），称为可靠度指标 β，则：

$$\beta=\frac{\mu_z}{\sigma_z} \tag{8-59}$$

式中，μ_z 和 σ_z，可以按式（8-15）和式（8-16）计算：

$$\mu_z=\mu_R-\mu_s \tag{8-60}$$

$$\sigma_z=\sqrt{\sigma_R^2+\sigma_s^2} \tag{8-61}$$

式中　μ_s、μ_R、σ_s、σ_R——S、R 的平均值和标准差。

将式（8-60）和式（8-61）代入式（8-59），可得：

$$\beta=\frac{\mu_R-\mu_s}{\sqrt{\sigma_R^2+\sigma_s^2}} \tag{8-62}$$

由式（8-57）、式（8-58）和式（8-59），可以得出失效概率与可靠度指标之间的关系为：

$$P_f=\Phi(\hat{Z}_0)=\Phi(-\beta) \tag{8-63}$$

上式表明，β 和 P_f 有一一对应关系，已知 β 后，即可求得 P_f，如表 8-9 所示。

可靠指标 β 与失效概率 P_f 的对应关系　　　　**表 8-9**

β	2.7	3.2	3.7	4.2
P_f	3.5×10^{-3}	6.9×10^{-4}	1.1×10^{-4}	1.3×10^{-5}

从图 8-13 可以看出，在标准正态分布曲线中，可靠指标是失效概率积分上限到原点的距离；而正态分布曲线上，积分上限到对称轴的距离为 $\beta\sigma_z$。β 增大时，失效概率 P_f（影线面积）随之减小，结构可靠度增大，所以称 β 为可靠度指标。

β 是从结构功能函数出发，综合地考虑了荷载和抗力变异性对结构可靠度的影响，是度量结构可靠性的既简单又科学合理的指标。

8.4.2 对数正态随机变量的情况

当 R、S 均为对数正态随机变量时，失效概率 P_f 的计算式为：

$$\begin{aligned}P_f&=P(Z<0)=P(R-S<0)=P(R<S)\\&=P\left(\frac{R}{S}<1\right)=P\left(\ln\frac{R}{S}<\ln 1\right)\\&=P(\ln R-\ln S<0)\end{aligned} \tag{8-64}$$

因 $\ln R$、$\ln S$ 均为正态随机变量，由式（8-62），则可靠指标为：

$$\beta=\frac{\mu_{\ln R}-\mu_{\ln S}}{\sqrt{\sigma_{\ln R}^2+\sigma_{\ln S}^2}} \tag{8-65}$$

式中　$\mu_{\ln R}$、$\mu_{\ln S}$——$\ln R$ 和 $\ln S$ 的均值；

$\sigma_{\ln R}^2$、$\sigma_{\ln S}^2$——$\ln R$ 和 $\ln S$ 的标准差。

可以证明，对于对数正态随机变量 X，其对数 $\ln X$ 的统计参数与其本身 X 的统计参数之间的关系为：

$$\mu_{\ln X}=\ln\mu_X-\frac{1}{2}\ln(1+\delta_X^2) \tag{8-66}$$

$$\sigma_{\ln X}=\sqrt{\ln(1+\delta_X^2)} \tag{8-67}$$

式中 δ_X——X 的变异系数。

应用式（8-66）、式（8-67）代入式（8-65）中，可得结构抗力 R 和荷载效应 S 均为对数正态随机变量时，可靠指标的计算式为

$$\beta=\frac{\ln\frac{\mu_R\sqrt{1+\delta_S^2}}{\mu_S\sqrt{1+\delta_R^2}}}{\sqrt{\ln[(1+\delta_R^2)(1+\delta_S^2)]}} \tag{8-68}$$

例 8-1 有一钢筋混凝土简支梁，跨度 l 为 6m（不考虑其变异性）。承受均布荷载 q，认为服从正态分布，其平均值 $\mu_q=40\text{kN/m}$，标准差 $\sigma_q=4\text{kN/m}$。极限弯矩为 M_u，也认为服从正态分布，其平均值 $\mu_{M_u}=300\text{kN}\cdot\text{m}$，标准差 $\sigma_{M_u}=30\text{kN}\cdot\text{m}$。试计算此梁的抗弯可靠指标 β、失效概率 p_f 及可靠度 p_s。

解：（1）基本参数

对均布荷载：$\mu_q=40\text{kN/m}$，$\sigma_q=4\text{kN/m}$。

由于承受均布荷载的简支梁跨中弯矩 $M=\frac{1}{8}ql^2$，可以得出跨中弯矩（荷载效应）参数：

$$\mu_S=\mu_M=\frac{1}{8}\mu_q l^2=\frac{1}{8}\times40\times6^2=180\ (\text{kN}\cdot\text{m})$$

$$\sigma_S=\sigma_M=\frac{1}{8}\sigma_q l^2=\frac{1}{8}\times4\times6^2=18\ (\text{kN}\cdot\text{m})$$

抗力参数：$\mu_R=\mu_{M_u}=300\ (\text{kN}\cdot\text{m})$，$\sigma_R=\sigma_{M_u}=30\ (\text{kN}\cdot\text{m})$

（2）计算可靠指标 β、失效概率 p_f 及可靠度 p_s

受弯承载力极限状态方程为 $Z=R-S=M_u-M=0$，由于抗力（极限弯矩）和荷载效应（弯矩）均服从正态分布，因此有：

$$\beta=\frac{\mu_R-\mu_S}{\sqrt{\sigma_R^2+\sigma_S^2}}=\frac{300-180}{\sqrt{30^2+18^2}}=3.43$$

$$p_f=\Phi(-\beta)=\Phi(-3.43)=3\times10^{-4}\text{（查标准正态分布函数表得出）}$$

$$p_s=1-p_f=1-3\times10^{-4}=0.9997$$

例 8-2 有一轴心受拉钢杆件，已知拉力 N、拉杆截面积 A 和屈服强度 f 均服从对数正态分布，其统计参数分别为

$$\mu_N=120\text{kN}\qquad \delta_N=0.11$$

$$\mu_f=21.5\text{kN/cm}^2\qquad \delta_f=0.08$$

$$\mu_A=8.86\text{cm}^2\qquad \delta_A=0.05$$

求此拉杆的可靠指标 β。

解：对轴心拉杆，其抗力 $R=Af$，由于 A、f 均为对数正态变量，R 也为对数正态变量，其统计参数为：

$$\mu_R=\mu_f\mu_A=21.5\times8.86=190.49(\text{kN})$$

$$\delta_R=\sqrt{\delta_f^2+\delta_A^2}=\sqrt{0.08^2+0.05^2}=0.094$$

由于抗力 R 和荷载效应（此时为拉杆拉力）N 均为对数正态随机变量，则可靠指标

可按式（8-68）计算，即

$$\beta=\frac{\ln\frac{\mu_R\sqrt{1+\delta_S^2}}{\mu_S\sqrt{1+\delta_R^2}}}{\sqrt{\ln[(1+\delta_R^2)(1+\delta_S^2)]}}=\frac{\ln\frac{190.49}{120}\sqrt{\frac{1+0.11^2}{1+0.094^2}}}{\sqrt{\ln[(1+0.11^2)(1+0.094^2)]}}=\frac{\ln 1.593}{\sqrt{\ln 1.021}}=3.23$$

8.5 结构可靠度的一般计算方法

当已知两个正态基本变量或两个对数正态基本变量的统计参数（平均值和标准差）后，且极限状态方程为线性方程时，即可按式（8-62）或式（8-68）直接求出β值。在工程结构的可靠度分析中，永久荷载一般服从正态分布，截面抗力一般服从对数正态分布，但如风压，雪荷载，楼面活荷载等，一般服从其他类型（如极值Ⅰ型等）的分布。这样就需要一种方法能计算服从其他任意类型分布的随机变量的β值，且极限状态方程为非线性的情况。所以建筑《统一标准》采用了国际“结构安全度联合委员会（JCSS）”推荐的方法，用以计算具有服从任意类型分布的随机变量的结构可靠度指标，该方法又称验算点法（JC 法）。现分两种情况加以阐明。

8.5.1 正态随机变量的情况

先以功能函数仅与两个正态基本变量S、R有关，且极限状态方程为线性方程的简单情况说明可靠度指标β的几何意义以及“设计验算点”的概念。

对S、R作为标准正态化变换：

$$\hat{S}=\frac{S-\mu_S}{\sigma_S},\hat{R}=\frac{R-\mu_R}{\sigma_R} \tag{8-69a}$$

即：

$$S=\hat{S}\sigma_S+\mu_S,R=\hat{R}\sigma_R+\mu_R \tag{8-69b}$$

此时，$\hat{S}$，$\hat{R}$均服从标准正态$N(0,1)$分布。则极限状态方程$Z=R-S$变为：

$$Z=\hat{R}\sigma_R+\mu_R-(\hat{S}\sigma_S+\mu_S)=0 \tag{8-70}$$

以$\sqrt{\sigma_R^2+\sigma_S^2}$除式（8-70）两端，可得：

$$\hat{S}\cos\theta_S+\hat{R}\cos\theta_R-\beta=0 \tag{8-71}$$

式中

$$\left.\begin{aligned}\cos\theta_S&=\frac{\sigma_S}{\sqrt{\sigma_R^2+\sigma_S^2}}\\ \cos\theta_R&=\frac{-\sigma_R}{\sqrt{\sigma_R^2+\sigma_S^2}}\end{aligned}\right\} \tag{8-72}$$

由解析几何可知，在标准正态化坐标系$\hat{S}\hat{O}\hat{R}$中，式（8-71）为极限状态直线的标准法线式方程。β为原点$\hat{O}$到极限状态直线的法线距离$\hat{O}P^*$（图 8-14）。$\cos\theta_S$，$\cos\theta_R$为法线对各坐标向量的方向余弦。

结构可靠指标β的几何意义是标准正态坐标系中原点到极限状态方程的最短距离。

从原点$\hat{O}$到极限状态直线上距离最近的点P^*一般称为“设计验算点”。在$\hat{S}\hat{O}\hat{R}$坐标系中，P^*的坐标为：

$$\left.\begin{aligned}\hat{S}^* &= \beta\cos\theta_S \\ \hat{R}^* &= \beta\cos\theta_R\end{aligned}\right\} \tag{8-73}$$

将其变换到原坐标系 SOR 中，有

$$\left.\begin{aligned}S^* &= \mu_S + \sigma_S\beta\cos\theta_S \\ R^* &= \mu_R + \sigma_R\beta\cos\theta_R\end{aligned}\right\} \tag{8-74}$$

因 P^* 在极限状态直线上，S^*、R^* 必然满足方程（8-6），故有

$$Z = g(S^*, R^*) = R^* - S^* = 0 \tag{8-75}$$

当功能函数与多个随机正态变量有关，且极限状态方程为一般式（8-5）时，它代表以基本变量 x_i（$=1$，2，…，n）为坐标的 n 维欧氏空间上的一个曲面（当式（8-5）是线性时，则为平面），如图 8-15 所示。将功能函数 g（·）在 P^* 点展开成泰勒级数，并仅保留其一次项，根据式（8-5）作类似于上述两个正态随机变量情况的推导可知，β 是标准正态空间坐标系中原点到极限状态曲面（或平面）的最短距离，即原点到极限状态曲面上 P^* 点切平面的法线长度，具体推导过程见本书参考文献［24］。

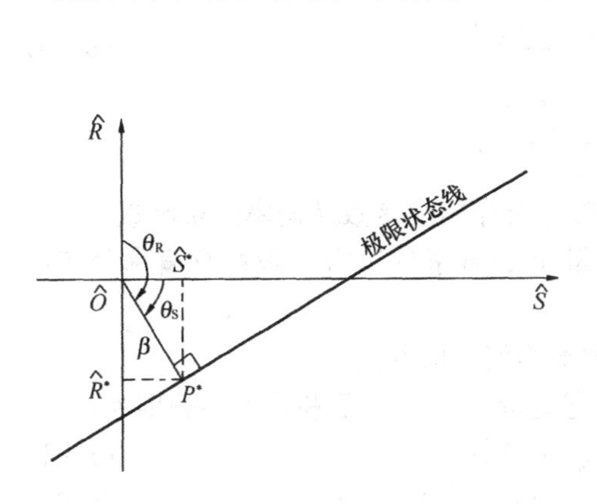

图 8-14　两个基本变量时可靠指标与极限状态方程的关系

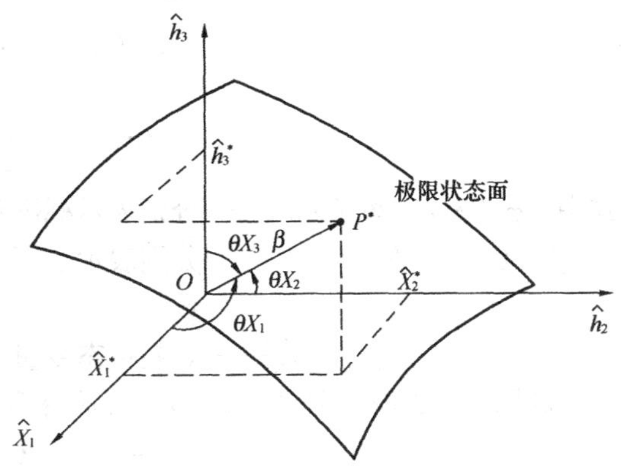

图 8-15　多个基本变量时可靠指标与极限状态方程的关系

此时，P^* 仍为“设计验算点”，类似于上述两个正态随机变量情况的推导，可以证明在原始坐标系中 P^* 的坐标为：

$$x_i^* = \mu_{x_i} + \sigma_{x_i}\beta\cos\theta_{x_i} \tag{8-76}$$

$$\cos\theta_{x_i} = \frac{-\left.\dfrac{\partial g}{\partial x_i}\right|_{P^*}\cdot\sigma_{x_i}}{\left[\sum_{i=1}^{n}\left(\left.\dfrac{\partial g}{\partial x_i}\right|_{P^*}\cdot\sigma_{x_i}\right)^2\right]^{\frac{1}{2}}} \tag{8-77}$$

式中，μ_{x_i}、σ_{x_i} 为基本变量 x_i 的平均值和标准差。

同理，因 P^* 在极限状态曲面上，故必然满足方程（8-5），即

$$g(x_1^*, x_2^*, \cdots, x_n^*) = 0 \tag{8-78}$$

当已知各基本变量的统计特性（平均值和标准差）后，根据式（8-76）、式（8-77）和式（8-78）即可求出 β 值。由此可见，求 β 问题实际上是求法线 $\hat{O}P^*$ 长度的问题。

8.5.2 非正态随机变量的情况

若基本变量 x_i 为非正态随机变量，需进行当量正态化处理，将其转换为等效正态随机变量，然后利用一次二阶矩阵法求结构可靠指标 β。

该方法根据在基本设计验算点 x_i^* 处当量正态变量与原非正态变量的概率分布函数值（尾部面积）相等以及概率密度函数值（纵坐标）相等的条件（图 8-16），求出当量正态变量 x'_i 的平均值和标准差。设非正态分布随机变量 x_i 的概率分布函数为 $F_{x_i}(x)$，概率密度函数为 $f_{x_i}(x)$，变换后的当量正态分布为 $N(\mu_{x'_i}, \sigma_{x'_i})$。

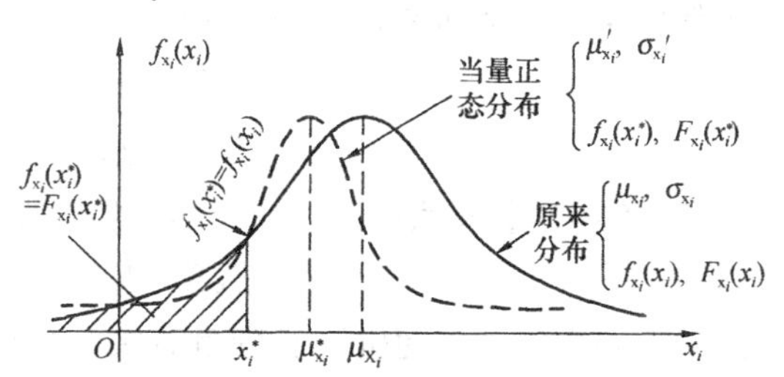

图 8-16 当量正态化的条件

根据在设计验算点坐标 x_i^* $(i=1,2,\cdots,n)$处的概率分布函数值及概率密度函数值相等的条件，可得：

$$F_{x_i}(x_i^*) = \Phi\left[\frac{x_i^* - \mu'_{x_i}}{\sigma'_{x_i}}\right] \tag{8-79}$$

$$f_{x_i}(x_i^*) = \varphi\left[\frac{x_i^* - \mu'_{x_i}}{\sigma'_{x_i}}\right] \Big/ \sigma'_{x_i} \tag{8-80}$$

式中 $\varphi(\cdot)$，$\Phi(\cdot)$——分别表示标准正态概率分布密度函数及概率分布函数；

$f_{x_i}(\cdot)$，$F_{x_i}(\cdot)$——分别表示非正态变量 x_i 的概率分布密度函数及概率分布函数；

μ'_{x_i}，σ'_{x_i}——等效正态变量 x'_i 的平均值、均方差。

利用式（8-79）和式（8-80），可求得等效正态变量 x'_i 的平均值和均方差分别为：

$$\mu'_{x_i} = x_i^* - \Phi^{-1}[F_{x_i}(x_i^*)]\sigma'_{x_i} \tag{8-81}$$

$$\sigma'_{x_i} = \varphi\{\Phi^{-1}[F_{x_i}(x_i^*)]\}/f_{x_i}(x_i^*) \tag{8-82}$$

式中 $\Phi^{-1}(\cdot)$——标准正态分布函数的反函数。

以 x'_i 的统计参数 μ'_{x_i}，σ'_{x_i} 代替以 x_i 的统计参数 μ_{x_i}，σ_{x_i} 后，就可以按前述正态随机变量情况下计算 β 的方法进行了。

由于计算 μ'_{x_i}，σ'_{x_i} 的公式中涉及设计验算点的坐标值 x_i^*，必须与式（8-76）、式（8-77）、式（8-78）联立求解 β 值，所以一般采用迭代方法计算，其步骤如下：

①假定 x_i^*（取 $x_i^* = \mu_{x_i}$）；

②对非正态变量 x_i，根据 x_i^* 由式（8-81）和式（8-82）求等效正态变量的 μ'_{x_i}、σ'_{x_i}，并用 μ'_{x_i}、σ'_{x_i} 取代 μ_{x_i}、σ_{x_i}；

③求 $\cos\theta_{x_i}$，采用式（8-77）；

④求 β，采用式（8-59）；

⑤求新的 x_i^*，采用式（8-76）；

⑥以新的 x_i^* 重复步骤②～⑤，直到前后两次算出的 β 值之差小于允许误差。

思 考 题

1. 结构设计的目的是什么？结构的可靠性包括哪几个方面？

2. 什么是结构的“设计基准期”？结构的设计基准期是否等同于设计使用年限？建筑结构设计基准期规定的年限为多长？

3. 什么是结构的极限状态？说明两种极限状态的具体内容？

4. 什么是结构抗力？什么是作用效应？为什么说结构上的作用、作用效应和结构抗力都是随机变量？

5. 正态分布曲线有哪些特点？有哪些特征值？什么是正态分布的保证率，分位值？

6. 什么是结构的可靠度？结构的可靠度与结构的可靠性之间有什么关系？

7. 结构的可靠概率与失效概率之间有什么关系？

8. 若材料强度是服从正态分布的随机变量 x，其概率分布密度为 f（x），如何计算材料强度大于某个取值 x_o 的概率 P（$x>x_o$）？

9. 设结构极限状态函数 Z 服从正态分布，并已知其概率密度函数 f（z）：

（1）画图表明结构的失效概率 P_f 和可靠指标 β，并写出可靠指标 β 的表达式；

（2）写出失效概率 P_f 的计算式；

（3）推导出失效概率 P_f 与可靠指标 β 之间的关系

$$P_f = \Phi(-\beta)$$

10. 试说明可靠指标 β 的几何意义。

11. 试说明用验算点法（JC 法）计算具有服从任意类型分布的随机变量的结构可靠指标的步骤。

习　　题

1. 一受恒载作用的钢筋混凝土梁，受弯承载力极限状态方程为 $Z=R-S=0$，已知荷载效应（弯矩 M）服从正态分布，且 $\mu_M=13\text{kN}\cdot\text{m}$，$\delta_M=0.07$；抗力 R 假定为服从正态分布，且 $\mu_R=20.8\text{kN}\cdot\text{m}$，$\delta_R=0.094$；求此梁的可靠指标 β 及相应的 P_f、P_s 值。

2. 已知一悬臂梁如图 8-17 所示，现已知各变量均服从正态分布，其集中荷载的平均值及标准差分别为 $\mu_P=3.8\text{kN}$，$\sigma_P=1.0\text{kN}$；抗力（梁所能承受的极限弯矩 M_u）的平均值及标准差分别为 $\mu_R=20\text{kN}\cdot\text{m}$，$\sigma_R=2.0\text{kN}\cdot\text{m}$。不考虑结构构件尺寸的变异性和计算公式的准确性，且不考虑构件自重，试校核该构件的可靠度。

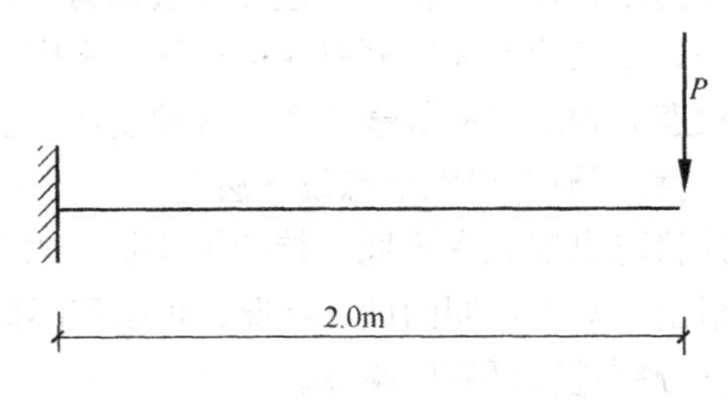

图 8-17

第 9 章　结构概率可靠度设计方法

9.1　极限状态基本设计原则

9.1.1　设计状况

结构在施工及使用过程中，其性能及环境条件随时间而发生变化，因此进行工程结构设计时，应考虑结构的设计状况。这里所说的环境条件是广义的，包括结构所受的各种作用。设计状况为代表一定时段的一组物理条件，设计应做到结构在该时段内不超越有关的极限状态。根据其出现概率及持续期长短，工程结构的设计状况可分 3 种：

① 持久状况：在结构使用过程中一定出现，其持续期很长的状况。持续期一般与设计使用年限为同一数量级。如房屋结构承受家具和正常人员荷载的状况属持久状况。

② 短暂状况：在结构施工和使用过程中出现概率较大，而与设计使用年限相比，持续期很短的状况。如结构施工时承受堆料荷载以及维修时承受设备荷载的状况属短暂状况。

③ 偶然状况：在结构使用过程中出现概率很小，且持续期很短的状况。如火灾、爆炸、撞击等作用的状况属偶然状况。

9.1.2　基本设计原则

如第 8 章所述，针对结构的 3 种基本功能要求，结构的极限状态分为两类：承载能力极限状态和正常使用极限状态。针对不同的极限状态，应根据各种结构的特点和使用要求给出具体的标志及限值，作为结构设计的依据，这种方法称为“极限状态设计法”。

目前的极限状态设计法是以结构的失效概率或可靠指标来度量结构可靠度，并且建立了结构可靠度与结构极限状态方程之间的数学关系，这种设计方法就是“以概率理论为基础的极限状态设计方法”，简称“概率极限状态设计法”。

考虑到结构的 3 种设计状况出现概率不同，持续期不同，对结构功能的影响也不同，因此，工程《统一标准》指出：对于不同的设计状况，可采用不同的结构体系、可靠度水准和基本变量的设计值等，分别进行可靠度验算。

对结构的 3 种设计状况应分别进行下列极限状态设计：

① 对持久状况，因其持续期长，且为必须出现，应进行承载能力极限状态设计与正常使用极限状态设计。

② 对短暂状况，虽出现的概率大，但持续期短，对结构影响短暂，应进行承载能力极限状态设计，并根据需要确定是否进行正常使用极限状态设计。

③ 对偶然状况，出现概率小且持续期很短，可仅进行承载能力极限状态设计。

工程结构设计时，对各种设计状况，应按不同的极限状态确定相应的结构作用效应的最不利组合。

对持久状况及短暂状况，应分别对两类极限状态采用作用效应的最不利组合：

① 对承载能力极限状态，应考虑作用效应的基本组合（永久作用与可变作用的组合），必要时应考虑作用效应的偶然组合（永久作用、可变作用和一个偶然作用的组合）。

② 对正常使用极限状态，应根据不同的设计目的，分别选用下列作用效应的组合：

a. 标准组合（对可变荷载采用标准值及组合值为荷载代表值的组合），主要用于当一个极限状态被超越时将产生严重的永久性损坏的情况。

b. 频遇组合（对可变荷载采用频遇值及准永久值为荷载代表值的组合），主要用于当一个极限状态被超越时将产生局部损坏、较大变形或短暂振动等情况。

c. 准永久组合（对可变荷载采用准永久值为荷载代表值的组合），主要用在当长期效应是决定性因素时的一些情况。

对偶然状况，可按下列原则之一进行承载能力极限状态设计：

① 按作用效应的偶然组合进行设计或采取防护措施，使主要承重结构不致因设计规定的偶然事件而丧失承载力。

② 允许主要承重结构因出现设计规定的偶然事件而局部破坏，但其剩余部分具有在一段时间内不发生连续倒塌的可靠度。

9.1.3 设计要求

结构设计要求：结构的抗力 R 应大于或等于结构的荷载效应 S，即：

$$R \geqslant S \tag{9-1}$$

由于 R、S 均为随机变量，因此式（9-1）不能绝对满足，而只能在一定概率意义下被满足。式（9-1）可转换为：

$$P_{\mathrm{f}}\{R < S\} \leqslant P_{\mathrm{f}_0} \tag{9-2a}$$

或：

$$\beta \geqslant \beta_0 \tag{9-2b}$$

其中 P_{f_0}——设计基准期内针对结构某一功能要求的结构失效概率的限值；

β_0——设计基准期内针对结构某一功能要求的结构可靠指标限值，称作目标可靠指标。

9.2 目标可靠指标的确定

在正常设计，正常施工和正常使用的情况下，每一结构或构件都具有一个自身的可靠度。如果有关变量的统计参数已知，就可按式（9-2b）来校核其可靠指标。首先必须确定作为设计依据的可以接受的可靠指标界限——目标可靠指标 β_0（又称设计可靠指标）。

9.2.1 影响目标可靠指标的因素

确定结构设计的目标可靠指标时，一般需考虑以下几个因素：

(1) 公众心理

一般来说，当工程结构在设计基准期内的失效概率在 $(1\sim7)\times10^{-4}$（对应的 $\beta=3.2\sim3.7$）的范围内时，可以认为结构是安全的。这个数字可以和民航飞机 50 年一遇失事的概率约为 5×10^{-4} 进行比较。

(2) 结构的重要性

一般来说，对于重要的结构，目标可靠指标应定得高一些。而对于次要的结构，目标可靠指标可定得低些。工程《统一标准》将工程结构按照破坏可能产生的后果（危及人的生命，造成经济损失和产生社会影响等）的严重程度，划分为3个安全等级，见表9-1。一级为重要工程结构（如核电站、影剧院、体育馆、特大桥、大中桥等）；二级为一般工程结构（如一般工业与民用建筑、小桥、一般港口工程结构等）；三级为次要工程结构（如临时仓库、车棚、挡土墙等）。工程《统一标准》以一般工程结构的设计目标可靠指标为基准，对于重要工程结构使其失效概率减少一个数量级，而对于次要工程结构使其失效概率增加一个数量级。工程《统一标准》还规定，同一工程结构内的各种结构构件，一般宜与整个结构采用相同的安全等级，但允许对部分结构构件根据其重要程度和综合经济效果进行调整。如提高某一结构构件的安全等级所需额外费用很少，又能减轻整个结构的破坏，从而大大减少人员伤亡和财物损失，则可将该结构构件的安全等级比整个结构的安全等级提高一级；相反，如某一结构构件的破坏并不影响整个结构或其他结构构件，则可将其安全等级降低一级。

工程结构的安全等级 **表9-1**

安全等级	破坏后果	结构类型
一级	很严重	重要工程结构
二级	严重	一般工程结构
三级	不严重	次要工程结构

（3）结构破坏性质

一般结构和结构构件的破坏类型分为延性破坏和脆性破坏两类。延性破坏是指结构构件在破坏前有明显的变形或其他预兆；脆性破坏是指结构构件在破坏前无明显的变形或其他预兆。由于脆性破坏的结构破坏前无预兆，其破坏后果比延性破坏的结构要严重，因此工程上一般要求脆性破坏的结构的目标可靠指标应高于延性破坏的结构。

（4）结构功能的失效后果

对承载能力功能，失效后果严重一些，可靠度水准应高些；对正常使用功能，失效后果稍轻，可靠度水准可低些。

9.2.2 现行标准关于目标可靠指标的确定

限于目前的条件，工程《统一标准》规定，结构构件设计的目标可靠指标，可在对现行结构规范中的各种结构构件进行可靠指标校准的基础上，根据结构安全和经济的最佳平衡确定。我国各工程结构设计规范的目标可靠度指标采用经验校准法确定。所谓经验校准法系指采用第8章所述的可靠度计算方法对原结构设计规范进行反演计算分析，以确定原结构设计规范隐含的可靠度水准，以此为基础，综合确定今后的结构构件目标可靠指标。

下面以建筑《统一标准》为例，说明房屋建筑的目标可靠指标是如何确定的。在校核目标可靠指标β时，需要考虑不同的荷载效应组合情况。在房屋建筑中，最常遇的荷载效应组合情况是S_G+S_L（恒荷载与办公楼楼面活荷载），S_G+S_L（恒荷载与住宅楼面活荷载）和$S_{vG}+S_W$（恒荷载与风荷载）。所以在确定目标可靠指标时，主要考虑了这3种基本的组合情况。在校核β时，还需要考虑活荷载效应S_{Q_k}与恒载效应S_{G_k}具有不同比值（$\rho=S_{Q_k}/S_{G_k}$）的情况。因为活荷载和恒荷载的变异性不同，当ρ改变时，β也将变化。在确定了荷载效应组合情况及常遇的ρ值后，建筑《统一标准》对钢、薄钢、混凝土、砖石和木结构 5 本设计规范中的 14 种有代表性的结构构件进行分析，其结果列于表 9-2。从表中可以看到，在 3 种简单荷载效应组合下，对 14 种结构构件，原设计规范可靠指标的总平均值为 3.30，相应的失效概率约为 4.8×10^{-4}。其中，属于延性破坏构件的平均值为 3.22。

各种结构构件承载能力的可靠指标 **表 9-2**

序号	结构构件		常用荷载效应比值 ρ	原规范规定的 K 值	不同 ρ 值下 β 的平均值		
					S_G+S_L（办公楼）	S_G+S_L（住宅）	S_G+S_W（风）
1	钢	轴心受压	0.25，0.5 1.0，2.0	1.41	3.16	2.89	2.66
2		偏心受压		1.41	3.29	3.04	2.83
3	薄钢	轴心受压	0.5，1.0 2.0，3.0	1.50	3.42	3.16	2.94
4		偏心受压		1.52	3.49	3.23	3.02
5	砖石	轴心受压	0.1，0.25 0.5，0.75	2.30	3.98	3.84	3.73
6		偏心受压		2.30	3.45	3.32	3.22
7		受剪		2.50	3.34	3.21	3.09
8	木	轴心受压	0.25，0.5， 1.5	1.83	3.42	3.23	3.07
9		受弯		1.89	3.54	3.37	3.22
10	钢筋混凝土	轴心受拉	0.1 0.25 0.5 1.0 2.0	1.40	3.34	3.10	2.91
11		轴心受压		1.55	3.84	3.65	3.50
12		大偏心受压		1.55	3.84	3.63	3.47
13		受弯		1.40	3.51	3.28	3.09
14		受剪		1.55	3.24	3.04	2.88
平均值					3.49	3.29	3.12
总平均值					3.30		

鉴于以上的校核结果，建筑《统一标准》规定了我国现行房屋结构设计规范的目标可靠指标 β，见表 9-3。从表中可以看出，安全等级为二级的属延性破坏的结构构件取 $\beta=3.2$，属脆性破坏的结构构件取 $\beta=3.7$，对于其他安全等级，β 取值在此基础上分别增减 0.5，与此值相应的失效概率约相差一个数量级。

结构构件承载力极限状态的可靠指标 β **表 9-3**

破坏类型	安全等级		
	一 级	二 级	三 级
延性破坏	3.7	3.2	2.7
脆性破坏	4.2	3.7	3.2

其他工程结构的统一标准确定目标可靠指标的方法与上面相类似，但 β 取值与表 9-3 稍有不同。

采用经验校准法确定目标可靠度水准是考虑到新旧结构设计规范应有一定的继承性，两者的可靠度水准不能相差太大。同时考虑到原结构设计规范已在工程实践中使用了十多年甚至几十年，而出现事故的概率极小这一事实，可认为其可靠度水准总体是合理的、可接受的。

以上讨论的目标可靠指标是针对承载能力极限状态问题，至于正常使用极限状态下的目标可靠指标取值问题，目前，各工程结构统一标准尚未给出具体规定。建筑《统一标准》根据国际标准化组织（ISO）编制的《结构可靠度总原则》ISO 2394：1998 的建议，结合国内近年来对我国建筑结构构件正常使用极限状态可靠度所做的分析研究成果，对结构构件正常使用的可靠度作出了规定。对于正常使用极限状态，其可靠指标一般应根据结构构件作用效应的可逆程度选取：可逆程度较高的结构构件取较低值；可逆程度较低的结构构件取较高值，例如 ISO 2394：1998 规定，对可逆的正常使用极限状态，其可靠指标取为 0；对不可逆的正常使用极限状态，其可靠指标取为 1.5。

不可逆极限状态指产生超越状态的作用被移掉后，仍将永久保持超越状态的一种极限状态，可逆极限状态指产生超越状态的作用被移掉后，将不再保持超越状态的一种极限状态。

9.3 结构概率可靠度设计的实用表达式

如果将影响结构安全的各种因素分别采用随机变量的概率模型去描述，得出各种基本变量的统计特性，然后按预定的目标可靠指标，根据 8.5 节所述构件可靠度分析方法直接进行结构构件截面设计或校核其可靠度，这种设计方法称为结构构件概率可靠度直接设计法。目前，直接设计法已在某些特别重要的结构，如核电站、压力容器、海上采油平台等上获得应用。

对一般常见的结构构件，应用概率可靠度直接设计法进行设计目前尚不具备条件，这种表达形式对比我国工程技术人员历来沿用的表达式（以基本变量的标准值和设计系数表达的设计公式），变化较大，而且设计工作量也较大。因此，为方便广大工程技术人员，工程《统一标准》在设计的具体表达式上没有采用直接出现可靠指标 β 的设计准则，而是给出了以概率极限状态设计法为基础的实用设计表达式。在具体的设计表达式中，采用基本变量的标准值和与 β 有一定对应关系的“分项系数”，这些分项系数代替了可靠指标 β，各个分项系数主要是通过对可靠指标的分析及工程经验校准法确定的。

9.3.1 分项系数设计表达式

在设计验算点 P^* 处将构件极限状态方程转化为以基本变量标准值和分项系数形式表达的极限状态设计表达式。

考虑构件上仅作用有永久荷载和一种可变荷载的简单线性情况，分项系数设计表达式可表示为：

$$\gamma_G S_{G_k} + \gamma_Q S_{Q_k} = R_k / \gamma_R \tag{9-3}$$

式中 S_{G_k}、S_{Q_k}——分别为按规范规定的标准值计算的永久荷载效应值和可变荷载效应值；

R_k——按规范规定的标准值及计算公式计算出的结构构件抗力值；

γ_G、γ_Q、γ_R——分别为永久荷载分项系数、可变荷载分项系数和结构构件抗力分项系数。

根据概率可靠度设计方法，假设设计验算点为 S_G^*，S_Q^*，R^*，则在设计验算点处其极限状态方程可表示为：

$$S_G^* + S_Q^* = R^* \tag{9-4}$$

为使分项系数设计法与概率可靠度直接设计法等效，即使式（9-3）与式（9-4）等效，必须满足：

$$\left.\begin{aligned} \gamma_G &= S_G^*/S_{G_k} \\ \gamma_Q &= S_Q^*/S_{Q_k} \\ \gamma_R &= R_K/R^* \end{aligned}\right\} \tag{9-5}$$

由式（9-3）、式（9-5）可知，系数 γ_G、γ_Q、γ_R 不仅与给定的可靠指标 β 有关，而且与结构极限状态方程中所包含的全部基本变量的统计参数，如平均值、均方差等有关。若要保证分项系数设计表达式设计的各类构件所具有的可靠指标与预先规定值相一致，则当可变荷载效应与永久荷载效应的比值 ρ 改变时（ρ 的改变将导致综合荷载效应统计参数发生变化），各项系数的取值也必须随之改变，分项系数与 ρ 的关系如图 9-1 所示。显然，分项系数取为变量不符合实用要求。从方便实用出发，我国规范将 γ_G、γ_Q 取定值，γ_R 随结构构件种类的不同而取不同的定值，这样按分项系数表达式（9-3）设计的构件具有的可靠指标就不可能与预先规定的 β 值（表 9-3）完全一致。显然，最佳分项系数取值是使两者差值在各种情况下总体上为最小。

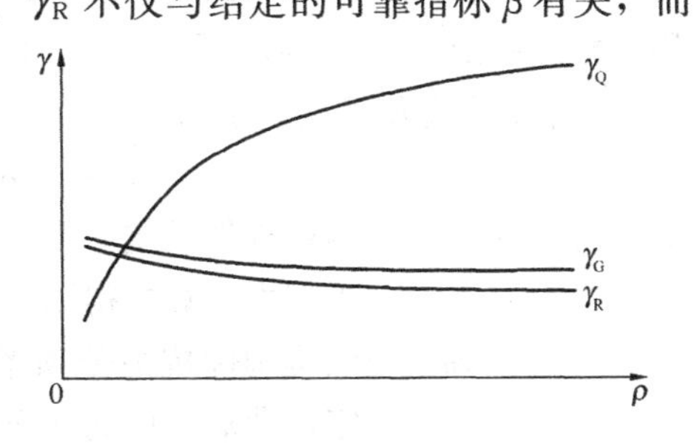

图 9-1 分项系数 γ 与比值 ρ 的关系

9.3.2 单一系数设计表达式

在式（9-3）中，取 $\gamma_G = \gamma_Q$，再将 γ_R 移至不等式左边，即得单一系数设计表达式：

$$\gamma(S_{G_k} + S_{Q_k}) \leqslant R_k \tag{9-6}$$

式中 $\gamma = \gamma_R \gamma_G$

γ 的确定原理同分项系数设计表达式。单一系数设计表达式与分项系数设计表达式无实质区别，可看做为分项系数设计表达式的特例。

9.4 结构概率可靠度设计的规范设计表达式

比起单一系数设计表达式，分项系数设计表达式具有较大的适用性，便于处理各种不同情况，因此工程《统一标准》采用分项系数设计表达式形式。下面以建筑《统一标准》为例，给出规范设计表达式的具体形式，其他专业规范给出的表达式与其相似。

9.4.1 承载能力极限状态设计表达式

1. 设计表达式

对于承载能力极限状态，应考虑荷载效应的基本组合，必要时还应考虑荷载效应的偶然组合。结构按极限状态设计应符合式（8-3）的要求，其设计表达式为：

$$\gamma_0 S \leqslant R \tag{9-7}$$

式中　S——荷载效应组合的设计值，代表轴力设计值 N、弯矩设计值 M、剪力设计值 V 和扭矩设计值 M_T 等；

R——结构构件抗力的设计值，代表截面对于轴力、弯矩、剪力和扭矩等的抵抗能力；

γ_0——结构重要性系数，应按下列规定采用：

① 对安全等级为一级或设计使用年限为 100 年及以上的结构构件，不应小于 1.1；

② 对安全等级为二级或设计使用年限为 50 年的结构构件，不应小于 1.0；

③ 对安全等级为三级或设计使用年限为 5 年的结构构件，不应小于 0.9。

荷载效应组合设计值 S 和抗力设计值 R 可以根据极限状态方程转化为设计人员所习用的基本变量的标准值和分项系数表达式。

抗力设计值 R 可以表示为

$$R = R(\gamma_R, f_k, a_k, \cdots) \tag{9-8}$$

式中　$R(\cdot)$——结构构件的抗力函数，其具体形式在各种有关结构设计规范中的各项承载力计算中得以体现；

γ_R——结构构件抗力分项系数，其值应符合各类材料的结构设计规范的规定，即对不同的材料有不同的取值；

f_k——材料性能的标准值，如为混凝土材料，f_k 则表示混凝土材料强度标准值 f_{ck}；

a_k——几何尺寸的标准值。

对于基本组合，荷载效应组合的设计值 S 应考虑两种组合情况：可变荷载效应控制的组合及永久荷载效应控制的组合。S 应从下面这两种组合值中选取不利值确定。

（1）由可变荷载效应控制的组合

$$S = \gamma_G S_{G_k} + \gamma_{Q_1} S_{Q_{1k}} + \sum_{i=2}^{n} \gamma_{Q_i} \psi_{Ci} S_{Q_{ik}} \tag{9-9}$$

（2）由永久荷载效应控制的组合

$$S = \gamma_G S_{G_k} + \sum_{i=1}^{n} \gamma_{Q_i} \psi_{Ci} S_{Q_{ik}} \tag{9-10}$$

式中　γ_{Q_1}，γ_{Q_i}——分别为第 1 个和第 i 个可变荷载的分项系数，一般情况下均取 1.4。对标准值大于 $4kN/m^2$ 的工业房屋楼面结构的活荷载取 1.3；

S_{G_k}——按永久荷载标准值 G_k 计算的荷载效应值；

$S_{Q_{1k}}$，$S_{Q_{ik}}$——分别为第 1 个和第 i 个可变荷载标准值 Q_{1k} 和 Q_{ik} 计算的荷载效应值，其中第 1 个可变荷载标准值产生的效应应大于其他任何第 i 个可变荷载标准值产生的效应；

ψ_{Ci}——第 i 个可变荷载 Q_i 的组合值系数，根据可变荷载的种类按前面第 4 章的规定采用。例如对住宅和教室等民用建筑楼面活荷载的组合值系数为 0.7；

n——参与组合的可变荷载数。

γ_G——永久荷载的分项系数，应按下列规定采用：

① 当其效应对结构不利时，对由可变荷载效应控制的组合，取 1.2；对由永久荷载效

应控制的组合，取 1.35；

② 当其效应对结构有利时，一般情况下取 1.0；对结构的倾覆、滑移或漂浮验算时，应按有关的结构设计规范的规定采用。

在有些情况下，要正确地选择出引起最大荷载效应 $S_{Q_{1k}}$ 的那个活荷载 Q_1 并不容易，这时，可依次设各可变荷载为 $S_{Q_{1k}}$，代入式（9-9）中，然后选其中最不利的荷载效应组合。

对于一般排架、框架结构，可采用简化组合规则，从下列组合值中取最不利值确定：

（1）由可变荷载效应控制的组合

$$S=\gamma_G S_{G_k}+\psi\sum_{i=1}^{n}\gamma_{Q_i}S_{Q_{ik}} \tag{9-11}$$

式中 ψ——简化设计表达式中采用的荷载组合系数；一般情况下可取 ψ=0.90，当只有一个可变荷载时，取 ψ=1.0。

（2）由永久荷载效应控制的组合仍按式（9-10）采用。

偶然组合是采用永久荷载、可变荷载和一个偶然荷载的效应组合。荷载效应组合的设计值宜按下列规定确定：偶然荷载的代表值不乘分项系数；与偶然荷载同时出现的其他可变荷载可根据观测资料和工程经验采用适当的代表值。此外，尚应考虑偶然荷载对抗力的影响。各种情况下荷载效应的具体设计表达式，应由有关规范另行规定。

2. 分项系数的确定原则

分项系数包括荷载分项系数、结构抗力分项系数及结构构件重要性系数。分项系数的确定原则为：在各项标准值已给定的前提下，选取一组分项系数，使按极限状态设计表达式设计的各种结构构件所具有的可靠指标，与规定的可靠指标之间在总体上误差最小。此原则在具体应用时可转化为使按规范设计表达式确定的构件抗力标准值 R_k 与按概率可靠度直接设计法确定的构件抗力标准值 R_k^* 两者误差在各种情况下总体最小。按照这一原则，通过对钢、薄钢、钢筋混凝土、砖石和木结构选择了 14 种有代表性的构件进行分析，并考虑恒载仅与某一种活荷载的简单组合，最后确定，在一般情况下采用 $\gamma_G=1.2$，$\gamma_Q=1.4$，并允许在特殊的情况下作合理的调整，例如对于标准值大于 4kN/m^2 的工业楼面活荷载，其变异系数一般较小，此时从经济上考虑，可取 $\gamma_Q=1.3$。另外通过分析表明，当永久荷载效应与可变荷载效应相比很大时，若仍采用 $\gamma_G=1.2$，则结构的可靠度远不能达到目标值的要求，因此式（9-10）中给出由永久荷载效应控制的设计组合值中，相应取 $\gamma_G=1.35$。分析还表明，当永久荷载效应与可变荷载效应异号时，若仍采用 $\gamma_G=1.2$，则结构的可靠度会随永久荷载效应所占比重的增大而严重降低，此时，建议取 $\gamma_G=1$。而在验算结构倾覆、滑移或漂浮时，一部分永久荷载实际上起着抵抗倾覆、滑移或漂浮的作用，荷载分项系数一般应取小于 1.0。当在其他结构设计规范中对结构倾覆、滑移或漂浮的验算有具体规定时，应按结构设计规范的规定执行，当没有具体规定时，应按工程经验采用。

结构构件抗力分项系数 γ_R，应按不同的材料采用不同的材料性能分项系数。在各类材料的结构设计规范中，应按上述原则，并适当考虑工程经验具体确定。

当结构承受多种可变荷载时，最大荷载效应组合值 S_m 的概率分布会发生变化。从应用方便考虑，γ_G 和 γ_Q 仍采用上述由简单组合求出的数值，引入组合值系数 ψ_{Ci}来考虑复杂组合对 S_m 概率分布变化的影响。即通过引入组合值系数 ψ_{Ci}对荷载标准值 Q_k 进行折减，使多种可变荷载组合情况下按极限状态设计表达式设计的各种结构构件具有的可靠度指标，与仅有一种可变荷载参与组合情况下的可靠指标有最佳的一致性。

结构构件重要性系数 γ_0 主要是体现建筑物的安全等级不同时可靠指标的不同要求。采用概率可靠度设计方法分析表明，各级安全等级之间 γ_0 取值相差 0.1，大体相当于可靠指标 β 相差 0.5。而表 9-3 中承载能力极限状态的目标可靠指标 β_0 在一级，二级，三级安全等级之间刚好相差 0.5。

式（9-10）和式（9-11）的区别在于，ψ_{Ci} 对最大一种活荷载效应不应折减，而 ψ 对所有活荷载效应都要折减。

9.4.2 正常使用极限状态设计表达式

正常使用极限状态的设计包括对变形、裂缝、振幅等进行验算，使其计算值不超过相应的规范规定限值，以满足结构的使用要求。由于目前对正常使用的各种限值及正常使用可靠度分析方法研究得不够，因此在这方面的设计参数仍需以过去的经验为基础确定。

进行正常使用极限状态的验算时，根据建筑《统一标准》的规定，对于作用效应组合，要求采用荷载标准值，并按荷载的持久性采用荷载效应的标准组合、频遇组合或准永久组合，并按下列设计表达式进行设计：

$$S \leqslant C \tag{9-12}$$

式中 S——荷载效应组合的设计值；

C——结构或结构构件达到正常使用要求的规定限值，例如变形、裂缝、振幅、加速度、应力等的限值，应按各有关结构设计规范的规定采用。

（1）对于标准组合，荷载效应组合的设计值 S 应按下式采用：

$$S_k = S_{G_k} + S_{Q_{1k}} + \sum_{i=2}^{n} \psi_{Ci} S_{Q_{ik}} \tag{9-13}$$

式中 S_k——荷载效应标准组合值，即轴向力 N_k、弯矩 M_k 等；

其余符号的意义同式（9-9）。

可见式（9-13）与式（9-9）的组合方式相同，唯一区别是式（9-13）采用的是荷载效应标准值，没有荷载分项系数。

（2）对于频遇组合，荷载效应组合的设计值 S 应按下式采用：

$$S_f = S_{G_k} + \psi_{f1} S_{Q_{1k}} + \sum_{i=2}^{n} \psi_{qi} S_{Q_{ik}} \tag{9-14}$$

式中 S_f——荷载效应频遇组合值，即轴向力 N_f、弯矩 M_f 等；

ψ_{f1}——可变荷载 Q_1 的频遇值系数，对每一种可变荷载都有其规定的数值，参见第 4 章的规定；

ψ_{qi}——可变荷载 Q_i 的准永久值系数，对每一种可变荷载都有其规定的数值，参见第 4 章的规定；

其余符号意义同式（9-9）。

可见，式（9-14）中，引起最大可变荷载效应的可变荷载采用频遇值，其余可变荷载采用准永久值。

（3）对于准永久组合，荷载效应组合的设计值 S 应按下式采用：

$$S_q = S_{G_k} + \sum_{i=1}^{n} \psi_{qi} S_{Q_{ik}} \tag{9-15}$$

式中　S_q——荷载效应准永久组合值，即轴向力 N_q、弯矩 M_q 等；

其余符号意义同式（9-14）。

在式（9-15）中，可变荷载均采用准永久值。

应当指出，在短期效应组合（标准组合及频遇组合）中，包括了整个设计基准期（50年）内出现时间很短的荷载，例如住宅楼面活荷载 2.0kN/m^2，即在 50 年内实际达到 2.0kN/m^2 的持续时间是很短的。在长期效应组合（准永久组合）中，只包括在整个设计基准期内出现时间很长（总的持续时间不低于 25 年）的荷载值。例如住宅楼面活荷载中有 0.8kN/m^2 总的持续时间是很长的，这个值称为荷载的“准永久值”，它通常由准永久系数 ψ_{qi}乘以荷载标准值 Q_{ik}而得到。例如，住宅楼面活荷载的准永久值系数 $\psi_{qi}=0.4$，所以其荷载的准永久值为 $0.4\times2.0=0.8$kN/m^2。

以结构构件的变形（挠度）验算为例，正常使用极限状态设计表达式可以具体表示为：

$$f \leqslant f_{lim} \tag{9-16}$$

式中　f——在考虑了荷载长期作用使构件挠度随时间增长的影响后，按荷载效应的标准组合算出的构件最大挠度。计算时取用材料强度的标准值。

f_{lim}——构件的允许挠度，参见各有关结构设计规范。

从本节可以看出，结构概率可靠度设计的实用表达式的形式与传统的设计表达式相同，但其中的分项系数是根据概率可靠度设计方法确定的。

例 9-1　同例 4-1 中钢筋混凝土楼面梁，两端简支，计算跨度 $l=8$m，该建筑安全等级为二级。在例 4-1 中已计算出梁上的永久（恒）荷载标准值为 $g_k=15.81$kN/m，梁上可变（活）荷载标准值为 $q_k=6.48$kN/m，梁的计算简图如图 9-2 所示。求（1）按承载力极限状态计算时的梁跨中截面弯矩组合设计值；（2）按正常使用极限状态验算梁的变形和裂缝宽度时，梁跨中截面荷载效应的标准组合、频遇组合和准永久组合的弯矩值。

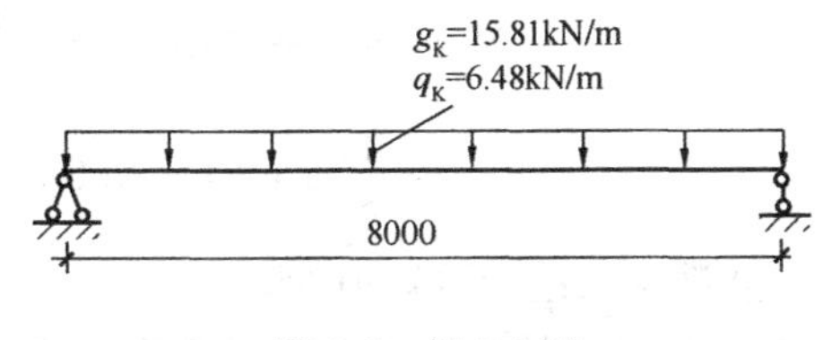

图 9-2　例 9-1 图

解：由力学知识可知，简支梁跨中截面弯矩 M 与均布荷载的关系为 $M=\frac{1}{8}ql^2$

（1）按承载力极限状态计算时弯矩组合设计值 M

M 应从下列两种组合中取最不利值：

①由可变荷载效应控制的组合

永久荷载分项系数 $\gamma_G=1.2$，结构重要性系数 $\gamma_0=1.0$（安全等级二级），梁上只有一种可变荷载，因此，可变荷载分项系数 $\gamma_{Q_1}=1.4$，由式（9-9）可得：

$$\begin{aligned}\gamma_0 M_1 &= \gamma_0(\gamma_G M_{G_k} + \gamma_{Q_1} M_{Q_{1k}}) \\ &= 1.0\left(1.2\times\frac{1}{8}\times g_k l^2 + 1.4\times\frac{1}{8}q_k l^2\right) \\ &= \frac{1}{8}(1.2\times15.81+1.4\times6.48)\times8^2 \\ &= 224.35(\text{kN}\cdot\text{m})\end{aligned}$$

②由永久荷载效应控制的组合

永久荷载分项系数 $\gamma_G=1.35$，可变荷载分项系数 $\gamma_{Q_1}=1.4$，组合值系数 ψ_{C1} 可从表 4-1 中查到，对教学楼楼面均布活荷载 $\psi_{C1}=0.7$，此时，式（9-10）可得：

$$\begin{aligned}\gamma_0 M_2 &= \gamma_0(\gamma_G M_{G_k} + \gamma_{Q_1}\psi_{C_1}M_{Q_{1k}}) \\ &= 1.0(1.35\times\frac{1}{8}g_k l^2 + 1.4\times 0.7\times\frac{1}{8}\times q_k l^2) \\ &= \frac{1}{8}(1.35\times 15.81 + 1.4\times 0.7\times 6.48)\times 8^2 \\ &= 221.55(\text{kN}\cdot\text{m})\end{aligned}$$

可见，梁跨中弯矩组合设计值应由可变荷载效应控制的组合①确定：

$$M=\gamma_0 M_1 = M_1 = 224.35(\text{kN}\cdot\text{m})$$

（2）正常使用极限状态验算

① 标准组合弯矩值 M_k

由于只有一种活荷载，由式（9-13）可得：

$$M_k = M_{G_k} + M_{Q_{1k}} = \frac{1}{8}g_k l^2 + \frac{1}{8}q_k l^2 = \frac{1}{8}(15.81+6.48)\times 8^2 = 178.32(\text{kN}\cdot\text{m})$$

② 频遇组合弯矩值 M_f

教学楼楼面均布活荷载的频遇值系数可由表 4-1 查到，$\psi_f=0.6$ 。由式（9-14）可得：

$$\begin{aligned}M_f &= M_{G_k} + \psi_{f1}M_{Q_{1k}} = \frac{1}{8}g_k l^2 + 0.6\times\frac{1}{8}q_k l^2 \\ &= \frac{1}{8}(15.81+0.6\times 6.48)\times 8^2 = 157.58(\text{kN}\cdot\text{m})\end{aligned}$$

③ 准永久组合弯矩值 M_q

查表 4-1，教学楼楼面均布活荷载的准永久值系数 $\psi_q=0.5$。由式（9-15）可得：

$$\begin{aligned}M_q &= M_{G_k} + \psi_{q1}M_{Q_{1k}} = \frac{1}{8}g_k l^2 + 0.5\times\frac{1}{8}q_k l^2 = \frac{1}{8}(15.81+0.5\times 6.48)\times 8^2 \\ &= 152.40(\text{kN}\cdot\text{m})\end{aligned}$$

例 9-2 某单层工业厂房，建筑安全等级为二级。厂房排架柱底截面在各种荷载标准值作用下产生的弯矩及轴力如表 9-4 所示。求该截面在承载力极限状态下的组合设计弯矩最大值和设计轴力最大值。

厂房排架柱底截面的弯矩及轴力 **表 9-4**

荷　　载	弯矩 M_k（kN·m）	轴力 N_k（kN）
恒荷载（包括屋盖自重、柱自重及吊车梁重等）	11.53	549.86
屋面活荷载	8.06	70.6
吊车荷载（中级工作制，两台）	207.79	0
风荷载（左风）	192.48	0

解： 承载力极限状态下组合设计弯矩最大值 M_{max} 和轴力最大值 N_{max} 应从下列两种组合中选取最不利值：

（1）由可变荷载效应控制的组合

将表中各种活荷载标准值在柱底截面产生的弯矩进行比较，可见，吊车荷载标准值产生的弯矩值最大，因此将其作为 $M_{Q_{1k}}$。

对弯矩 M，$\gamma_G=1.2$，$\gamma_{Q_1}=\gamma_{Q_2}=\gamma_{Q_3}=1.4$，$\psi_{C1}$（吊车荷载）$=\psi_{C2}$（屋面活荷载）$=0.7$，$\psi_{C3}$（风荷载）$=0.6$，$\gamma_0=1.0$，由式（9-9）可得：

$$
\begin{aligned}
\gamma_0 M_1 &= 1.0(\gamma_G M_{G_k}+\gamma_{Q_1}M_{Q_{1k}}+\sum_{i=2}^{3}\gamma_{Q_i}\psi_{Ci}M_{Q_{ik}}) \\
&= 1.0(1.2\times 11.53+1.4\times 207.79+1.4\times 0.7\times 8.06+1.4\times 0.6\times 192.48) \\
&= 474.32(\mathrm{kN\cdot m})
\end{aligned}
$$

对轴力 N，由于只有一种活荷载——屋面活荷载，因此，$\gamma_G=1.2$，$\gamma_{Q_1}=1.4$，$\gamma_0=1.0$，由式（9-9）可得：

$$
\begin{aligned}
\gamma_0 N_1 &= 1.0(\gamma_G N_{G_k}+\gamma_{Q_1}N_{Q_{1k}}) \\
&= 1.0(1.2\times 549.86+1.4\times 70.06) \\
&= 757.92(\mathrm{kN})
\end{aligned}
$$

（2）由永久荷载效应控制的组合

对弯矩 M，$\gamma_G=1.35$，其余系数同（1）。由式（9-10）可得：

$$
\begin{aligned}
\gamma_0 M_2 &= 1.0(\gamma_G M_{G_k}+\sum_{i=1}^{3}\gamma_{Q_i}\psi_{Ci}M_{Q_{ik}}) \\
&= 1.0(1.35\times 11.53+1.4\times 0.7\times 207.79+1.4 \\
&\quad \times 0.7\times 8.06+1.4\times 0.6\times 192.48) \\
&= 388.78(\mathrm{kN\cdot m})
\end{aligned}
$$

对轴力 N，$\gamma_G=1.35$，只有一种屋面活荷载，$\psi_{C1}=0.7$

$$
\begin{aligned}
\gamma_0 N_2 &= 1.0(\gamma_G N_{G_k}+\gamma_{Q_1}\psi_{C1}N_{Q_{1k}}) \\
&= 1.0(1.35\times 549.86+1.4\times 0.7\times 70.06) \\
&= 810.97(\mathrm{kN})
\end{aligned}
$$

由（1）、（2）得：$M_{max}=\gamma_0 M_1=474.32$（kN·m），$N_{max}=\gamma_0 N_2=810.97$（kN）

可见，在组合设计弯矩最大值 M_{max} 中，由于活荷载引起的弯矩远远大于恒荷载引起的弯矩，所以 M_{max} 值由可变荷载效应控制的组合（1）控制；而在组合设计轴力最大值 N_{max} 中，恒荷载引起的轴力远远大于活荷载引起的轴力，所以 N_{max} 值由永久荷载效应控制的组合（2）控制。

对于排架柱，如采用简化组合，应从下面组合值中取最不利者确定：

①可变荷载效应控制的组合

对弯矩 M，有 3 种活荷载存在，简化荷载组合系数 $\psi=0.9$。

$$
\begin{aligned}
\gamma_0 M_1 &= 1.0(\gamma_G M_{G_k}+0.9\sum_{i=1}^{3}\gamma_{Q_i}M_{Q_{ik}}) \\
&= 1.0[1.2\times 11.53+0.9(1.4\times 209.79+1.4\times 8.06+1.4\times 192.48)] \\
&= 528.33(\mathrm{kN\cdot m})
\end{aligned}
$$

对轴力 N，由于只有一种活荷载，简化荷载组合系数 $\psi=1.0$。

$$\gamma_0 N_1 = 1.0(\gamma_G N_{G_k} + \gamma_{Q_1} N_{Q_{1k}})$$
$$= 1.0(1.2 \times 549.86 + 1.4 \times 70.06)$$
$$= 757.92(\text{kN})$$

②永久荷载效应控制的组合

结果同上组合（2）。

由①、②可得：$M_{max} = \gamma_0 M_1 = 528.33$（kN·m），$N_{max} = \gamma_0 N_2 = 810.97$（kN）

简化组合结果与基本组合结果相比，M_{max}值有差别，这是由于本例中$M_{Q_{1k}}$、$M_{Q_{3k}}$较大造成的。

值得注意的是，在钢筋混凝土结构中，对于弯矩和轴力共同作用下的偏心受压柱，在内力组合时，不仅需要求出组合轴力最大值，在某些情况下，如属大偏心受压柱时，还需求出组合轴力最小值。

9.5 材料强度取值

9.5.1 材料强度标准值

工程《统一标准》规定，材料性能的标准值 f_k 是结构设计时采用的材料性能的基本代表值，它是设计表达式中材料性能的设计取值。

材料强度的概率分布宜采用正态分布或对数正态分布。材料强度标准值可取其概率分布的0.05分位值确定，即取 $f_k = \mu_f - 1.645\sigma_f$（平均值减1.645倍标准差）的值，保证率为95%。

对于混凝土，立方体抗压强度标准值系指按照标准方法制作养护的边长为150mm的立方体试件，在28d龄期用标准试验方法测得的具有95%保证率的抗压强度。即

$$f_{cu,k} = \mu_{f_{cu}} - 1.645\sigma_{f_{cu}} = \mu_{f_{cu}}(1 - 1.645\delta_{f_{cu}}) \quad (9\text{-}17)$$

式中 $\mu_{f_{cu}}$、$\sigma_{f_{cu}}$和$\delta_{f_{cu}}$——混凝土立方体抗压强度的平均值、标准差和变异系数。

对于钢筋，强度标准值应按符合规定质量的钢筋强度总体分布的0.05分位值确定，即保证率不小于95%。经校核，国家标准规定的钢筋强度绝大多数符合这一要求且偏于安全。为了使结构设计时采用的钢筋强度与国家标准规定的钢筋出厂检验强度相一致，规范规定以国标规定的数值作为确定钢筋强度标准值的依据。

9.5.2 材料强度设计值

对于钢筋和混凝土，材料强度设计值的定义如下：

$$\text{材料强度设计值} = \frac{\text{材料强度标准值}}{\text{材料强度分项系数}} \quad (9\text{-}18)$$

例如，混凝土的轴心抗压强度设计值 f_c 和轴心抗拉强度设计值 f_t 分别为：

$$f_c = f_{ck}/\gamma_c \qquad f_t = f_{tk}/\gamma_c \quad (9\text{-}19)$$

式中 f_{ck}，f_{tk}——轴心抗压和轴心抗拉强度标准值；

γ_c——混凝土强度分项系数。

按照可靠度分析法和工程经验校准法可以求得混凝土轴心抗压和轴心抗拉的材料分项系数 $\gamma_c = 1.4$。

钢筋强度设计值 f_y 为：

$$f_y = f_{yk}/\gamma_s \tag{9-20}$$

式中 f_{yk}——钢筋强度标准值；

γ_s——钢筋强度分项系数。

与混凝土一样，钢筋强度分项系数 γ_s 采用可靠度分析法和工程经验校准法确定。由于各种钢筋材料质量有些差别，规范对各种钢筋采用不同的材料分项系数 γ_s，取值范围在 1.1～1.5，如表 9-5 所示。

各类钢筋的强度分项系数 γ_s **表 9-5**

钢筋种类	γ_s
热轧钢筋 HPB235（Q235）	1.15
热轧钢筋 HRB335，HRB400，RRB400	1.10
用于预应力钢丝、刻痕钢丝、钢绞线、热处理钢筋	1.20

思 考 题

1. 工程结构的设计状况分为哪 3 类？它是按照什么来分类的？对这 3 种设计状况应分别采用哪种极限状态进行设计？

2. 什么是目标可靠指标？影响目标可靠指标的因素有哪些？对一般的工业与民用建筑，其值是多少？

3. 如何划分结构的安全等级？结构的安全等级与结构的可靠指标之间有什么关系？

4. 写出规范关于承载能力极限状态的实用表达式，并指出有哪些分项系数？取值是多少？这些分项系数与可靠指标之间有什么关系？

5. 写出正常使用极限状态规范设计表达式中荷载效应 S 的标准组合、频遇组合和准永久组合表达式，并指出各项取值的意义。

6. 如何确定材料强度的标准值和设计值？

习 题

1. 一住宅简支梁跨度 l=4m，梁自重、抹灰层等永久荷载引起的均布线荷载标准值为 g_k= 8kN/m；楼面活荷载引起的均布线荷载标准值为 q_k= 6kN/m，安全等级为二级。试求（1）按承载能力极限状态计算时的跨中弯矩组合设计值；（2）按正常使用极限状态验算时，梁跨中弯矩的标准组合值、频遇组合值和准永久组合值。

2. 一商场上人屋面的轴心受压短柱，受永久荷载产生的轴力标准值为 1000kN，屋面均布活荷载产生的轴力标准值为 800kN，雪荷载产生的轴力标准值为 200kN，风荷载产生的轴力标准值为 600kN。结构安全等级为二级。试求（1）按承载能力极限状态设计的荷载效应 N；（2）按正常使用极限状态设计的荷载标准组合效应 N_S、频遇组合效应 N_f 和准永久组合效应 N_q。

附录一　我国主要城镇抗震设防烈度、设计基本地震加速度和设计地震分组

本附录仅提供我国抗震设防区各县级及县级以上城镇的中心地区建筑工程抗震设计时所采用的抗震设防烈度、设计基本地震加速度值和所属的设计地震分组。

注：本附录一般把“设计地震第一、二、三组”简称为“第一组、第二组、第三组”。

A.0.1　首都和直辖市

1　抗震设防烈度为8度，设计基本地震加速度值为0.20g：

第一组：北京（东城、西城、崇文、宣武、朝阳、丰台、石景山、海淀、房山、通州、顺义、大兴、平谷），延庆，天津（汉沽），宁河。

2　抗震设防烈度为7度，设计基本地震加速度值为0.15g：

第二组：北京（昌平、门头沟、怀柔），密云；天津（和平、河东、河西、南开、河北、红桥、塘沽、东丽、西青、津南、北辰、武清、宝坻），蓟县，静海。

3　抗震设防烈度为7度，设计基本地震加速度值为0.10g：

第一组：上海（黄浦、卢湾、徐汇、长宁、静安、普陀、闸北、虹口、杨浦、闵行、宝山、嘉定、浦东、松江、青浦、南汇、奉贤）；

第二组：天津（大港）。

4　抗震设防烈度为6度，设计基本地震加速度值为0.05g：

第一组：上海（金山），崇明；重庆（渝中、大渡口、江北、沙坪坝、九龙坡、南岸、北碚、万盛、双桥、渝北、巴南、万州、涪陵、黔江、长寿、江津、合川、永川、南川），巫山，奉节，云阳，忠县，丰都，壁山，铜梁，大足，荣昌，綦江，石柱，巫溪*。

注：上标*指该城镇的中心位于本设防区和较低设防区的分界线，下同。

A.0.2　河北省

1　抗震设防烈度为8度，设计基本地震加速度值为0.20g：

第一组：唐山（路北、路南、古冶、开平、丰润、丰南），三河，大厂，香河，怀来，涿鹿；

第二组：廊坊（广阳、安次）。

2　抗震设防烈度为7度，设计基本地震加速度值为0.15g：

第一组：邯郸（丛台、邯山、复兴、峰峰矿区），任丘，河间，大城，滦县，蔚县，磁县，宣化县，张家口（下花园、宣化区），宁晋*；

第二组：涿州，高碑店，涞水，固安，永清，文安，玉田，迁安，卢龙，滦南，唐海，乐亭，阳原，邯郸县，大名，临漳，成安。

3　抗震设防烈度为7度，设计基本地震加速度值为0.10g：

第一组：张家口（桥西、桥东），万全，怀安，安平，饶阳，晋州，深州，辛集，赵县，隆尧，任县，南和，新河，肃宁，柏乡；

第二组：石家庄（长安、桥东、桥西、新华、裕华、井陉矿区），保定（新市、北市、南市），沧州（运河、新华），邢台（桥东、桥西），衡水，霸州，雄县，易县，沧县，张北，兴隆，迁西，抚宁，昌黎，青县，献县，广宗，平乡，鸡泽，曲周，肥乡，馆陶，广平，高邑，内丘，邢台县，武安，涉县，赤城，定兴，容城，徐水，安新，高阳，博野，蠡县，深泽，魏县，藁城，栾城，武强，冀州，巨鹿，沙河，临城，泊头，永年，崇礼，南宫*；

第三组：秦皇岛（海港、北戴河），清苑，遵化，安国，涞源，承德（鹰手营子*）。

4 抗震设防烈度为6度，设计基本地震加速度值为0.05g：

第一组：围场，沽源；

第二组：正定，尚义，无极，平山，鹿泉，井陉县，元氏，南皮，吴桥，景县，东光；

第三组：承德（双桥、双滦），秦皇岛（山海关），承德县，隆化，宽城，青龙，阜平，满城，顺平，唐县，望都，曲阳，定州，行唐，赞皇，黄骅，海兴，孟村，盐山，阜城，故城，清河，新乐，武邑，枣强，威县，丰宁，滦平，平泉，临西，灵寿，邱县。

A.0.3 山西省

1 抗震设防烈度为8度，设计基本地震加速度值为0.20g：

第一组：太原（杏花岭、小店、迎泽、尖草坪、万柏林、晋源），晋中，清徐，阳曲，忻州，定襄，原平，介休，灵石，汾西，代县，霍州，古县，洪洞，临汾，襄汾，浮山，永济；

第二组：祁县，平遥，太谷。

2 抗震设防烈度为7度，设计基本地震加速度值为0.15g：

第一组：大同（城区、矿区、南郊），大同县，怀仁，应县，繁峙，五台，广灵，灵丘，芮城，翼城；

第二组：朔州（朔城区），浑源，山阴，古交，交城，文水，汾阳，孝义，曲沃，侯马，新绛，稷山，绛县，河津，万荣，闻喜，临猗，夏县，运城，平陆，沁源*，宁武*。

3 抗震设防烈度为7度，设计基本地震加速度值为0.10g：

第一组：阳高，天镇；

第二组：大同（新荣），长治（城区、郊区），阳泉（城区、矿区、郊区），长治县，左云，右玉，神池，寿阳，昔阳，安泽，平定，和顺，乡宁，垣曲，黎城，潞城，壶关；

第三组：平顺，榆社，武乡，娄烦，交口，隰县，蒲县，吉县，静乐，陵川，盂县，沁水，沁县，朔州（平鲁）。

4 抗震设防烈度为6度，设计基本地震加速度值为0.05g：

第三组：偏关，河曲，保德，兴县，临县，方山，柳林，五寨，岢岚，岚县，中阳，石楼，永和，大宁，晋城，吕梁，左权，襄垣，屯留，长子，高平，阳城，泽州。

A.0.4 内蒙古自治区

1 抗震设防烈度为8度，设计基本地震加速度值为0.30g：

第一组：土墨特右旗，达拉特旗*。

2 抗震设防烈度为8度，设计基本地震加速度值为0.20g：

第一组：呼和浩特（新城、回民、玉泉、赛罕），包头（昆都仑、东河、青山、九原)，乌海（海勃湾、海南、乌达），土墨特左旗，杭锦后旗，磴口，宁城；

第二组：包头（石拐），托克托*。

3 抗震设防烈度为7度，设计基本地震加速度值为0.15*g*：

第一组：赤峰（红山*，元宝山区），喀喇沁旗，巴彦淖尔，五原，乌拉特前旗，凉城；

第二组：固阳，武川，和林格尔；

第三组：阿拉善左旗。

4 抗震设防烈度为7度，设计基本地震加速度值为0.10*g*：

第一组：赤峰（松山区），察右前旗，开鲁，傲汉旗，扎兰屯，通辽*；

第二组：清水河，乌兰察布，卓资，丰镇，乌特拉后旗，乌特拉中旗；

第三组：鄂尔多斯，准格尔旗。

5 抗震设防烈度为6度，设计基本地震加速度值为0.05*g*：

第一组：满洲里，新巴尔虎右旗，莫力达瓦旗，阿荣旗，扎赉特旗，翁牛特旗，商都，乌审旗，科左中旗，科左后旗，奈曼旗，库伦旗，苏尼特右旗；

第二组：兴和，察右后旗；

第三组：达尔罕茂明安联合旗，阿拉善右旗，鄂托克旗，鄂托克前旗，包头（白云矿区），伊金霍洛旗，杭锦旗，四子王旗，察右中旗。

A.0.5 辽宁省

1 抗震设防烈度为8度，设计基本地震加速度值为0.20*g*：

第一组：普兰店，东港。

2 抗震设防烈度为7度，设计基本地震加速度值为0.15*g*：

第一组：营口（站前、西市、鲅鱼圈、老边），丹东（振兴、元宝、振安），海城，大石桥，瓦房店，盖州，大连（金州）。

3 抗震设防烈度为7度，设计基本地震加速度值为0.10*g*：

第一组：沈阳（沈河、和平、大东、皇姑、铁西、苏家屯、东陵、沈北、于洪），鞍山（铁东、铁西、立山、千山），朝阳（双塔、龙城），辽阳（白塔、文圣、宏伟、弓长岭、太子河），抚顺（新抚、东洲、望花），铁岭（银州、清河），盘锦（兴隆台、双台子），盘山，朝阳县，辽阳县，铁岭县，北票，建平，开原，抚顺县*，灯塔，台安，辽中，大洼；

第二组：大连（西岗、中山、沙河口、甘井子、旅顺），岫岩，凌源。

4 抗震设防烈度为6度，设计基本地震加速度值为0.05*g*：

第一组：本溪（平山、溪湖、明山、南芬），阜新（细河、海州、新邱、太平、清河门），葫芦岛（龙港、连山），昌图，西丰，法库，彰武，调兵山，阜新县，康平，新民，黑山，北宁，义县，宽甸，庄河，长海，抚顺（顺城）；

第二组：锦州（太和、古塔、凌河），凌海，凤城，喀喇沁左翼；

第三组：兴城，绥中，建昌，葫芦岛（南票）。

A.0.6 吉林省

1 抗震设防烈度为8度，设计基本地震加速度值为0.20*g*：

前郭尔罗斯，松原。

2　抗震设防烈度为7度，设计基本地震加速度值为0.15g：

大安*。

3　抗震设防烈度为7度，设计基本地震加速度值为0.10g：

长春（难关、朝阳、宽城、二道、绿园、双阳），吉林（船营、龙潭、昌邑、丰满），白城，乾安，舒兰，九台，永吉*。

4　抗震设防烈度为6度，设计基本地震加速度值为0.05g：

四平（铁西、铁东），辽源（龙山、西安），镇赉，洮南，延吉，汪清，图们，珲春，龙井，和龙，安图，蛟河，桦甸，梨树，磐石，东丰，辉南，梅河口，东辽，榆树，靖宇，抚松，长岭，德惠，农安，伊通，公主岭，扶余，通榆*。

注：全省县级及县级以上设防城镇，设计地震分组均为第一组。

A.0.7　黑龙江省

1　抗震设防烈度为7度，设计基本地震加速度值为0.10g：

绥化，萝北，泰来。

2　抗震设防烈度为6度，设计基本地震加速度值为0.05g：

哈尔滨（松北、道里、南岗、道外、香坊、平房、呼兰、阿城），齐齐哈尔（建华、龙沙、铁锋、昂昂溪、富拉尔基、碾子山、梅里斯），大庆（萨尔图、龙凤、让胡路、大同、红岗），鹤岗（向阳、兴山、工农、南山、兴安、东山），牡丹江（东安、爱民、阳明、西安），鸡西（鸡冠、恒山、滴道、梨树、城子河、麻山），佳木斯（前进、向阳、东风、郊区），七台河（桃山、新兴、茄子河），伊春（伊春区，乌马、友好），鸡东，望奎，穆棱，绥芬河，东宁，宁安，五大连池，嘉荫，汤原，桦南，桦川，依兰，勃利，通河，方正，木兰，巴彦，延寿，尚志，宾县，安达，明水，绥棱，庆安，兰西，肇东，肇州，双城，五常，讷河，北安，甘南，富裕，龙江，黑河，肇源，青冈*，海林*。

注：全省县级及县级以上设防城镇，设计地震分组均为第一组。

A.0.8　江苏省

1　抗震设防烈度为8度，设计基本地震加速度值为0.30g：

第一组：宿迁（宿城、宿豫*）。

2　抗震设防烈度为8度，设计基本地震加速度值为0.20g：

第一组：新沂，邳州，睢宁。

3　抗震设防烈度为7度，设计基本地震加速度值为0.15g：

第一组：扬州（维扬、广陵、邗江），镇江（京口、润州），泗洪，江都；

第二组：东海，沭阳，大丰。

4　抗震设防烈度为7度，设计基本地震加速度值为0.10g：

第一组：南京（玄武、白下、秦淮、建邺、鼓楼、下关、浦口、六合、栖霞、雨花台、江宁），常州（新北、钟楼、天宁、戚墅堰、武进），泰州（海陵、高港），江浦，东台，海安，姜堰，如皋，扬中，仪征，兴化，高邮，六合，句容，丹阳，金坛，镇江（丹徒），溧阳，溧水，昆山，太仓；

第二组：徐州（云龙、鼓楼、九里、贾汪、泉山），铜山，沛县，淮安（清河、青浦、淮阴），盐城（亭湖、盐都），泗阳，盱眙，射阳，赣榆，如东；

第三组：连云港（新浦、连云、海州），灌云。

5　抗震设防烈度为6度，设计基本地震加速度值为0.05g：

第一组：无锡（崇安、南长、北塘、滨湖、惠山），苏州（金阊、沧浪、平江、虎丘、吴中、相成），宜兴，常熟，吴江，泰兴，高淳；

第二组：南通（崇川、港闸），海门，启东，通州，张家港，靖江，江阴，无锡（锡山），建湖，洪泽，丰县；

第三组：响水，滨海，阜宁，宝应，金湖，灌南，涟水，楚州。

A.0.9　浙江省

1　抗震设防烈度为7度，设计基本地震加速度值为0.10g：

第一组：岱山，嵊泗，舟山（定海、普陀），宁波（北仑、镇海）。

2　抗震设防烈度为6度，设计基本地震加速度值为0.05g：

第一组：杭州（拱墅、上城、下城、江干、西湖、滨江、余杭、萧山），宁波（海曙、江东、江北、鄞州），湖州（吴兴、南浔），嘉兴（南湖、秀洲），温州（鹿城、龙湾、瓯海），绍兴，绍兴县，长兴，安吉，临安，奉化，象山，德清，嘉善，平湖，海盐，桐乡，海宁，上虞，慈溪，余姚，富阳，平阳，苍南，乐清，永嘉，泰顺，景宁，云和，洞头；

第二组：庆元，瑞安。

A.0.10　安徽省

1　抗震设防烈度为7度，设计基本地震加速度值为0.15g：

第一组：五河，泗县。

2　抗震设防烈度为7度，设计基本地震加速度值为0.10g：

第一组：合肥（蜀山、庐阳、瑶海、包河），蚌埠（蚌山、龙子湖、禹会、淮山），阜阳（颍州、颍东、颍泉），淮南（田家庵、大通），枞阳，怀远，长丰，六安（金安、裕安），固镇，凤阳，明光，定远，肥东，肥西，舒城，庐江，桐城，霍山，涡阳，安庆（大观、迎江、宜秀），铜陵县*；

第二组：灵璧。

3　抗震设防烈度为6度，设计基本地震加速度值为0.05g：

第一组：铜陵（铜官山、狮子山、郊区），淮南（谢家集、八公山、潘集），芜湖（镜湖、戈江、三江、鸠江），马鞍山（花山、雨山、金家庄），芜湖县，界首，太和，临泉，阜南，利辛，凤台，寿县，颍上，霍邱，金寨，含山，和县，当涂，无为，繁昌，池州，岳西，潜山，太湖，怀宁，望江，东至，宿松，南陵，宣城，郎溪，广德，泾县，青阳，石台；

第二组：滁州（琅琊、南谯），来安，全椒，砀山，萧县，蒙城，亳州，巢湖，天长；

第三组：濉溪，淮北，宿州。

A.0.11　福建省

1　抗震设防烈度为8度，设计基本地震加速度值为0.20g：

第二组：金门*。

2　抗震设防烈度为7度，设计基本地震加速度值为0.15g：

第一组：漳州（芗城、龙文），东山，诏安，龙海；

第二组：厦门（思明、海沧、湖里、集美、同安、翔安），晋江，石狮，长泰，漳浦；

第三组：泉州（丰泽、鲤城、洛江、泉港）。

3　抗震设防烈度为7度，设计基本地震加速度值为0.10g：

第二组：福州（鼓楼、台江、仓山、晋安），华安，南靖，平和，云霄；

第三组：莆田（城厢、涵江、荔城、秀屿），长乐，福清，平潭，惠安，南安，安溪，福州（马尾）。

4　抗震设防烈度为6度，设计基本地震加速度值为0.05g：

第一组：三明（梅列、三元），屏南，霞浦，福鼎，福安，柘荣，寿宁，周宁，松溪，宁德，古田，罗源，沙县，尤溪，闽清，闽侯，南平，大田，漳平，龙岩，泰宁，宁化，长汀，武平，建宁，将乐，明溪，清流，连城，上杭，永安，建瓯；

第二组：政和，永定；

第三组：连江，永泰，德化，永春，仙游，马祖。

A.0.12　江西省

1　抗震设防烈度为7度，设计基本地震加速度值为0.10g：

寻乌，会昌

2　抗震设防烈度为6度，设计基本地震加速度值为0.05g：

南昌（东湖、西湖、青云谱、湾里、青山湖），南昌县，九江（浔阳、庐山），九江县，进贤，余干，彭泽，湖口，星子，瑞昌，德安，都昌，武宁，修水，靖安，铜鼓，宜丰，宁都，石城，瑞金，安远，定南，龙南，全南，大余。

注：全省县级及县级以上设防城镇，设计地震分组均为第一组。

A.0.13　山东省

1　抗震设防烈度为8度，设计基本地震加速度值为0.20g：

第一组：郯城，临沭，莒南，莒县，沂水，安丘，阳谷，临沂（河东）。

2　抗震设防烈度为7度，设计基本地震加速度值为0.15g：

第一组：临沂（兰山、罗庄），青州，临朐，菏泽，东明，聊城，莘县，鄄城；

第二组：潍坊（奎文、潍城、寒亭、坊子），苍山，沂南，昌邑，昌乐，诸城，五莲，长岛，蓬莱，龙口，枣庄（台儿庄），淄博（临淄*），寿光*。

3　抗震设防烈度为7度，设计基本地震加速度值为0.10g：

第一组：烟台（莱山、芝罘、牟平），威海，文登，高唐，茌平，定陶，成武；

第二组：烟台（福山），枣庄（薛城、市中、峄城、山亭*），淄博（张店、淄川、周村），平原，东阿，平阴，梁山，郓城，巨野，曹县，广饶，博兴，高青，桓台，蒙阴，费县，微山，禹城，冠县，单县*，夏津*，莱芜（莱城*、钢城）；

第三组：东营（东营、河口），日照（东港、岚山），沂源，招远，新泰，栖霞，莱州，平度，高密，垦利，淄博（博山），滨州*，平邑*。

4　抗震设防烈度为6度，设计基本地震加速度值为0.05g：

第一组：荣成；

第二组：德州，宁阳，曲阜，邹城，鱼台，乳山，兖州；

第三组：济南（市中、历下、槐荫、天桥、历城、长清），青岛（市南、市北、四方、黄岛、崂山、城阳、李沧），泰安（泰山、岱岳），济宁（市中、任城），乐陵，庆云，无棣，阳信，宁津，沾化，利津，武城，惠民，商河，临邑，济阳，齐河，章丘，泗水，莱阳，海阳，金乡，滕州，莱西，即墨，胶南，胶州，东平，汶上，嘉祥，临清，肥城，陵县，邹平。

A.0.14 河南省

1 抗震设防烈度为8度，设计基本地震加速度值为0.20g：

第一组：新乡（卫滨、红旗、凤泉、牧野），新乡县，安阳（北关、文峰、殷都、龙安），安阳县，淇县，卫辉，辉县，原阳，延津，获嘉，范县；

第二组：鹤壁（淇滨、山城*、鹤山*），汤阴。

2 抗震设防烈度为7度，设计基本地震加速度值为0.15g：

第一组：台前，南乐，陕县，武陟；

第二组：郑州（中原、二七、管城、金水、惠济），濮阳，濮阳县，长桓，封丘，修武，内黄，浚县，滑县，清丰，灵宝，三门峡，焦作（马村*），林州*。

3 抗震设防烈度为7度，设计基本地震加速度值为0.10g：

第一组：南阳（卧龙、宛城），新密，长葛，许昌*，许昌县*；

第二组：郑州（上街），新郑，洛阳（西工、老城、瀍河、涧西、吉利、洛龙*），焦作（解放、山阳、中站），开封（鼓楼、龙亭、顺河、禹王台、金明），开封县，民权，兰考，孟州，孟津，巩义，偃师，沁阳，博爱，济源，荥阳，温县，中牟，杞县*。

4 抗震设防烈度为6度，设计基本地震加速度值为0.05g：

第一组：信阳（浉河、平桥），漯河（郾城、源汇、召陵），平顶山（新华、卫东、湛河、石龙），汝阳，禹州，宝丰，鄢陵，扶沟，太康，鹿邑，郸城，沈丘，项城，淮阳，周口，商水，上蔡，临颍，西华，西平，栾川，内乡，镇平，唐河，邓州，新野，社旗，平舆，新县，驻马店，泌阳，汝南，桐柏，淮滨，息县，正阳，遂平，光山，罗山，潢川，商城，固始，南召，叶县*，舞阳*；

第二组：商丘（梁园、睢阳），义马，新安，襄城，郏县，嵩县，宜阳，伊川，登封，柘城，尉氏，通许，虞城，夏邑，宁陵；

第三组：汝州，睢县，永城，卢氏，洛宁，渑池。

A.0.15 湖北省

1 抗震设防烈度为7度，设计基本地震加速度值为0.10g：

竹溪，竹山，房县。

2 抗震设防烈度为6度，设计基本地震加速度值为0.05g：

武汉（江岸、江汉、硚口、汉阳、武昌、青山、洪山、东西湖、汉南、蔡甸、江夏、黄陂、新洲），荆州（沙市、荆州），荆门（东宝、掇刀），襄樊（襄城、樊城、襄阳），十堰（茅箭、张湾），宜昌（西陵、伍家岗、点军、猇亭、夷陵），黄石（下陆、黄石港、西塞山、铁山），恩施，咸宁，麻城，团风，罗田，英山，黄冈，鄂州，浠水，蕲春，黄梅，武穴，郧西，郧县，丹江口，谷城，老河口，宜城，南漳，保康，神农架，钟祥，沙洋，远安，兴山，巴东，秭归，当阳，建始，利川，公安，宣恩，咸丰，长阳，嘉鱼，大冶，宜都，枝江，松滋，江陵，石首，监利，洪湖，孝感，应城，云梦，天门，仙桃，红安，安陆，潜江，通山，赤壁，崇阳，通城，五峰*，京山*。

注：全省县级及县级以上设防城镇，设计地震分组均为第一组。

A.0.16 湖南省

1 抗震设防烈度为7度，设计基本地震加速度值为0.15g：

常德（武陵、鼎城）。

2　抗震设防烈度为7度，设计基本地震加速度值为0.10g：

岳阳（岳阳楼、君山*），岳阳县，汨罗，湘阴，临澧，澧县，津市，桃源，安乡，汉寿。

3　抗震设防烈度为6度，设计基本地震加速度值为0.05g：

长沙（岳麓、芙蓉、天心、开福、雨花），长沙县，岳阳（云溪），益阳（赫山、资阳），张家界（永定、武陵源），郴州（北湖、苏仙），邵阳（大祥、双清、北塔），邵阳县，泸溪，沅陵，娄底，宜章，资兴，平江，宁乡，新化，冷水江，涟源，双峰，新邵，邵东，隆回，石门，慈利，华容，南县，临湘，沅江，桃江，望城，溆浦，会同，靖州，韶山，江华，宁远，道县，临武，湘乡*，安化*，中方*，洪江*。

注：全省县级及县级以上设防城镇，设计地震分组均为第一组。

A.0.17　广东省

1　抗震设防烈度为8度，设计基本地震加速度值为0.20g：

汕头（金平、濠江、龙湖、澄海），潮安，南澳，徐闻，潮州*。

2　抗震设防烈度为7度，设计基本地震加速度值为0.15g：

揭阳，揭东，汕头（潮阳、潮南），饶平。

3　抗震设防烈度为7度，设计基本地震加速度值为0.10g：

广州（越秀、荔湾、海珠、天河、白云、黄埔、番禺、南沙、萝岗），深圳（福田、罗湖、南山、宝安、盐田），湛江（赤坎、霞山、坡头、麻章），汕尾，海丰，普宁，惠来，阳江，阳东，阳西，茂名（茂南、茂港），化州，廉江，遂溪，吴川，丰顺，中山，珠海（香洲、斗门、金湾），电白，雷州，佛山（顺德、南海、禅城*），江门（蓬江、江海、新会）*，陆丰*。

4　抗震设防烈度为6度，设计基本地震加速度值为0.05g：

韶关（浈江、武江、曲江），肇庆（端州、鼎湖），广州（花都），深圳（龙岗），河源，揭西，东源，梅州，东莞，清远，清新，南雄，仁化，始兴，乳源，英德，佛冈，龙门，龙川，平远，从化，梅县，兴宁，五华，紫金，陆河，增城，博罗，惠州（惠城、惠阳），惠东，四会，云浮，云安，高要，佛山（三水、高明），鹤山，封开，郁南，罗定，信宜，新兴，开平，恩平，台山，阳春，高州，翁源，连平，和平，蕉岭，大埔，新丰*。

注：全省县级及县级以上设防城镇，除大埔为设计地震第二组外，均为第一组。

A.0.18　广西壮族自治区

1　抗震设防烈度为7度，设计基本地震加速度值为0.15g：

灵山，田东。

2　抗震设防烈度为7度，设计基本地震加速度值为0.10g：

玉林，兴业，横县，北流，百色，田阳，平果，隆安，浦北，博白，乐业*。

3　抗震设防烈度为6度，设计基本地震加速度值为0.05g：

南宁（青秀、兴宁、江南、西乡塘、良庆、邕宁），桂林（象山、叠彩、秀峰、七星、雁山），柳州（柳北、城中、鱼峰、柳南），梧州（长洲、万秀、蝶山），钦州（钦南、钦北），贵港（港北、港南），防城港（港口、防城），北海（海城、银海），兴安，灵川，临桂，永福，鹿寨，天峨，东兰，巴马，都安，大化，马山，融安，象州，武宣，桂平，平南，上林，宾阳，武鸣，大新，扶绥，东兴，合浦，钟山，贺州，藤县，苍梧，容县，岑溪，陆川，凤山，凌云，田林，隆林，西林，德保，靖西，那坡，天等，崇左，上思，龙州，宁明，融水，凭祥，全州。

注：全自治区县级及县级以上设防城镇，设计地震分组均为第一组。

A.0.19 海南省

1 抗震设防烈度为8度，设计基本地震加速度值为0.30g：

海口（龙华、秀英、琼山、美兰）。

2 抗震设防烈度为8度，设计基本地震加速度值为0.20g：

文昌，定安。

3 抗震设防烈度为7度，设计基本地震加速度值为0.15g：

澄迈。

4 抗震设防烈度为7度，设计基本地震加速度值为0.10g：

临高，琼海，儋州，屯昌。

5 抗震设防烈度为6度，设计基本地震加速度值为0.05g：

三亚，万宁，昌江，白沙，保亭，陵水，东方，乐东，五指山，琼中。

注：全省县级及县级以上设防城镇，除屯昌、琼中为设计地震第二组外，均为第一组。

A.0.20 四川省

1 抗震设防烈度不低于9度，设计基本地震加速度值不小于0.40g：

第二组：康定，西昌。

2 抗震设防烈度为8度，设计基本地震加速度值为0.30g：

第二组：冕宁*。

3 抗震设防烈度为8度，设计基本地震加速度值为0.20g：

第一组：茂县，汶川，宝兴；

第二组：松潘，平武，北川（震前），都江堰，道孚，泸定，甘孜，炉霍，喜德，普格，宁南，理塘；

第三组：九寨沟，石棉，德昌。

4 抗震设防烈度为7度，设计基本地震加速度值为0.15g：

第二组：巴塘，德格，马边，雷波，天全，芦山，丹巴，安县，青川，江油，绵竹，什邡，彭州，理县，剑阁*；

第三组：荥经，汉源，昭觉，布拖，甘洛，越西，雅江，九龙，木里，盐源，会东，新龙。

5 抗震设防烈度为7度，设计基本地震加速度值为0.10g：

第一组：自贡（自流井、大安、贡井、沿滩）；

第二组：绵阳（涪城、游仙），广元（利州、元坝、朝天），乐山（市中、沙湾），宜宾，宜宾县，峨边，沐川，屏山，得荣，雅安，中江，德阳，罗江，峨眉山，马尔康；

第三组：成都（青羊、锦江、金牛、武侯、成华、龙泽泉、青白江、新都、温江），攀枝花（东区、西区、仁和），若尔盖，色达，壤塘，石渠，白玉，盐边，米易，乡城，稻城，双流，乐山（金口河、五通桥），名山，美姑，金阳，小金，会理，黑水，金川，洪雅，夹江，邛崃，蒲江，彭山，丹棱，眉山，青神，郫县，大邑，崇州，新津，金堂，广汉。

6 抗震设防烈度为6度，设计基本地震加速度值为0.05g：

第一组：泸州（江阳、纳溪、龙马潭），内江（市中、东兴），宣汉，达州，达县，大竹，邻水，渠县，广安，华蓥，隆昌，富顺，南溪，兴文，叙永，古蔺，资中，通江，万源，巴中，阆中，仪陇，西充，南部，射洪，大英，乐至，资阳；

第二组：南江，苍溪，旺苍，盐亭，三台，简阳，泸县，江安，长宁，高县，珙县，仁寿，威远；

第三组：犍为，荣县，梓潼，筠连，井研，阿坝，红原。

A.0.21 贵州省

1 抗震设防烈度为7度，设计基本地震加速度值为0.10g：

第一组：望谟；

第三组：威宁。

2 抗震设防烈度为6度，设计基本地震加速度值为0.05g：

第一组：贵阳（乌当*、白云*、小河、南明、云岩、花溪），凯里，毕节，安顺，都匀，黄平，福泉，贵定，麻江，清镇，龙里，平坝，纳雍，织金，普定，六枝，镇宁，惠水，长顺，关岭，紫云，罗甸，兴仁，贞丰，安龙，金沙，印江，赤水，习水，思南*；

第二组：六盘水，水城，册亨；

第三组：赫章，普安，晴隆，兴义，盘县。

A.0.22 云南省

1 抗震设防烈度不低于9度，设计基本地震加速度值不小于0.40g：

第二组：寻甸，昆明（东川）；

第三组：澜沧。

2 抗震设防烈度为8度，设计基本地震加速度值为0.30g：

第二组：剑川，嵩明，宜良，丽江，玉龙，鹤庆，永胜，潞西，龙陵，石屏，建水；

第三组：耿马，双江，沧源，勐海，西盟，孟连。

3 抗震设防烈度为8度，设计基本地震加速度值为0.20g：

第二组：石林，玉溪，大理，巧家，江川，华宁，峨山，通海，洱源，宾川，弥渡，祥云，会泽，南涧；

第三组：昆明（盘龙、五华、官渡、西山），普洱（原思茅市），保山，马龙，呈贡，澄江，晋宁，易门，漾濞，巍山，云县，腾冲，施甸，瑞丽，梁河，安宁，景洪，永德，镇康，临沧，凤庆*，陇川*。

4 抗震设防烈度为7度，设计基本地震加速度值为0.15g：

第二组：香格里拉，泸水，大关，永善，新平*；

第三组：曲靖，弥勒，陆良，富民，禄劝，武定，兰坪，云龙，景谷，宁洱（原普洱），沾益，个旧，红河，元江，禄丰，双柏，开远，盈江，永平，昌宁，宁蒗，南华，楚雄，勐腊，华坪，景东*。

5 抗震设防烈度为7度，设计基本地震加速度值为0.10g：

第二组：盐津，绥江，德钦，贡山，水富；

第三组：昭通，彝良，鲁甸，福贡，永仁，大姚，元谋，姚安，牟定，墨江，绿春，镇沅，江城，金平，富源，师宗，泸西，蒙自，元阳，维西，宣威。

6　抗震设防烈度为6度，设计基本地震加速度值为0.05*g*：

第一组：威信，镇雄，富宁，西畴，麻栗坡，马关；

第二组：广南；

第三组：丘北，砚山，屏边，河口，文山，罗平。

A.0.23　西藏自治区

1　抗震设防烈度不低于9度，设计基本地震加速度值不小于0.40*g*：

第三组：当雄，墨脱。

2　抗震设防烈度为8度，设计基本地震加速度值为0.30*g*：

第二组：申扎；

第三组：米林，波密。

3　抗震设防烈度为8度，设计基本地震加速度值为0.20*g*：

第二组：普兰，聂拉木，萨嘎；

第三组：拉萨，堆龙德庆，尼木，仁布，尼玛，洛隆，隆子，错那，曲松，那曲，林芝（八一镇），林周。

4　抗震设防烈度为7度，设计基本地震加速度值为0.15*g*：

第二组：札达，吉隆，拉孜，谢通门，亚东，洛扎，昂仁；

第三组：日土，江孜，康马，白朗，扎囊，措美，桑日，加查，边坝，八宿，丁青，类乌齐，乃东，琼结，贡嘎，朗县，达孜，南木林，班戈，浪卡子，墨竹工卡，曲水，安多，聂荣，日喀则*，噶尔*。

5　抗震设防烈度为7度，设计基本地震加速度值为0.10*g*：

第一组：改则；

第二组：措勤，仲巴，定结，芒康；

第三组：昌都，定日，萨迦，岗巴，巴青，工布江达，索县，比如，嘉黎，察雅，左贡，察隅，江达，贡觉。

6　抗震设防烈度为6度，设计基本地震加速度值为0.05*g*：

第二组：革吉。

A.0.24　陕西省

1　抗震设防烈度为8度，设计基本地震加速度值为0.20*g*：

第一组：西安（未央、莲湖、新城、碑林、灞桥、雁塔、阎良*、临潼），渭南，华县，华阴，潼关，大荔；

第三组：陇县。

2　抗震设防烈度为7度，设计基本地震加速度值为0.15*g*：

第一组：咸阳（秦都、渭城），西安（长安），高陵，兴平，周至，户县，蓝田；

第二组：宝鸡（金台、渭滨、陈仓），咸阳（杨凌特区），千阳，岐山，凤翔，扶风，武功，眉县，三原，富平，澄城，蒲城，泾阳，礼泉，韩城，合阳，略阳；

第三组：凤县。

3　抗震设防烈度为7度，设计基本地震加速度值为0.10*g*：

第一组：安康，平利；

第二组：洛南，乾县，勉县，宁强，南郑，汉中；

第三组：白水，淳化，麟游，永寿，商洛（商州），太白，留坝，铜川（耀州、王益、印台*），柞水*。

4　抗震设防烈度为6度，设计基本地震加速度值为0.05g：

第一组：延安，清涧，神木，佳县，米脂，绥德，安塞，延川，延长，志丹，甘泉，商南，紫阳，镇巴，子长*，子洲*；

第二组：吴旗，富县，旬阳，白河，岚皋，镇坪；

第三组：定边，府谷，吴堡，洛川，黄陵，旬邑，洋县，西乡，石泉，汉阴，宁陕，城固，宜川，黄龙，宜君，长武，彬县，佛坪，镇安，丹凤，山阳。

A.0.25　甘肃省

1　抗震设防烈度不低于9度，设计基本地震加速度值不小于0.40g：

第二组：古浪。

2　抗震设防烈度为8度，设计基本地震加速度值为0.30g：

第二组：天水（秦州、麦积），礼县，西和；

第三组：白银（平川区）。

3　抗震设防烈度为8度，设计基本地震加速度值为0.20g：

第二组：菪昌，肃北，陇南，成县，徽县，康县，文县；

第三组：兰州（城关、七里河、西固、安宁），武威，永登，天祝，景泰，靖远，陇西，武山，秦安，清水，甘谷，漳县，会宁，静宁，庄浪，张家川，通渭，华亭，两当，舟曲。

4　抗震设防烈度为7度，设计基本地震加速度值为0.15g：

第二组：康乐，嘉峪关，玉门，酒泉，高台，临泽，肃南；

第三组：白银（白银区），兰州（红古区），永靖，岷县，东乡，和政，广河，临潭，卓尼，迭部，临洮，渭源，皋兰，崇信，榆中，定西，金昌，阿克塞，民乐，永昌，平凉。

5　抗震设防烈度为7度，设计基本地震加速度值为0.10g：

第二组：张掖，合作，玛曲，金塔；

第三组：敦煌，瓜洲，山丹，临夏，临夏县，夏河，碌曲，泾川，灵台，民勤，镇原，环县，积石山。

6　抗震设防烈度为6度，设计基本地震加速度值为0.05g：

第三组：华池，正宁，庆阳，合水，宁县，西峰。

A.0.26　青海省

1　抗震设防烈度为8度，设计基本地震加速度值为0.20g：

第二组：玛沁；

第三组：玛多，达日。

2　抗震设防烈度为7度，设计基本地震加速度值为0.15g：

第二组：祁连；

第三组：甘德，门源，治多，玉树。

3　抗震设防烈度为7度，设计基本地震加速度值为0.10*g*：

第二组：乌兰，称多，杂多，囊谦；

第三组：西宁（城中、城东、城西、城北），同仁，共和，德令哈，海晏，湟源，湟中，平安，民和，化隆，贵德，尖扎，循化，格尔木，贵南，同德，河南，曲麻莱，久治，班玛，天峻，刚察，大通，互助，乐都，都兰，兴海；

4　抗震设防烈度为6度，设计基本地震加速度值为0.05*g*：

第三组：泽库。

A.0.27　宁夏回族自治区

1　抗震设防烈度为8度，设计基本地震加速度值为0.30*g*：

第二组：海原。

2　抗震设防烈度为8度，设计基本地震加速度值为0.20*g*：

第一组：石嘴山（大武口、惠农），平罗；

第二组：银川（兴庆、金凤、西夏），吴忠，贺兰，永宁，青铜峡，泾源，灵武，固原；

第三组：西吉，中宁，中卫，同心，隆德。

3　抗震设防烈度为7度，设计基本地震加速度值为0.15*g*：

第三组：彭阳。

4　抗震设防烈度为6度，设计基本地震加速度值为0.05*g*：

第三组：盐池。

A.0.28　新疆维吾尔自治区

1　抗震设防烈度不低于9度，设计基本地震加速度值不小于0.40*g*：

第三组：乌恰，塔什库尔干。

2　抗震设防烈度为8度，设计基本地震加速度值为0.30*g*：

第三组：阿图什，喀什，疏附。

3　抗震设防烈度为8度，设计基本地震加速度值为0.20*g*：

第一组：巴里坤；

第二组：乌鲁木齐（天山、沙依巴克、新市、水磨沟、头屯河、米东），乌鲁木齐县，温宿，阿克苏，柯坪，昭苏，特克斯，库车，青河，富蕴，乌什*；

第三组：尼勒克，新源，巩留，精河，乌苏，奎屯，沙湾，玛纳斯，石河子，克拉玛依（独山子），疏勒，伽师，阿克陶，英吉沙。

4　抗震设防烈度为7度，设计基本地震加速度值为0.15*g*：

第一组：木垒*；

第二组：库尔勒，新和，轮台，和静，焉耆，博湖，巴楚，拜城，昌吉，阜康*；

第三组：伊宁，伊宁县，霍城，呼图壁，察布查尔，岳普湖。

5　抗震设防烈度为7度，设计基本地震加速度值为0.10*g*：

第一组：鄯善；

第二组：乌鲁木齐（达坂城），吐鲁番，和田，和田县，吉木萨尔，洛浦，奇台，伊吾，托克逊，和硕，尉犁，墨玉，策勒，哈密*；

第三组：五家渠，克拉玛依（克拉玛依区），博乐，温泉，阿合奇，阿瓦提，沙雅，图木舒克，莎车，泽普，叶城，麦盖堤，皮山。

6 抗震设防烈度为6度，设计基本地震加速度值为0.05g：

第一组：额敏，和布克赛尔；

第二组：于田，哈巴河，塔城，福海，克拉玛依（马尔禾）；

第三组：阿勒泰，托里，民丰，若羌，布尔津，吉木乃，裕民，克拉玛依（白碱滩），且末，阿拉尔。

A.0.29 港澳特区和台湾省

1 抗震设防烈度不低于9度，设计基本地震加速度值不小于0.40g：

第二组：台中；

第三组：苗栗，云林，嘉义，花莲。

2 抗震设防烈度为8度，设计基本地震加速度值为0.30g：

第二组：台南；

第三组：台北，桃园，基隆，宜兰，台东，屏东。

3 抗震设防烈度为8度，设计基本地震加速度值为0.20g：

第三组：高雄，澎湖。

4 抗震设防烈度为7度，设计基本地震加速度值为0.15g：

第一组：香港。

5 抗震设防烈度为7度，设计基本地震加速度值为0.10g：

第一组：澳门。

附录二　楼面等效均布活荷载的确定方法

B.0.1　楼面（板、次梁及主梁）的等效均布活荷载，应在其设计控制部位上，根据需要按内力（如弯矩、剪力等）、变形及裂缝的等值要求来确定。在一般情况下，可仅按内力的等值来确定。

B.0.2　连续梁、板的等效均布活荷载，可按单跨简支计算。但计算内力时，仍应按连续考虑。

B.0.3　由于生产、检修、安装工艺以及结构布置的不同，楼面活荷载差别较大时，应划分区域分别确定等效均布活荷载。

B.0.4　单向板上局部荷载（包括集中荷载）的等效均布活荷载 q_e，可按下式计算：

$$q_e = \frac{8M_{max}}{bl^2} \tag{B.0.4-1}$$

式中　l——板的跨度；

b——板上荷载的有效分布宽度，按本附录 B.0.5 确定；

M_{max}——简支单向板的绝对最大弯矩，按设备的最不利布置确定。

计算 M_{max} 时，设备荷载应乘以动力系数，并扣去设备在该板跨内所占面积上，由操作荷载引起的弯矩。

B.0.5　单向板上局部荷载的有效分布宽度 b，可按下列规定计算：

1　当局部荷载作用面的长边平行于板跨时，简支板上荷载的有效分布宽度 b 为：（图 B.0.5-1）

（1）当 $b_{cx} \geqslant b_{cy}$，$b_{cy} \leqslant 0.6l$，$b_{cx} \leqslant l$ 时：

$$b = b_{cy} + 0.7l \tag{B.0.5-1}$$

（2）当 $b_{cx} \geqslant b_{cy}$，$0.6l < b_{cy} \leqslant l$，$b_{cx} \leqslant l$ 时：

$$b = 0.6b_{cy} + 0.94l \tag{B.0.5-2}$$

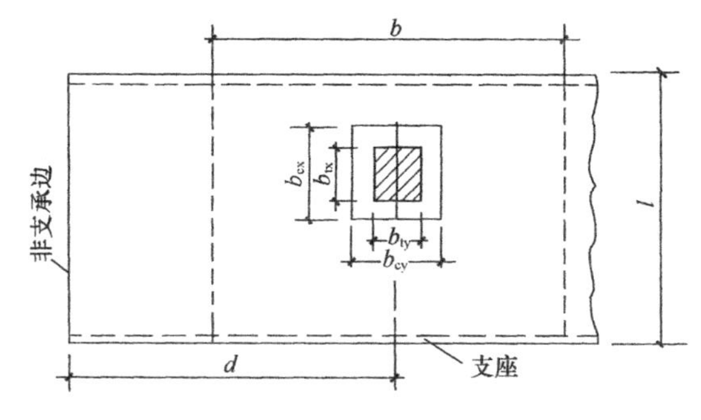

图 B.0.5-1　简支板上局部荷载的有效分布宽度
（荷载作用面的长边平行于板跨）

2　当荷载作用面的长边垂直于板跨时，简支板上荷载的有效分布宽度 b 为（图 B.0.5-2）：

（1）当 $b_{cx} < b_{cy}$，$b_{cy} \leqslant 2.2l$，$b_{cx} \leqslant l$ 时：

$$b = \frac{2}{3}b_{cy} + 0.73l \tag{B.0.5-3}$$

（2）当 $b_{cx} < b_{cy}$，$b_{cy} > 2.2l$，$b_{cx} \leqslant l$ 时：

$$b = b_{cy} \tag{B.0.5-4}$$

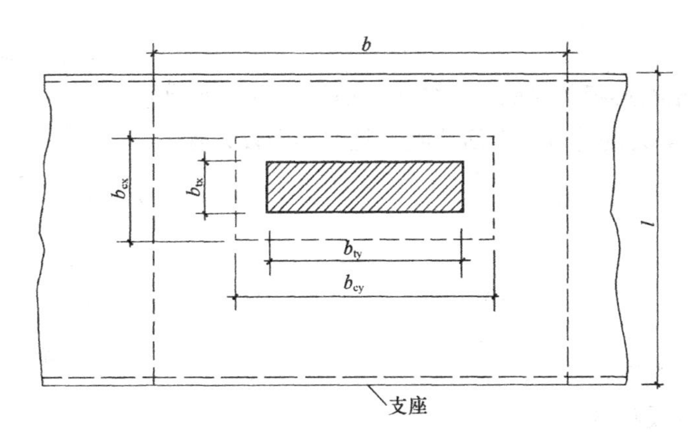

图 B. 0. 5-2 简支板上局部荷载的有效分布宽度
（荷载作用面的长边垂直于板跨）

式中 l——板的跨度；

b_{cx}——荷载作用面平行于板跨的计算宽度；

b_{cy}——荷载作用面垂直于板跨的计算宽度；

而

$$b_{cx} = b_{tx} + 2s + h$$

$$b_{cy} = b_{ty} + 2s + h$$

式中 b_{tx}——荷载作用面平行于板跨的宽度；

b_{ty}——荷载作用面垂直于板跨的宽度；

s——垫层厚度；

h——板的厚度。

3 当局部荷载作用在板的非支承边附近，即 $d < \frac{b}{2}$ 时（图 B. 0. 5-1），荷载的有效分布宽度应予折减，可按下式计算：

$$b' = \frac{1}{2}b + d \qquad (B.0.5\text{-}5)$$

式中 b'——折减后的有效分布宽度；

d——荷载作用面中心至非支承边的距离。

4 当两个局部荷载相邻而 $e < b$ 时，荷载的有效分布宽度应予折减，可按下式计算（图 B. 0. 5-3）：

$$b' = \frac{b}{2} + \frac{e}{2} \qquad (B.0.5\text{-}6)$$

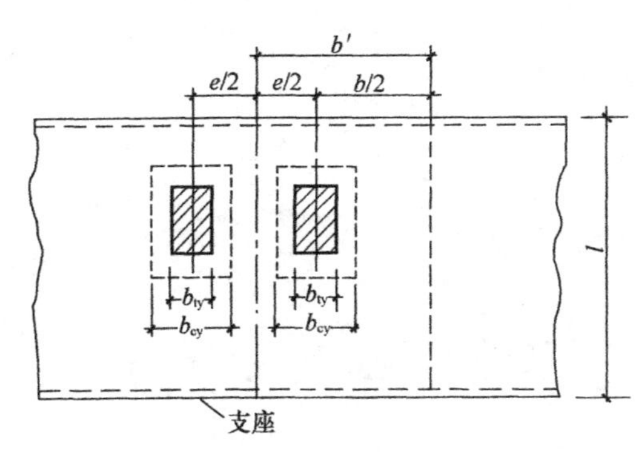

图 B. 0. 5-3 相邻两个荷载的有效分布宽度

式中 e——相邻两个荷载的中心间距。

5 悬臂板上局部荷载的有效分布宽度（图 B. 0. 5-4）为：

$$b = b_{cy} + 2x \qquad (B.0.5\text{-}7)$$

式中 x——局部荷载作用面中心至支座的距离。

B. 0. 6 双向板的等效均布荷载可按与单向板相同的原则，按四边简支板的绝对最大弯矩等值来确定。

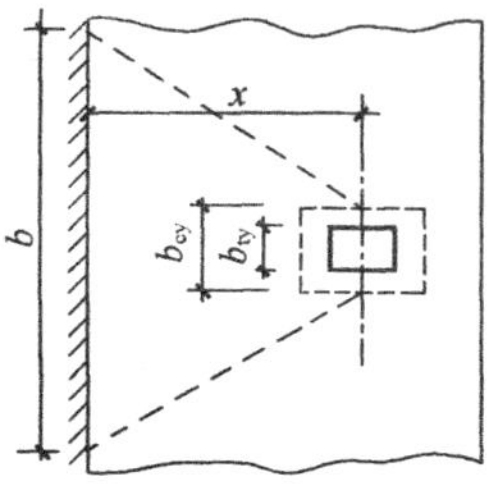

B.0.7 次梁（包括槽形板的纵肋）上的局部荷载，应按下列公式分别计算弯矩和剪力的等效均布活荷载，且取其中较大者：

$$q_{eM}=\frac{8M_{max}}{sl^2} \quad (B.0.7\text{-}1)$$

$$q_{eV}=\frac{2V_{max}}{sl} \quad (B.0.7\text{-}2)$$

图 B.0.5-4 悬臂板上局部荷载的有效分布宽度

式中 s——次梁间距；

l——次梁跨度；

M_{max}与V_{max}——简支次梁的绝对最大弯矩与最大剪力，按设备的最不利布置确定。

按简支梁计算M_{max}与V_{max}时，除了直接传给次梁的局部荷载外，还应考虑邻近板面传来的活荷载（其中设备荷载应考虑动力影响，并扣除设备所占面积上的操作荷载），以及两侧相邻次梁卸荷作用。

B.0.8 当荷载分布比较均匀时，主梁上的等效均布活荷载可由全部荷载总和除以全部受荷面积求得。

B.0.9 柱、基础上的等效均布活荷载，在一般情况下，可取与主梁相同。

附录三 部分常用体型建筑物的风荷载体型系数

常用体型建筑物的风荷载体型系数

项次	类 别	体型及体型系数 μ_s
1	封闭式 落地 双坡屋面	μ_s　α　−0.5 <table><tr><td>α</td><td>μ_s</td></tr><tr><td>0°</td><td>0.0</td></tr><tr><td>30°</td><td>+0.2</td></tr><tr><td>≥60°</td><td>+0.8</td></tr></table>中间值按线性插值法计算
2	封闭式 双坡屋面	μ_s　α　−0.5　+0.8　−0.5　−0.7　+0.8　−0.5　−0.7 <table><tr><td>α</td><td>μ_s</td></tr><tr><td>≤15°</td><td>−0.6</td></tr><tr><td>30°</td><td>0.0</td></tr><tr><td>≥60°</td><td>+0.8</td></tr></table>中间值按线性插值法计算 μ_s 的绝对值不小于 0.1
3	封闭式 落地 拱形屋面	−0.8　μ_s　f　−0.5　l <table><tr><td>f/l</td><td>μ_s</td></tr><tr><td>0.1</td><td>+0.1</td></tr><tr><td>0.2</td><td>+0.2</td></tr><tr><td>0.5</td><td>+0.6</td></tr></table>中间值按线性插值法计算
4	封闭式 拱形屋面	−0.8　μ_s　f　−0.5　+0.8　−0.5　l <table><tr><td>f/l</td><td>μ_s</td></tr><tr><td>0.1</td><td>−0.8</td></tr><tr><td>0.2</td><td>0.0</td></tr><tr><td>0.5</td><td>+0.6</td></tr></table>中间值按线性插值法计算 μ_s 的绝对值不小于 0.1
5	封闭式带天窗 双坡屋面	−0.7　+0.6　−0.6　−0.2　−0.6　+0.8　−0.5 带天窗的拱形屋面可按本图采用
6	封闭式 双跨双坡屋面	μ_s　α　−0.5　−0.4　−0.4　+0.8　−0.4 迎风面的 μ_s 按第 2 项采用

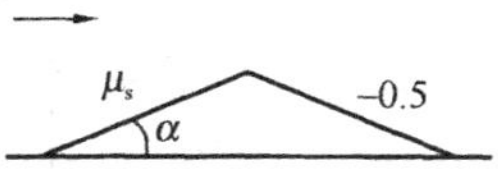

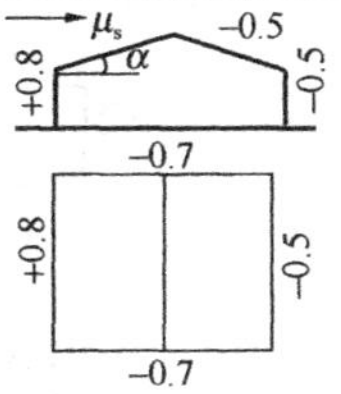

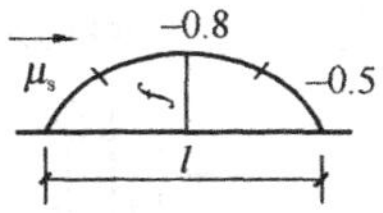

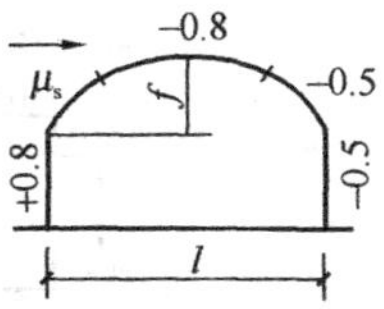

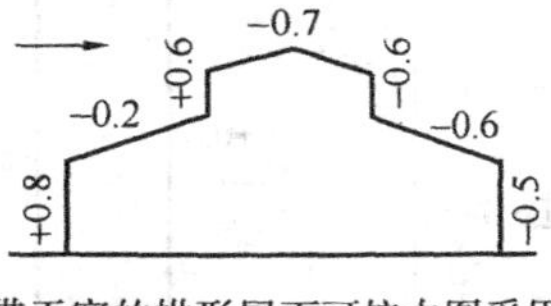

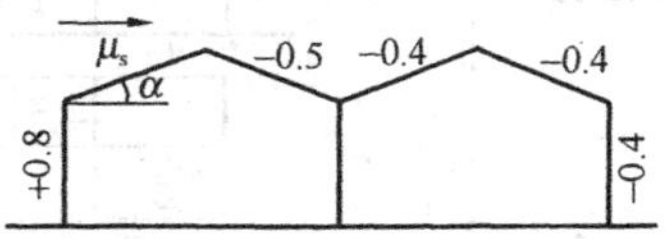

续表

项次	类别	体型及体型系数 μ_s
7	封闭式 带天窗 带坡的 双坡屋面	+0.8 −0.2 +0.6 −0.7 −0.6 −0.5 −0.6 −0.5 −0.5 +0.8 −0.2 +0.7 −0.3 +0.3 −0.6 −0.6 −0.5 −0.5
8	封闭式 带天窗 带双坡的 双坡屋面	+0.8 −0.2 +0.7 −0.3 +0.3 −0.6 −0.6 −0.6 −0.5 −0.4 −0.4
9	封闭式 房屋 和构筑物	(*a*) 正多边形（包括矩形）平面 −0.7 +0.8 −0.5 −0.7 0 −0.5 +0.8 −0.5 0 −0.5 +0.4 −0.7 −0.5 +0.8 −0.5 +0.4 −0.7 −0.5 (*b*) Y形平面 −0.7 −0.5 +1.0 −0.5 −0.5 −0.7 40° +0.7 −0.75 +0.9 −0.55 −0.5 −0.5 (*c*) L形平面 −0.6 +0.8 −0.5 +0.8 −0.6 45° +0.3 +0.9 −0.6 +0.3 −0.6 (*d*) Π形平面 −0.7 +0.8 +0.9 −0.5 +0.8 −0.7 (*e*) 十字形平面 −0.6 +0.6 −0.5 +0.8 −0.5 +0.6 −0.5 −0.6 (*f*) 截角三边形平面 −0.45 −0.5 +0.8 −0.5 −0.45 −0.5
10	高度超过 45m的矩形 截面高层建筑	+0.8 H μ_{s2} μ_{s1} B μ_{s2} D

D/B	≤1	1.2	2	≥4
μ_{s1}	−0.6	−0.5	−0.4	−0.3
μ_{s2}	−0.7			

附录四 屋面积雪分布系数

屋面积雪分布系数

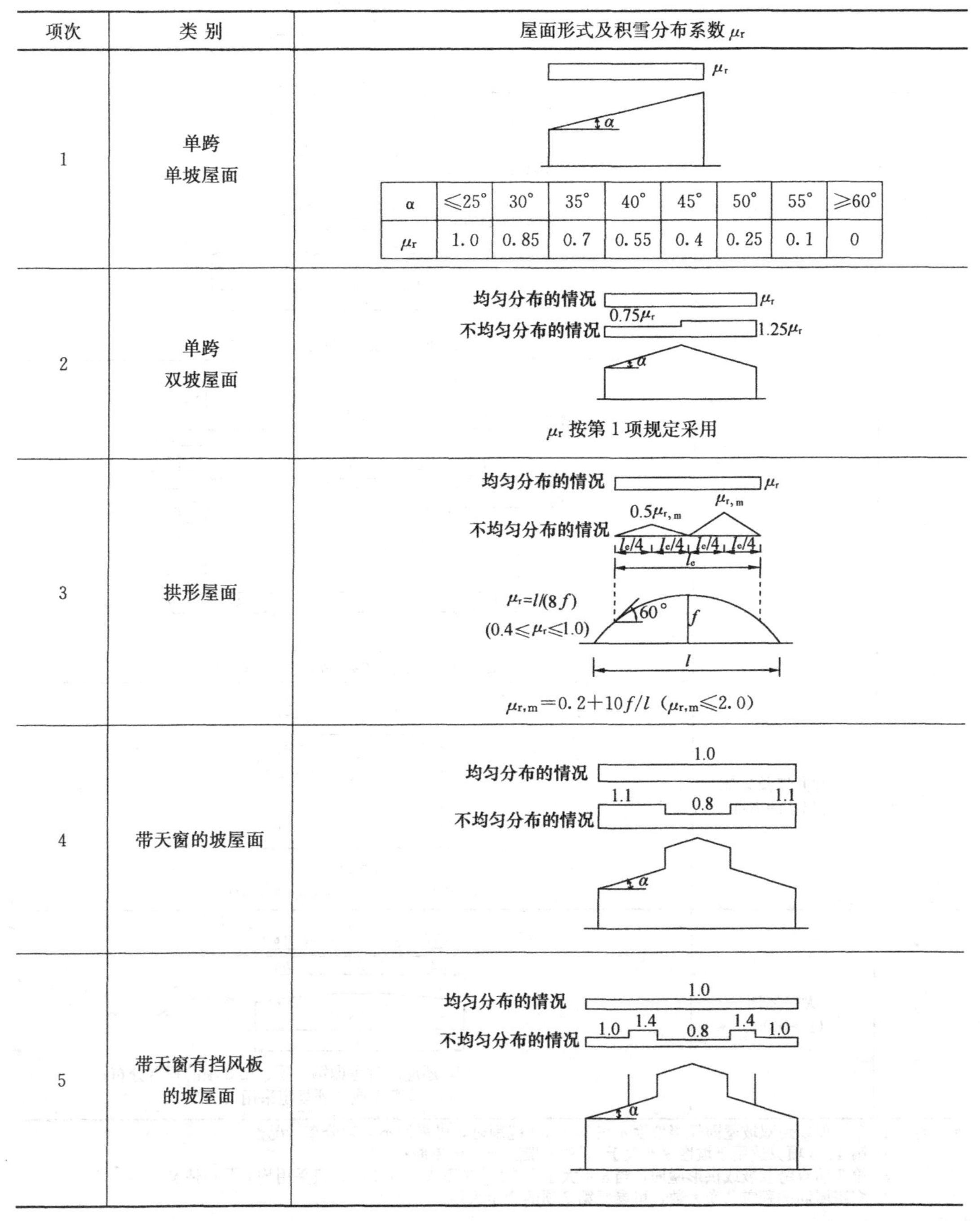

项次	类 别	屋面形式及积雪分布系数 μ_r
1	单跨 单坡屋面	μ_r；α
2	单跨 双坡屋面	均匀分布的情况 μ_r 不均匀分布的情况 $0.75\mu_r$ $1.25\mu_r$ α μ_r 按第 1 项规定采用
3	拱形屋面	均匀分布的情况 μ_r 不均匀分布的情况 $0.5\mu_{r,m}$ $\mu_{r,m}$ $l_e/4$ $l_e/4$ $l_e/4$ $l_e/4$ l_e $\mu_r=l/(8f)$ $(0.4\leqslant\mu_r\leqslant1.0)$ $60°$ f l $\mu_{r,m}=0.2+10f/l$ （$\mu_{r,m}\leqslant2.0$）
4	带天窗的坡屋面	均匀分布的情况 1.0 不均匀分布的情况 1.1 0.8 1.1 α
5	带天窗有挡风板 的坡屋面	均匀分布的情况 1.0 不均匀分布的情况 1.0 1.4 0.8 1.4 1.0 α

第 1 项：

α	≤25°	30°	35°	40°	45°	50°	55°	≥60°
μ_r	1.0	0.85	0.7	0.55	0.4	0.25	0.1	0

续表

项次	类 别	屋面形式及积雪分布系数 μ_r
6	多跨单坡屋面 （锯齿形屋面）	均匀分布的情况 1.0 不均匀分布的情况1 0.6 1.4 0.6 1.4 0.6 1.4 $l/2$ $l/2$ 不均匀分布的情况2 2.0 μ_r 2.0 μ_r 2.0 μ_r $l/2$ $l/2$ α l l μ_r 按第 1 项规定采用
7	双跨双坡或拱形屋面	均匀分布的情况 1.0 不均匀分布的情况1 μ_r 1.4 μ_r 不均匀分布的情况2 μ_r 2.0 μ_r α f l l μ_r 按第 1 或 3 项规定采用
8	高低屋面	情况1: $\mu_{r,m}$ 1.0 1.0 a ； $\mu_{r,m}$ 1.0 a 情况2: 1.0 2.0 1.0 a ； 1.0 2.0 a h b_1 b_2 ； h b_1 $b_2<a$ $a=2h$（4m$<a<$8m） $\mu_{r,m}=(b_1+b_2)/2h$（$2.0\leqslant\mu_{r,m}\leqslant4.0$）
9	有女儿墙及其他突起物的屋面	$\mu_{r,m}$ μ_r $\mu_{r,m}$ a a h $a=2h$ $\mu_{r,m}=1.5h/s_0$（$1.0\leqslant\mu_{r,m}\leqslant2.0$）
10	大跨屋面 （l>100m）	$0.8\mu_r$ $1.2\mu_r$ $0.8\mu_r$ $l/4$ $l/2$ $l/4$ l 1. 还应同时考虑第 2 项、第 3 项的积雪分布； 2. μ_r 按第 1 或 3 项规定采用

注：1. 第 2 项单跨双坡屋面仅当坡度 α 在 20°～30°范围时，可采用不均匀分布情况；
2. 第 4、5 项只适用于坡度 α 不大于 25°的一般工业厂房屋面；
3. 第 7 项双跨双坡或拱形屋面，当 α 不大于 25°或 f/l 不大于 0.1 时，只采用均匀分布情况；
4. 多跨屋面的积雪分布系数，可参照第 7 项的规定采用。

附录五　结构基频计算

A.1　简支梁桥结构的基频

$$f_1 = \frac{\pi}{2l^2}\sqrt{\frac{EI_c}{m_c}} \tag{A-1}$$

式中　l——结构的计算跨径（m）；

E——结构材料的弹性模量（Pa）；

I_c——结构跨中截面的截面惯矩（m^4）；

m_c——结构跨中处的单位长度质量（kg/m）。

A.2　连续梁桥结构的基频

$$f_1 = \frac{13.616}{2\pi l^2}\sqrt{\frac{EI_c}{m_c}} \tag{A-2}$$

$$f_2 = \frac{23.651}{2\pi l^2}\sqrt{\frac{EI_c}{m_c}} \tag{A-3}$$

计算连续梁的冲击力引起的正弯矩效应和剪力效应时，采用 f_1；计算连续梁的冲击力引起的负弯矩效应时，采用 f_2。

A.3　拱桥结构的基频

$$f_1 = \frac{\omega_1}{2\pi l^2}\sqrt{\frac{EI_c}{m_c}} \tag{A-4}$$

式中　ω_1——频率系数，按下述公式计算：

1　当主拱为等截面或其他拱桥（如桁架拱、刚架拱等）时：

$$\omega_1 = 105 \times \frac{5.4 + 50f^2}{16.45 + 334f^2 + 1867f^4} \tag{A-5}$$

式中　f——拱桥矢跨比。

2　当主拱为变截面拱桥时：

$$\omega_1 = 105 \times \frac{r_1 + r_2 f^2}{r_3 + r_4 f^2 + r_5 f^4} \tag{A-6}$$

式中　r_1——系数，按下式确定：

$$r_i = R_i \times n + T_i \ (i = 1,2,3,4,5)$$

式中　n——拱厚变化系数。

R_i、T_i 的数值按下表查得：

系数 R_i、T_i 值　　　**附表 A**

i	1	2	3	4	5
R_i	3.7	34.3	16.3	364	1955
T_i	1.7	15.7	0.15	−30	−88

A.4　具有双塔斜拉桥的竖向弯曲基频可按下列公式计算：

对无辅助墩的斜拉桥：$$f_1 = \frac{110}{l_c} \tag{A-7}$$

对有辅助墩的斜拉桥：$$f_1 = \frac{150}{l_c} \tag{A-8}$$

式中　l_c——斜拉桥主跨跨径（m）。

A.5　悬索桥的弯曲基频按下式计算：

$$f_1 = \frac{1}{l^2}\sqrt{\frac{EI + H_g\left(\frac{l}{2\pi}\right)^2}{m}} \tag{A-9}$$

式中　l——悬索桥的主跨跨度（m）；

EI——加劲梁抗弯刚度（$N \cdot m^2$）；

H_g——恒荷载作用下主索的水平拉力（N）；

m——桥面和主缆的单位长度总质量（kg/m），$m=m_d+m_c$；

m_d——桥面单位长度质量（kg/m）；

m_c——主缆单位长度质量（kg/m）。

参 考 文 献

[1] 中华人民共和国国家标准. 建筑结构荷载规范 GB 50009—2012

[2] 中华人民共和国国家标准. 建筑抗震设计规范 GB 50011—2010

[3] 中华人民共和国国家标准. 建筑结构设计术语和符号标准 GB 50009—2001

[4] 中华人民共和国国家标准. 建筑结构可靠度设计统一标准 GB 50068—2001

[5] 中华人民共和国行业标准. 工程抗震术语标准 JGJ/T 97—95

[6] 中华人民共和国行业标准. 港口工程荷载规范 JTJ 215—98. 人民交通出版社，1998

[7] 中华人民共和国行业标准. 城市桥梁设计规范 CJJ 11—2011

[8] 李国强，黄宏伟，郑步全. 工程结构荷载与可靠度设计原理 . 中国建筑工业出版社，2001

[9] 王祖华，季静. 钢筋混凝土与砌体结构(上册). 华南理工大学出版社，2005

[10] 陈基发，沙志国. 建筑结构荷载设计手册. 中国建筑工业出版社，1997

[11] [日]大崎顺彦编著. 毛春茂，刘忠译. 建筑物抗震设计法. 冶金工业出版社，1990

[12] 《建筑结构荷载规范》管理组. 建筑结构的荷载

[13] 郭继武. 建筑抗震设计. 高等教育出版社，1998

[14] 滕家禄，奚毓 . 混凝土结构. 中国建筑工业出版社，1997

[15] 韩理安. 港口水工建筑物. 人民交通出版社，2000

[16] 中华人民共和国电力行业标准. 水工建筑物荷载设计规范 DL 5077—1997. 中国电力出版社，1998

[17] 中华人民共和国行业标准. 水工建筑物抗震设计规范 SL 203—97. 中国水利水电出版社，1997

[18] 天津大学祁庆和主编. 水工建筑物. 中国水利水电出版社，1997

[19] 吴媚玲编著. 水工建筑物. 清华大学出版社，1991

[20] 华东水利学院主编. 水工设计手册. 中国水利电力出版社，1987

[21] 交通部第一航务工程勘察设计院编. 海港工程设计手册. 人民交通出版社，1994

[22] 交通部第一航务工程勘察设计院编. 海港工程结构设计算例. 人民交通出版社，1998

[23] 中华人民共和国国家标准. 工程结构可靠度设计统一标准 GB 50153—92. 北京：中国计划出版社

[24] 中华人民共和国国家标准. 公路工程结构可靠度设计统一标准 GB/T 50283—1999

[25] 中华人民共和国国家标准. 铁路工程结构可靠度设计统一标准 GB 50216—94

[26] 中华人民共和国国家标准. 港口工程结构可靠度设计统一标准 GB 50158—92

[27] 中华人民共和国国家标准. 水利水电工程结构可靠度设计统一标准 GB 50199—94

[28] 中国土木工程学会. 中国土木工程指南(第二版). 北京：科学出版社，2000

[29] 赵国藩，金伟良，贡金鑫. 结构可靠度理论. 北京：中国建筑工业出版社，2000

[30] 四川大学 张新培. 建筑结构可靠度分析与设计. 北京：科学出版社，2001

[31] 中华人民共和国行业标准. 铁路桥涵设计基本规范 TB 10002. 1—2005

[32] 中华人民共和国行业标准. 公路工程技术标准 JTG B01—2003

[33] 中华人民共和国行业标准. 公路桥涵设计通用规范 JTG D60—2004

[34] 中华人民共和国交通部部标准. 公路钢筋混凝土及预应力混凝土桥涵设计规范 JTG D62—2004

[35] 中华人民共和国行业标准. 铁路工程抗震设计规范 GB 50111—2006(2009 版)

[36] 中华人民共和国行业标准. 公路桥梁抗震设计细则 JTG/T B02－01—2008

[37] 中华人民共和国行业标准. 城市人行天桥与人行地道技术规范 CJJ 69—1995
[38] 李扬海、鲍卫刚、郭修武、程翔云等编著. 公路桥梁结构可靠度与概率极限状态设计. 人民交通出版社，1997
[39] 裘伯永、盛兴旺、乔建东、文雨松编著. 桥梁工程. 中国铁道出版社，2001
[40] 张楚汉主编. 水工建筑学. 北京：清华大学出版社，2011